元宇宙
大投資

元宇宙大投資

METAVERSE

焦娟　易歡歡　毛永豐　著

商務印書館

編寫委員會

元宇宙大投資

作　　者：焦 娟　易歡歡　毛永豐

責任編輯：張宇程

裝幀設計：涂 慧

出　　版：商務印書館 (香港) 有限公司
　　　　　香港筲箕灣耀興道 3 號東滙廣場 8 樓
　　　　　http://www.commercialpress.com.hk

發　　行：香港聯合書刊物流有限公司
　　　　　香港新界荃灣德士古道 220-248 號荃灣工業中心 16 樓

印　　刷：美雅印刷製本有限公司
　　　　　九龍觀塘榮業街 6 號海濱工業大廈 4 樓 A

版　　次：2022 年 4 月第 1 版第 1 次印刷
　　　　　© 2022 商務印書館 (香港) 有限公司
　　　　　ISBN 978 962 07 6686 2
　　　　　Printed in Hong Kong

目 錄

01 備戰元宇宙大浪潮

緊抓元宇宙本質 02

06 元宇宙中國之崛起

全球投資脈絡下的元宇宙價值 07

元宇宙
處於
發軔階段

　　進入互聯網時代以來，新概念眼花繚亂，新事物層出不窮。最近火起來的概念叫「元宇宙」，最新的消息是臉書（Facebook）改名為 Meta。作為英文前綴詞，Meta 通常表達兩個意思：一個是「變化」或「改變」，另一個是「位於」或「超出」，也可譯為「元」。根據扎克伯格的說法，人類正在進入一個新時代，正處於「互聯網下一個篇章的開端」。互聯網不僅可聽、可視、可移動，未來還可浸入，可在實體化的互聯網中親身體驗和參與。他把重構下的移動互聯網稱為「元宇宙」（Metaverse）。

　　對於生於互聯網時代的新新人類來說，這無疑是一個令人興奮的消息，他們迫不及待地希望看到新的硬件入口、新的虛擬世界、新的人生體驗。為此，勇於攀登前沿的科技界和追逐風口的全球資本巨頭們也爭先恐後、積極參與、樂此不疲。「元宇宙」概念的產生使得重構一切的力量勢不可擋。

　　現實中，「元宇宙」概念的邊界也在不斷擴大，它不僅是社交應用互聯網的下一站，也開始被應用到其他領域，包括企業元宇宙、城市元宇宙、國際全宇宙等，甚至也出現了「元宇宙金融學」、「元宇宙生命科學」、「元宇宙軍事學」等理論，真是琳琅滿目、五彩繽

紛，令人眼花繚亂。

　　我不是追逐新概念的人，但我一直支持年輕人對新生事物的追逐和嘗試，哪怕最終結果是失敗的。尤其在北大，創新是一種文化，是一種精神。正如魯迅先生所說，「北大是常為新的，改進的運動的先鋒」。所以，當北大校友易歡歡和焦娟找我替他們的新書寫序時，我同意了。這並不意味着我對這一行業的熟悉，更多的是我對他們追逐前沿的支持。

　　這本書從投資的視角，剖析元宇宙的本質、歷史觀、終局，是經典的科班式手筆，大膽前瞻又嚴謹細緻，呈現研究的高度，也給予了縝密的投資脈絡（六大投資板塊、三大發展階段、計算文明85年的回溯、全球20個經典案例、推演各版圖未來競爭格局、中國的彎道超車之處）。本書告訴讀者，在三個階段中，每個階段如何選擇標的；在六大版圖中，哪些是中國特有的投資機遇進而可以下重注。元宇宙在全球均處於發軔階段，這本書試圖建立起投資框架與研究脈絡，不愧有海闊天空的想像力和腳踏實地的執行力。

　　焦娟是北大滙豐商學院2008級研究生，易歡歡是北大優秀的金融界校友，很欣慰他們能在元宇宙的領域建立起獨特的影響力，也衷心希望在元宇宙時代裏，孕育出更多、更偉大的公司，創造出更美好的未來。

海　聞

北京大學滙豐商學院創院院長

2021 年 11 月　於深圳

序二

移動互聯網的下一代：全真互聯網

　　不管時代怎麼改變，在商業世界裏有一些基礎的原則是不會變的，比如說為用戶創造價值，去一線發現問題。

　　騰訊已經走過了 22 年的歷程，我們積累了自己的企業文化。我也常常思考甚麼是「騰訊人」最基礎的素質？不管是對人，還是公司，重大挑戰時刻的選擇，往往最能突顯你真正的價值觀和最樸素的信仰。2020 年無疑是充滿挑戰的一年。在這一年，我們為新冠肺炎疫情和國際局勢的變化擔憂，也為公司上下在面對挑戰時展現出的團結協作、堅韌擔當感到欣慰。從 2020 年年初疫情在武漢和全球各地爆發，中美關係不斷惡化，8 月微信在美國被捲入爭端，各種不確定性前所未有地加大，行業格局也發生了很大變化，新的獨角獸，從幾十億、幾百億到幾千億美元的公司迅速成長起來。

　　在互聯網這個快速迭代的行業，企業的發展只有進行時，沒有完成時。作為一家 22 歲的公司，我們如何繼續成長，回顧過去這特殊的一年，我有一些感悟。

　　今年衝到億級用戶的騰訊會議，是從開會投屏這個最簡單的內部需求入手的，經過兩三年時間打磨成型。張小龍他們當時做 QQ 郵箱時，包括我在內，團隊都把 QQ 郵箱變成了自己的工作郵箱。

用戶需求複雜多變，有時用戶自己很難清楚地表達到底需要甚麼。所以往內看，把自己當成用戶是一個很好的方法。真正重要的需求是有共性的。我們最早做即時通信時，判斷一個功能好還是不好，用戶喜不喜歡，都會問自己：這個是不是實用，是不是好用，是不是容易用？我們以一種用戶的心態去本能地捕捉用戶價值，不是基於理性，而是本能。就是這樣一個簡單的做法，樸素、直接、有效。

騰訊廣告數據管理平台（DMP）今年經歷了大規模重組，數據團隊走到一線，和投手（在客戶企業負責操作平台廣告投放的人 —— 編者註）直接溝通後才理解了客戶的痛點，並以此為起點，開始了後台系統的改造。

過去工程師很少走到前台與客戶接觸，但在數字化過程中，從消費互聯網到產業互聯網，各行各業都在發生深刻的變化，甚至工作的流程、生意的邏輯、行業生態都在發生劇變。廣告、內容領域已全面轉向數據驅動，金融、零售、教育、醫療的變革也已開始。技術正在全鏈條地重塑產業生態的每一個環節，從生產製造到物流營銷。對於新的技術趨勢的理解需要跨部門、跨公司、跨領域的協作，環環相扣，步步銜接。這是一個共同進化的過程，如同生物進化一樣，每一個個體的選擇將影響到最終演化的路徑。反應的速度也是影響的關鍵因素。在這樣的變革面前，無論 "to B" 還是 "to C"，每個人都要打破傳統的界限，儘可能去一線尋找解決問題的方法與思路，才能重新定位，更快到達下一個路標。

今年是公司成立 22 週年，也是深圳經濟特區建立 40 週年。站在這個節點，能夠更真切地感受到我們與這座城市、與國家命運的同頻共振。公司在成長過程中，經歷過幾次大的跨越。22 年前，公司在賽格園區辦公室起步時，一無所有，最艱難的時候連服務器

都買不起。但我們一直有一種敢拼敢闖、不服輸的精神，一路從即時通信拓展到內容服務等更多領域，從 PC 時代走到移動互聯網時代，這兩年又深耕產業互聯網，不斷打開新的空間和戰場。在企業的成長中有一些關鍵機會，跨過去能飛得更遠，跨不過去會掉隊，甚至倒下。

現在，一個令人興奮的機會正在到來，移動互聯網十年發展，即將迎來下一波升級，我們稱之為「全真互聯網」。從實時通信到音視頻等一系列基礎技術已經準備好，計算能力快速提升，推動信息接觸、人機交互的模式發生更豐富的變化。這是一個從量變到質變的過程，它意味着線上線下的一體化，實體和電子方式的融合。虛擬世界和真實世界的大門已經打開，無論是從虛到實，還是由實入虛，都在致力於幫助用戶實現更真實的體驗。從消費互聯網到產業互聯網，應用場景也已打開。通信、社交在視頻化，視頻會議、直播崛起，遊戲也在雲化。隨着 VR 等新技術、新的硬件和軟件在各種不同場景的推動，我相信又一場大洗牌即將開始。就像移動互聯網轉型一樣，上不了船的人將逐漸落伍。

長期來看，如何應對內外各種挑戰，把握關鍵機會？外部環境很難左右，關鍵還在於發展自己的能力。在《基業長青》(*Built to Last*) 中，詹姆斯·柯林斯推崇那些更注重自我改進，而不是把對手當作最終目標的公司。對我們而言也是如此，在這個黑天鵝滿天飛的時代，我們更需要目光向內。從這本年刊裏，我們可以看到公司不同團隊的努力方向，都聚焦在打造科技與文化的基礎實力上，在不同領域踐行公司「正直、進取、協作、創造」的價值觀。企業就像一個火車頭，在路上需要有人不斷貢獻，才能推動火車不斷前進。在我們的價值觀裏，正直是最基本的。正直是一種信仰，正直

也是規則和底線。我們堅持正直，是因為相信這樣做是好的、對的，不是為了「成功」。當然，不能剝奪我們堅持正直、純粹也能成功的機會，儘管可能會更難一些。對正直的堅持，吸引了一批秉持同樣價值觀的同路人，也幫助我們自省、反思與向善，這是騰訊一路走來的基石。

雖然外部困難和變化在常態化，但我們要以正為本，迎難而上。在疫情中，我們全體總動員，在科技向善的使命感召下，跨越障礙、同心戰疫，與很多國內外合作夥伴、機構結下生死之交，也讓我們更加堅定了我們的選擇。六年前，我們提出，騰訊要做連接器，不僅要把人連接起來，也要把服務與設備連接起來。新冠肺炎疫情期間的特殊經歷讓我們更進一步認識到連接的價值，一切的技術最終都要服務於人。繼續深化人與人的連接、服務與服務的連接，讓連接創造價值，這是我們不斷進化的方向。

馬化騰

（2020 年《三觀》撰文）

元宇宙的本質、歷史觀、終局

自序一

本書為《元宇宙》系列的另一本書，沿襲前作的框架體系，聚焦元宇宙投資。

從投資角度，我們首先定義了元宇宙 —— 囊括現實物理世界、數字化 everything 的虛擬集合。基於這一定義，我們認為元宇宙投資，首先要清楚兩點：一是元宇宙並非與現實物理世界割裂或並列的虛擬世界，而是囊括了物理世界的更大集合；二是區塊鏈與 NFT（非同質化代幣）是支撐元宇宙經濟體系運行的核心。按照本套書前作的價值鏈圖譜，我們提煉出投資視角下的六大版圖 —— 硬件及操作系統、後端基建、底層架構、人工智能（核心生產要素）、內容與場景、協同方。參照遊戲行業 20 年的發展史，我們選取其關鍵節點，截取了關鍵十年的迭代史，以此去映射元宇宙的十年投資賽道，回歸出三個投資階段。

接棒互聯網這一先進生產力的工具作用，我們總結出元宇宙的本質 —— 所有感官體驗的數字化。元宇宙作用於人有三個維度，即時間、空間、體驗；結合元宇宙的定義及本質，統領元宇宙投資須緊密圍繞且協力於「所見即所得」。所見即所得有兩層含義：一是元宇宙中人的感官體驗高度仿真，所見即能體驗到，所體驗到等同於所具有／所得到；二是元宇宙中的所有體驗，都能與現實世界

互通。

根據前作回溯的通信、計算機、互聯網的 85 年歷史，從電報、電話到計算機、手機，信號、信息、數字的傳輸效率是空間、也是時間的含義；從文字、聲音、圖片、視頻、直播的視聽體驗，到未來的部分、所有感官體驗，元宇宙展示了第三次計算文明的一種範式 —— 繼信息化走向了數字化後，數字化必將走向智能化，故元宇宙不僅是面向普通用戶（to C），而且面向企業、城市等，企業元宇宙、城市元宇宙均是元宇宙的子集。從這個角度來看，元宇宙會成為充滿活力與生產力的全球經濟活動新蓄水池，物聯網是元宇宙的副產品。硬件將是巨頭們的兵家必爭之地 —— 智能化必須要實時產生的數據，沒有硬件哪來數據？元宇宙的投資必須升維，可以借鑒互聯網獨角獸的圍獵經驗，但更多是基於交互、算力、應用、內容等的重構。

我們也大膽推演了元宇宙的終局 —— 生物與數字的融合：人作為用戶的需求是「擴大世界觀」，科技的進化需求指向了「數字化everything」，生物與數字融合衍生出的數據智能有望繼基因變異及文化後成為第三條遞歸改善路徑 —— 數據智能增強人類，人機協同在中外的科技前沿都落座於生物智能與數字智力的合併、生物特徵與數字信息的融合。終局思維是元宇宙投資的終極指南，以終為始，則為元宇宙投資一開始就奠定的大格局、寬視野。

元宇宙擴大了人的世界觀，擴展了物理城市的尺寸與增長空間的藍圖，吸引了全球巨頭們跑步入場。縱觀全球巨頭們的排兵佈陣圖（20 個案例），元宇宙的中國版本則更值得期待 —— 中國文化土壤（莊生曉夢、黃粱一夢、涼州夢、《紅樓夢》、《夏洛特煩惱》、《你好，李煥英》）着眼於擴大人的世界觀後，修正價值觀進而改變人生

觀，較國外（《頭號玩家》、《盜夢空間》）更有價值。國內企業元宇宙方向上的陣列前行圖（六大版圖上的 N 家中國企業），也是中國高端製造、智力資源的彎道超車迭代回歸圖。

在科技投資趨勢中，元宇宙是未來 20 年最宏大的全球敍事，我們推演了六大投資版圖的未來格局。競爭格局決定了如何下重注 —— 是圍獵獨角獸，還是廣泛且均等下注？是長期持有，還是階段性輪動？

此時此刻，我正在去北京出差的路上，出發之前我叮囑上二年級的寶寶認真完成未來幾天的作業，託付我父母每天照顧他並檢查他的作業細節。我在兩個維度的時空投放的「努力」，本質、歷史觀、終局均是三代人共同嚮往的美好生活，也映射了科技應該有的本質、歷史觀、終局 —— 科技向善。我們強烈呼籲在元宇宙如火如荼的當下，無論中外、大小，各入局方（產業資本、金融資本）均須前置「科技向善」，並給出「科技向善」的第一公式：$y = f(x)$，$x =$ 用戶時長。如何善待用戶基於信任所放置的使用時長，在踐行碳中和、共同富裕、人類命運共同體的今天，尤為重要。

服務於元宇宙投資，我們創新性地構建了元宇宙時代的價值評級，並整理出元宇宙全球英雄榜，以饗讀者。

焦　娟

2021 年 11 月 5 日

自序二

元宇宙：
投資全球大浪潮

元宇宙是從物理世界通過各種信息和技術手段，形成的一個非常龐大的虛擬世界，且自身內部還在不斷演繹和進化。在過去，參與者是一個個單獨的人；在未來，元宇宙中會產生各種各樣的信息人、智能人，而且這些人會進一步影響到物理世界，形成一個虛實共生的形態。

隨着臉書（Facebook）收購 Oculus，微軟（Microsoft）收購 Altspace，元宇宙的雛形逐步顯現，在虛擬現實的大趨勢下，圖形引擎變得愈加關鍵與重要。但近年來技術的迭代速度不及預期，直到 2021 年初，Facebook 收購的 Oculus 推出了劃時代產品——Quest2，使得整個市場上產品的價格門檻下降至 2 000 元左右，並且具備大量豐富的應用與場景。同時，騰訊在面臨第一增長曲線的壓力下，提出了「全真互聯網」的概念，試圖尋找第二個增長曲線。由此看出，全球的巨頭公司都逐漸開始關注現實虛擬技術（Virtual Reality, VR）、增強現實技術（Augmented Reality, AR）以及元宇宙。

在經過對全球每家公司的軟件產品進展情況進行全面掃描之後，我們可以得到一個重要的結論：Oculus 的銷量只要突破了 1 000 萬台的臨界點，到 2022 年的銷量則可能是 3 000 萬台甚至是 5 000 萬台，而這只是 Facebook 一家公司，待其他競爭對手入局之

後，就有可能變成一個宇宙的大爆發。

　　元宇宙是值得未來 10 至 20 年全部押進（All in）的賽道。按 Facebook 的講法，它相當於是下一代互聯網所延伸的一個最重要的形態。它把二維的互聯網變成三維，使其變得立體，而且可以實現多維化，用戶可以在不同宇宙中來回穿梭，這其中所帶來的影響是非常大的，相較以前是顛覆級的。同時，在元宇宙發展的過程中，人們會逐漸形成一個新的共識，相當於一個很長的「雪道」，在未來不斷進步和完善的 50 年「雪道」上，將會出現大量的投資機會。但是，元宇宙的奇點就像宇宙大爆發那樣，各種因素結合在一起，壓強在不斷加大，到了某一個時間點，突然間爆發，這個是最重要、最關鍵的時刻。目前，我們看到接入技術、區塊鏈技術等已經逐步成熟，在這個時間點，系統性的描述是非常重要的。現在，不管是做雲計算、網絡、互聯網的公司，還是大平台公司、小創業公司，都對元宇宙非常感興趣，並形成了一個非常廣泛的共識，元宇宙未來將會變成一個深入人心的概念。

　　元宇宙的發展可以分為三個階段：第一個是物理世界到虛擬世界；第二個是虛擬世界影響物理世界；第三個則是虛實共生。每個階段可能都需要十年的時間來完成，而這三個階段的變化不是一蹴而就的。就像宇宙大爆發，雖然我們看到的是第一天絢麗過程，但在之前就已經有了大量的加溫，有一個量變到質變的過程。我們現在每天都使用的微信，其實都只是一個初步元宇宙的基礎和雛形。在元宇宙的發展期間，可能會出現四家平台級的公司，分別是美國的 Facebook、中國的字節跳動和騰訊、俄羅斯的以太坊（Ethereum），其中以太坊的確定性會相對更高一些。在產業鏈中，硬件、引擎、核心計算平台、遊戲引擎均對元宇宙十分重要，只要

抓對時機，便可能帶來很大的收益。在區塊鏈方面，隨着數據資產的迅速增長，未來虛擬世界中的經濟價值會遠高於物理世界。

從底層技術支撐來看，支持元宇宙發展的技術支柱可以被歸納為 "BIGANT"。區塊鏈（B, Blockchain）暫時不是瓶頸；交互（I, Interactivity）是當前需要邁出的重要一步；遊戲技術引擎（G, Game）未來實現的開放式場景才是元宇宙的雛形；人工智能（A, AI）、網絡（N, Network）、物聯網（T, Internet of Things）當前的目的是如何讓交互做到極致。根據安迪 - 比爾定理，硬件產生的所有功能都會被軟件消耗掉，一旦軟件發展到瓶頸的時候，硬件又會通過創新來滿足。所以只要我們能想像到，同時有大玩家願意 All in，隨着技術的進步，元宇宙就一定能發展起來。

正如比爾・蓋茨所說，不高估元宇宙產業三年的變化，不低估十年的超級大浪潮，未來十年一起同行！

易歡歡

2021 年 11 月 5 日

戰備元宇宙大浪潮

01

羅布樂思（Roblox）首席執行官大衛·巴斯祖齊（David Baszucki）曾說：「元宇宙是科幻作家和未來主義者構想了超過 30 年的事情。而現在，隨着擁有強大算力設備的逐步普及與網絡帶寬的提升，實現元宇宙的時機已經趨於成熟。」

　　關於人類對元宇宙的憧憬，Roblox 在這一領域具有絕對的先發優勢，顯然讓用戶、資本願意為之下注——2021 年 3 月 10 日，Roblox 上市當天漲幅 54%，相比其半年前的最後一次上市前融資，公司的估值增長了 7 倍，市值超 400 億美元。

　　我們之所以能看到 Roblox 在 2016 年後的騰飛，那是因為它在此前準備了 17 年。

　　2020 年，美國超過一半 16 歲以下的孩童都玩過 *Roblox*。Roblox 平台上運營着 4 000 多萬款遊戲，超越了蘋果系統商店裏的遊戲數量。最受歡迎的遊戲往往是那些「模擬器」，玩家們可以在不同場景中扮演不同角色。一旦開發者賺到了足夠多的 "Robux"（Roblox 擁有的兩種虛擬貨幣之一，通過充值和創建遊戲獲得），那麼他就可以使用一個名叫「開發者交易所」（Developer Exchange, DevEx）的程式將 "Robux" 轉換為現實貨幣。

　　尋找下一個 Roblox 的投資者們，應該需要怎樣備戰呢？

第一節
投資元宇宙
全球大浪潮的兩大基石

　　元宇宙如火如荼，但交流起來卻尚未有確切定義，投資是非常縝密的系統性工程，故我們首先來定義元宇宙。元宇宙是囊括物理世界、數字化 everything 的虛擬集合。為何一談元宇宙，總是離不開區塊鏈與 NFT？元宇宙囊括物理世界的前提，是已建立起高效、良性的經濟系統。

—

元宇宙的定義：囊括物理世界、
數字化 everything 的虛擬集合

　　「元宇宙」的概念從何而來？這一概念最早可以追溯到 1992 年，科幻小說家尼爾・史蒂芬森（Neal Stephenson）在其科幻小說《雪崩》中首提元宇宙（Metaverse）。根據其設想，在一個脫離於物理世界，卻始終在線的平行數字世界中，人們能夠在其中以數字替身（Avatar）自由生活，進行娛樂、工作、社交、經濟等活動。

　　2003 年，互聯網已得到大力普及，數字化的發展讓初步嘗試虛擬世界建設成為可能。從某種意義上說，遊戲是最早具備元宇宙部分特質的產品。2003 年 7 月，美國林登實驗室（Linden Lab）發行

了《第二人生》網絡遊戲，玩家可以在遊戲中創造出自己的「第二生命」，即虛擬人物。玩家在遊戲中叫做「居民」，居民們通過自由創作，創造了一個與現實世界平行的虛擬世界，並且可以隨心所欲地在虛擬空間中進行生活、社交等。

《第二人生》可算作是元宇宙一個重要發展節點，它不只是一個遊戲，特殊之處還在於：一是極度的自由，遊戲並沒有設置具體的目標，其巨大的場景所包含的內容全部是由用戶自己生產出來的，一些實體企業也將社會生產的一部分搬到了網絡遊戲中，比如 IBM（國際商業機器公司）建立了自己的銷售中心，CNN（美國有線電視新聞網）建立了自己的遊戲報紙；二是將真實社交場景映射到網絡，人們與在遊戲中進行外出、工作等活動中遇到的其他玩家，都可以相互社交，比如建立友誼、組建家庭；三是實現了虛擬和現實貨幣的自由流通，用戶在虛擬空間創造和經營的遊戲幣（林登幣）按照浮動匯率可以兌換成美元，即轉化為現實的貨幣。

2014 年發行的一款 3D（三維）第一人稱沙盒遊戲《我的世界》，遊戲中的玩家可以在三維空間中自由地創造自己想像中的世界，然後在這個世界裏交友、購物、旅行和生活。然而，受科技發展水平的限制，虛擬遊戲《第二人生》、《我的世界》依然缺乏沉浸式體驗，其所描繪的極度自由的遊戲化世界，只能算是對元宇宙的初步探索。

2018 年上映的電影《頭號玩家》，再度引爆了市場對虛擬世界的期待。電影中的虛擬世界「綠洲」，進一步具象呈現了元宇宙的可能樣貌，用戶可以通過體感服或者 VR（虛擬現實）設備在虛擬世界得到仿真的感官體驗，綠洲具有運行完備的經濟系統，跨越實體和數字世界的數據、數字物品、內容及 IP（網絡互聯協議）都可以在其間通行，用戶、企業都可以創作內容或提供商品與服務，並可以

獲得真實的經濟收益。

2020 年的新冠肺炎疫情加速了整個虛擬內容端的發展，越來越多線下場景被數字化，為元宇宙概念做好了鋪墊。因居家隔離需求，人們部分生活場景被迫轉為線上，比如工作、生活、娛樂、學術等諸多線下行為被投射到視頻會議、遊戲等在線數字化場景中。具體來看，以 Zoom（多人手機雲視頻會議軟件）為代表的在線視頻會議工具在疫情期間得到了廣泛應用；美國加州大學伯克利分校選擇沙盒遊戲《我的世界》作為畢業典禮的舉辦場所，畢業生們以虛擬形象齊聚校園參加畢業典禮；美國著名流行歌手特拉維斯・斯科特（Travis Scott）在遊戲《堡壘之夜》中舉辦了一場虛擬演唱會，容納了全球千萬觀眾參加。隨着線上線下部分場景的打通，真實世界與虛擬世界的邊界進一步模糊，強化了人們對虛擬世界的感知與想像力。

圖 1-1 「元宇宙」概念的由來和發展

2021 年 3 月 10 日，元宇宙概念股 Roblox 在紐交所上市，作為第一家將元宇宙概念寫進招股說明書的公司，Roblox 上市首日市值近 400 億美元，其獨特的商業模式引爆了科技與資本圈。此後，關於元宇宙的概念迅速瀰漫市場。

現在來看，雖然作家史蒂芬森所描繪的虛擬世界遠超當時的科技發展水平，但並非徹底虛構。2021 年語境下「元宇宙」的內涵已

經超越了 1992 年《雪崩》中所提及的「元宇宙」。隨着 5G 通信網絡、VR/AR（虛擬現實/增強現實）、人工智能等技術的發展，元宇宙正從科幻走進現實。

那麼我們如何來定義和理解元宇宙？

到了 2021 年，人們對於「元宇宙」的特性和期許有了更加具象的表達。數字資產研究院學術與技術委員會主席朱嘉明教授對「元宇宙」給出了這樣的解釋：在 2021 年語境下，「元宇宙」的內涵吸納了信息革命、互聯網革命、人工智能革命，以及 VR、AR、ER（擬真現實）、MR（混合現實）、遊戲引擎等虛擬現實技術革命成果，向人類展現出構建與傳統物理世界平行的全息數字世界的可能性。簡言之，「元宇宙」為人類社會實現最終數字化轉型提供了新的路徑。

元宇宙並非一個嚴謹的學術概念，至今尚無統一的定義。關於元宇宙的特徵，市場普遍引用了 Roblox CEO 所提出的元宇宙必要的八大要素，以及風險投資家馬修・鮑爾（Matthew Ball）給出的六大關鍵特徵。

我們根據其共性總結出元宇宙的六大特徵，包括沉浸式、社交性、開放性、永續性、豐富的內容生態、完備的經濟系統（見圖 1-2）。這六大特徵，既是元宇宙與其他現有技術和應用的本質區別，也是人類未來構建元宇宙所要滿足的需求指標。

- **沉浸式**：元宇宙可以帶來極致沉浸式體驗，具備對現實世界的替代性。隨着技術進步，這種極致的沉浸感可以通過體感服、VR/AR 頭顯，乃至腦機互聯達到。
- **社交性**：作為現實世界的替代品，元宇宙必須有較強的社交性，因為現實世界中的人類是社交動物。

- **開放性**：元宇宙不屬於任何一個國家或企業所有，是足夠開放的，一方面允許各類玩家加入並自由活動，另一方面須向第三方機構開放技術接口，讓其自由地添加內容或服務。
- **永續性**：作為一個正在進行時的平行世界，元宇宙的運營會永久持續下去，任何一個巨頭的破產，都不會影響元宇宙的存續。
- **豐富的內容生態**：元宇宙的內容或服務生態須足夠豐富，可以滿足眾多人羣的生活與娛樂需求，具備廣闊的可探索或可開拓空間，每個人既是內容和服務的需求方，又是創作方。
- **完備的經濟系統**：元宇宙需要有一套支持其運作的經濟系統與文明規則，且這一經濟系統是打通虛擬和現實的，意味着用戶在元宇宙中所擁有的虛擬資產可以轉化為現實的貨幣。

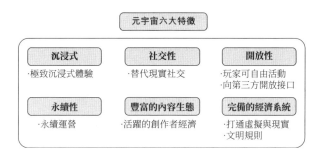

圖 1-2　元宇宙的六大特徵

　　對於元宇宙，不同的人有不同的認知，也可能存在理解誤區。如果我們將以上的六個特徵與現有的元宇宙概念產品進行對照，可以首先去判斷「甚麼不是元宇宙」。那元宇宙是 VR 遊戲，是電影《頭號玩家》中的「綠洲」，還是類似於 Roblox 所打造的 3D 虛擬世界平台？

　　都不是！元宇宙不僅僅是一個簡單的虛擬世界。就如同智能手機、App 應用、底層開發工具等都不等同於移動互聯網，元宇宙如同移動互聯網的變革一樣，也是集硬件、基建、工具、應用、產品等於一身的綜合體，《頭號玩家》所描繪的綠洲更多的是以遊戲為

主的虛擬世界，遊戲只是元宇宙的其中一種活動方式，可能是元宇宙第一階段的展望。

目前多數人認為 Roblox 平台比較接近元宇宙的形態，但還是不夠，因為沉浸感不足。事實上，目前市場上所有主流遊戲，包括 VR 遊戲，在沉浸感方面離元宇宙都還差得很遠。如果將社交性的開放世界做得更大一點，通過 VR 等技術手段加強沉浸感，開放第三方接口以豐富內容生態，那就很接近元宇宙的願景了。但這個目標說起來容易，其實困難重重，實行起來也需要極高的成本。

那元宇宙到底是甚麼？我們認為元宇宙既不是虛擬世界，也不是現實世界虛擬化的簡單投射。站在投資的角度，我們的定義是：囊括物理世界、數字化 everything 的虛擬集合。這裏面有兩層含義：一是元宇宙是囊括了現實世界與虛擬世界的一個更大集合；二是虛擬世界與現實世界實現高度共融，這個高度共融是指人的感官體驗無差別，以及兩個世界的運行規則順利接軌。

現階段元宇宙肩負着虛擬與現實的雙重期待，也存在着現階段物理與技術難以調和的矛盾。但我們必須認識到，元宇宙的重要性堪比互聯網和移動互聯網的出現，元宇宙不只是下一代互聯網，更是未來人類的生活方式。

二

元宇宙的運行，區塊鏈與 NFT 不可或缺

為甚麼一個早在 1992 年就存在的概念，到 2021 年元宇宙又重新成為市場關注焦點？我們認為主要有以下兩個原因。

- 移動互聯網流量紅利見頂。建設元宇宙思路的本質，不是為了變而變，其中一個重要的因素是移動互聯網紅利消退，各巨頭為了爭搶用戶時長迅速內捲，需要通過創新以提升用戶體驗。在此背景下，Facebook、騰訊等巨頭相繼佈局元宇宙。互聯網的投資邏輯在於把握內容消費場景變革所催生的紅利，而元宇宙被認為是下一代互聯網革命，新內容、新消費場景有望開啟新的紅利期。
- 技術成熟度的拐點似乎已經到來。一方面，元宇宙所需要的 5G、VR、AR、MR、腦機接口、人工智能、計算機視覺渲染、雲端虛擬化等多種技術，都已經發展到一定階段，這為元宇宙的落地奠定了技術基礎；另一方面，加密等相關技術的發展提速，區塊鏈+NFT 有望為元宇宙構建起經濟系統的雛形。

1. 元宇宙與區塊鏈

在前面內容中我們指出，元宇宙不是遊戲，也不是虛擬世界，只是目前尚處萌芽時期的元宇宙探索者都在用遊戲的形態去承載而已。如果我們沒有區塊鏈這項技術，元宇宙可能永遠都是一種遊戲形態，或者是脫離於現實之外的虛擬世界。

我們之所以把虛擬世界當成娛樂，而不是真的當成自己的人生，主要原因在於以下兩點。

- 虛擬世界的資產無法在現實世界中流通，比如用戶在遊戲中打到的裝備或獲得的其他資產，難以提取到現實世界中。
- 虛擬世界中用戶的命運不掌握在自己手中，而在相關運營商手中，如果運營商倒閉或關閉遊戲服務器，用戶將損失慘重。而區塊鏈的出現則解決了上述兩點問題，得以對虛擬經濟重塑。

雖然區塊鏈不能塑造出元宇宙，但卻是元宇宙被塑造過程中最關鍵的一環，幫助元宇宙完成了底層的進化。元宇宙其中一大重要

特徵是具備一套虛擬與現實相通的經濟體系，區塊鏈則是這個經濟體系的底層架構之一。眾所周知，在互聯網生態中，沒有一套合理的信任與利益分配機制，很難保證參與者公平地參與整個生態鏈條中，進而無法形成體系的創造力。而區塊鏈技術正是為元宇宙提供了一套可行的經濟運行規則。

區塊鏈技術，表面上看解決的是技術性問題，本質上解決的則是信任問題。區塊鏈是分佈式數據存儲、點對點傳輸、共識機制、加密算法等計算機技術的新型應用模式，其中「共識機制」是指區塊鏈系統中實現不同節點之間建立信任、獲取權益的數學算法，直觀理解，即區塊鏈能夠幫助人們之間建立起信任關係。

如果說 TCP/IP（傳輸控制協議／互聯網絡協議）是網絡之間的通信協議，那麼區塊鏈就是被普遍認可的信任機制和合作協議。計算機之間信息傳輸，對於不需要驗證真假的信息來說，TCP/IP 已經足夠可用，但是一旦涉及不同計算機之間進行自動化的溝通與協作，甚至是價值傳遞的時候，問題就出現了。在現實世界中，公司與公司之間的合作可以靠合同條款約定來建立信任，那網絡世界靠甚麼來建立信任機制？區塊鏈就可以起到這樣的一個作用。

如果說互聯網實現了信息的傳遞，那麼區塊鏈則實現了價值的傳遞，所以在區塊鏈行業中有一句話叫「代碼即信任」。區塊鏈首次建立了一個基於數字網絡的信用系統，而在這之前，這樣的信用系統均是由國家建立的，在這樣一個信用系統的基礎上，網絡由信息的傳遞進化到可以傳遞價值，可以進行像貨幣發行這樣的以前只能由實體國家從事的行為。比如中本聰在創造比特幣的時候就明確說過，因為美元的不可信任，所以他要創造一個可信賴的、永不增發的貨幣體系。

從機制上看，區塊鏈協助人們在元宇宙中構建起信任關係。未來在元宇宙中，現實世界的事物將會越來越多地投射到虛擬世界中，需要基於互聯網而傳遞的價值也會越來越多且更加繁雜。那由誰來承擔解決價值傳遞過程中的信任問題？區塊鏈是目前看來最為適配的可行技術解決手段，也就是說，區塊鏈不只解決虛擬世界的信任關係，還可以解決現實世界的信任關係。這可以從以下具體的區塊鏈落地應用端來看。

元宇宙經濟的核心問題之一，就是數字貨幣的應用。比特幣是區塊鏈在數字貨幣發行方面的一個成功的應用，這是網絡朝着與現實世界平行的另一個世界邁出的一大步。到目前為止，區塊鏈的影響範疇已經不僅僅是針對金融系統的革新，雖然區塊鏈的發明是建立在互聯網之上，但也能解決現實世界的問題，如在知識產權、身份認證、食品安全與溯源、能源、公益慈善等諸多領域的應用場景中。

比如在知識產權領域，相較於歐美，中國在知識產權保護領域較為薄弱。鑒於此，中共中央、國務院 2021 年 9 月印發了《知識產權強國建設綱要（2021—2035 年）》，明確了未來 5 年和 15 年中國建設知識產權強國的目標，這體現了知識產權作為國家發展戰略性資源和國際競爭力核心要素的作用更加突顯。根據相關研究，知識產權保護強度的變化對技術創新與技術擴散存在直接影響，並以此為傳導工具，可有效帶動其他各要素稟賦對經濟增長的正向作用。若元宇宙中用區塊鏈技術對知識產權、海量的數字內容或資產進行確權，將極大地提升整個元宇宙經濟的運行效率。知識產權只是區塊鏈在元宇宙中應用的一個方面，是區塊鏈所能夠發揮應用價值的方向之一，若推行順利，未來元宇宙中知識產權的保護將沒有現實世

界這種問題的煩惱。

基於以上分析，目前來看，區塊鏈將會是連接虛擬世界與現實世界的最佳橋樑，即在未來元宇宙的塑造中，區塊鏈是不可或缺的一環，其將提供一套正反饋的經濟運行體系，鏈起千千萬萬的跨越虛擬與現實的個體，且所承載的資產將具備現實的價值，而這個虛擬空間上所發生的一切，也具備了直接作用於現實物理世界的基礎。

2. 元宇宙與 NFT

提起區塊鏈不能不提「幣」，但區塊鏈不等於各種幣，「幣」只是區塊鏈經濟生態中的一部分，比特幣也只是區塊鏈技術的應用之一。區塊鏈技術的應用不一定非要有幣，但不得不承認，正是源於比特幣的火爆，區塊鏈技術才得以被廣泛地關注，客觀上推動了區塊鏈應用的實質性發展。

區塊鏈上的數字加密貨幣分為原生幣（Native Coin）和代幣（Token）兩大類。原生幣如比特幣（BTC）、以太幣（ETH）等擁有自己的主鏈，使用鏈上的交易來維護賬本數據；代幣則是依附於現有的區塊鏈，使用智能合約來進行賬本的記錄。

代幣又分為同質化代幣和非同質化代幣兩種（詳見表 1-1）。同質化代幣（Fungible Token, FT），是可以互相替代、可接近無限拆分的代幣，比如不同用戶各擁有一枚比特幣，本質上沒有任何區別，具有相同的屬性、價格；而非同質化代幣（Non-Fungible Token, NFT），具有不可分割、不可替代、獨一無二等特點，類似藝術品，每件都不一樣，因而它們之間無法相互替換，所以稱之為不可互換代幣或非同質化代幣。就像一枚比特幣可以分割成很多份，但一個小學生畫的 NFT 鯨魚頭像是不能分割的。

雖然同質化代幣的優點很多，比如可以無限拆分、互相兌換、可以在交易所交易等，但在現實生活中真正具有價值的，其實是不可替代的、具備唯一性的東西，比如一件藝術品、一段珍貴無比的回憶等。為呈現出其價值（發現價值並流通），這時 NFT 就出現了。

表 1-1　同質化代幣（FT）與非同質化代幣（NFT）

同質化代幣	非同質化代幣
可互換性	**不可互換性**
FT 可與同種 FT 進行互換。舉例來說，美元可與其他面額的美元進行互換，且不影響價值	NFT 不可與同種 NFT 進行互換。如將 NFT 借出，返還為同一 NFT，而不是其他 NFT。舉例來說，自己的出生證明不可與別人進行互換
統一性	**獨特性**
所有同種 FT 規格相同，通證之間相同	每個 NFT 獨一無二，與同種 NFT 各不相同
可分性	**不可分性**
FT 可劃分為更小單元，每單元價值同等即可。舉例來說，1 美元可換成 2 個 50 美分或 4 個 25 美分	NFT 不可分割。基本單元為一個通證，也只存在一個通證
方便性	**防盜性**
易於拆分和交換	每個通證具有獨特性，應用場景多種多樣，如遊戲、知識產權、實體資產、身份證明、金融文書、票務等
ERC-20	ERC-721
以太坊區塊鏈著名協議，支持發佈了 OMG、SNC、TRX 等通證	以太坊區塊鏈新協議，支持發佈獨特的非同質化通證，最佳用例包括加密貓（CryptoKitties）等加密收藏項目

資料來源：鴻鏈信息科技。

相較於 FT，NFT 的關鍵創新之處在於提供了一種標記原生數字資產所有權（即存在於數字世界，或發源於數字世界的資產）的方

法，且該所有權可以存在於中心化服務或中心化數據庫之外。

同時，NFT 由於其非同質化、不可分割的特性，使得其可以錨定現實世界中物品，即 NFT 是其在區塊鏈上的「所有權證書」，代表着數字資產的歸屬權，具備排他性，並且具有唯一性和不可複製性，可以廣泛應用於遊戲、藝術品、收藏品、數字音樂、虛擬世界等領域。

- **遊戲**：可錨定遊戲中的寵物、武器道具、服裝等物品。2018 年的加密貓就是基於 NFT 給每隻貓進行特殊的標記編號，讓每隻貓都是獨一無二的。
- **知識產權領域**：目前 NFT 最具代表性的應用在於數字版權運營領域，NFT 化的數字藝術品解決了作品版權的確認、作品發行和流通數量的控制及盜版防範等問題，並提供了更豐富的互動方式和商業化路徑。
- **票務**：演唱會門票、電影票、話劇票等都可以用 NFT 來標記，所有的票都一樣，但只有座位號不同。
- **數字藝術品**：由於 NFT 具備天然的收藏屬性，且便於交易，加密藝術家們可以利用 NFT 創造出獨一無二的數字藝術品。

簡言之，NFT 能夠把任何有價值的物品或事物通證化，並追溯這個物品或事物信息的所有權，這樣就能夠實現信息與價值的直接轉換（詳見表 1-2）。

表 1-2 　NFT 與其他資產特徵對比

對比維度	NFT	數字商品	實物商品
數字化	去中心化鏈上存儲	中心化服務器	非數字化
所有權	實際所有權	名義所有權	實際所有權
不可複製性	不可複製	可快速複製	不可複製
存在週期	永久	永久 / 非永久	非永久
流通性	自由流通	可被限制流通	可被限制流動
二次開發	支持	取決於所有者	會造成形態改變

資料來源：鏈聞。

NFT 為何在當下火爆全球？2021 年 3 月 11 日，來自暱稱 "Beeple" 的美國藝術家邁克・溫克爾曼（Mike Winkelman）的 NFT 作品《每一天：前 5000 天》（*Everydays: The First 5000 Days*）以約 6 900 萬美元的天價成交；8 月 27 日，NBA 球星斯蒂芬・庫里（Stephen Curry）以 18 萬美元購買 BAYC（Bored Ape Yacht Club）的 NFT 作品；以及 *Axie Infinity* 的火爆——一款基於以太坊的 NFT 遊戲。以上事件推動了 NFT 的出圈，市場關注度大幅提升，這種加密領域的最新熱潮正在改變人們在數字領域買賣商品的方式與流通頻次。

2021 年 NFT 的出圈，帶動市場交易尤為活躍，NFT 交易量在 2021 年短期內呈現了指數級的增長。據加密分析平台 DappRadar 統計，NFT 銷售額於 2021 年上半年達 25 億美元，遠高於 2020 年上半年的 1 370 萬美元；另據 NonFungible[①] 統計，2021 年上半年，在超過三分之二的時間段內，NFT 買家數突破 10 000 人，其中 3

① NonFungible.com 於 2018 年 2 月推出，最初用於跟蹤 Decentraland，該網站已經逐步發展壯大，並成為 NFT 生態系統的支柱之一。主要用於 NFT 市值、全球頂尖的 NFT 項目索引、加密數字藏品的數據統計和工具。

月、6 月分別有 2 週、1 週 NFT 買家數均超過 20 000 人。

　　NFT 應用的領域，按照內容屬性可劃分為收藏品、遊戲、域名、保險、虛擬世界 / 元宇宙（詳見表 1-3）。據 NonFungible 統計，2020 年全球 NFT 市場前三大應用領域為虛擬世界 / 元宇宙、收藏品及遊戲，佔比分別為 25%、24% 及 23%，對應市場規模分別為 1 400 萬美元、1 290 萬美元及 1 290 萬美元。

表 1-3　NFT 按照內容屬性劃分類別及代表項目

類別	代表項目
收藏品	OpenSea、Rarible、Superare、MakersPlace、KnownOrigin、LinkArt、JoyWorld、Cryptograph、Cryptopunks、Meebit
遊戲	Enjin、Chiliz、Sorare、CryptoKitties、League of Kingdoms
域名	Ethereum Name service、Unstoppable Domains
保險	Yinsure.finance
虛擬世界 / 元宇宙	Decentraland、The Sandbox、Cryptovoxels、Somnium Space

資料來源：NonFungible.com。

　　總結來說，NFT 的意義在於實現了虛擬物品的資產化與流通化，帶動了數字資產的價值重估。在區塊鏈與 NFT 的結合下，不只是數字藝術品甚至實物資產均可通過 NFT 上鏈和流通交易。隨着數字化技術的應用越來越豐富，NFT 的落地場景也會更加多元，有望成為未來元宇宙建設的底層架構之一。

　　NFT 所展現對能夠加速未來實物資產數字化和虛擬產品上鏈的能力，使得元宇宙不再是簡單的全息網遊，而是一套元宇宙所特有的經濟運行體系，即區塊鏈為元宇宙內所有物品的價值交換奠定了基礎，區塊鏈＋NFT 構建了元宇宙中連接數字資產與現實世界的橋樑。

　　NFT 的發展預計將加速元宇宙經濟系統的運行，反之，元宇宙

的不斷演進也拓寬了 NFT 的想像空間。NFT 預計將成為元宇宙中數字資產的確權解決方案，為元宇宙的經濟系統帶來極大的顛覆或創新。

在闡述元宇宙投資的具體內容之前，結合當下大眾與市場的認知，我們強調元宇宙的全球化投資，在認知層面必須深刻理解這兩大基石：第一，元宇宙不是虛擬世界，也不是現實世界在虛擬世界的簡單映射，而是囊括了現實世界與虛擬世界的一個更大集合；第二，區塊鏈是元宇宙建設過程中最核心的技術之一，它為元宇宙提供了一套經濟運行規則，以 NFT 為代表的數字貨幣則成為連接虛擬和現實世界的通證（詳見圖 1-3）。

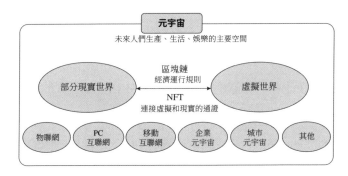

圖 1-3　元宇宙的內涵

第二節
投資元宇宙
全球大浪潮的六大版圖

短期來看，雖然元宇宙剛起步，對元宇宙的建設與投資剛進入探索期，但我們判斷這一趨勢是不可逆的且正在加速。中長期來看，人類的娛樂、生活、工作將持續數字化並將加速走向智能化，終極的元宇宙形態將最大限度地連接虛擬世界與現實世界，或將成為人類未來的主流生活方式。元宇宙目前承載的最大希冀，是繼移動互聯網，以聚合創新的方式去改變人類的方方面面。元宇宙由混沌期走向分歧期、再走向景氣上行的高速發展期。我們預判這一進程將帶來至少十年的相關產業繁榮期，從中衍生出巨大的投資機會。

構建元宇宙是一項龐大的系統性工程，需跨行業的技術融合、各行各業的共同參與。在《元宇宙通證》中，以從外向內的視角（需求端的視角），以感知及顯示層、網絡層、平台層、應用層去梳理產業鏈；本書則是以從內向外，以及如何去實現元宇宙的視角（供給端的視角），按照價值傳導機制，以人們尋求的感官體驗為終點，來倒推能夠實現感官體驗的諸多科技，進而分拆出元宇宙投資版圖。首先，是提供元宇宙體驗的硬件（XR 設備等）及操作系統；其次，是基礎設施建設及底層技術的邊際改善（5G、算力與算法、區塊鏈、人工智能等）；再次，我們將人工智能單列為一個版圖（關鍵生產要素），以突顯其重要性；最後，落腳到內容與場景。過程中伴隨大量的技術與服務協同方，以繁榮整個生態。

我們在本書構建的六大投資版圖，包括硬件及操作系統、後端基建、底層架構、人工智能（核心生產要素）、內容與場景、協同方，並以這六個維度去梳理元宇宙龐大的產業鏈，進而得到六大版圖內的投資圖譜。（見附錄 2：元宇宙投資六大版圖）

一

硬件與操作系統：徹底重構

從 PC（個人計算機）互聯網到移動互聯網，再到萬物互聯的物聯網，甚至是元宇宙，終端硬件不斷迭代及豐富化。PC 互聯網時代的主要終端是個人計算機，移動互聯網時代的終端則主要是智能手機、平板等便攜式移動設備，物聯網時代的終端預計更加多樣化，如智能音響、電視 /PC/ 智慧屏、智能車載，以及以 XR（擴展現實，VR、AR、MR 等多種技術的統稱）為代表的可穿戴設備等新硬件。

元宇宙的沉浸式特性對硬件的要求極高，硬件必須重構。目前來看，元宇宙最適配的第一入口級硬件非 XR 莫屬，它也有望成為未來最為主流的硬件入口，元宇宙時代 XR 的重要性可類比 4G 時代的智能手機。但長期來看，元宇宙的硬件入口預計會非常多樣化，除 XR 之外，也有智能耳機、腦機接口、隱形眼鏡、外骨骼等，所有這些硬件的共性是能增強用戶的沉浸感。

我們很容易忽略但極可能獨立發展的一個感官硬件是智能耳機[1]。人類對外部信息的獲取源中，視覺佔比超過 80%，而作為第二

---

[1]　騰訊內容開放平台（om.qq.com）。

感官的聽覺總是被忽視，視覺所獲得的一般是直接信息，但人類某些細膩的情感，也會通過聽覺傳遞，如輕柔的音樂。故從元宇宙必需的音頻輸入，到去噪獲得沉浸式體驗等剛性需求來看，耳機是未來智能穿戴設備中不可或缺的組件。頭顯或眼鏡包含了從視覺輸入到眼前顯示、身前身後捕捉等主要功能，但耳機有天然優勢——可以涵蓋更大掃描面積的身側檢測。故耳機很可能在頭顯或眼鏡體系之外，獨立發展為另一種智能化硬件，甚至有望構建獨立的計算中心。

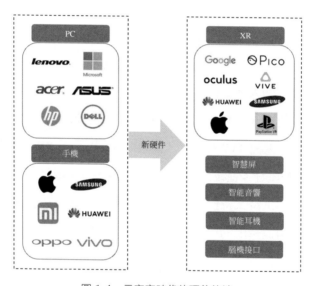

圖 1-4　元宇宙時代的硬件終端

關於未來 XR 硬件形態的演變，目前行業已經形成的共識，是正在積極研發頭顯或眼鏡這樣較為輕便的智能穿戴設備。繼 PC 計算機、智能手機之後，XR 將成為下一代消費級計算平台，其產品形態將會遵循類似於 PC 計算機（VR/AR 頭戴式顯示器，簡稱頭顯）到智能手機（智能 VR/AR 眼鏡）的發展路線。關於以 XR 設備為代

表的新硬件，我們有如下的判斷和推演：

- XR 設備將成為通往元宇宙的第一入口。
- 2021 年，VR 設備出貨量將跨過 1 000 萬台臨界點，奇點將現。
- VR 是下一代媒介形式，AR 是下一代計算平台。

1. XR 設備將成為通往元宇宙的第一入口

我們定性去論述元宇宙是人類未來的生活方式也好，去判斷元宇宙是下一代的互聯網也罷，繞不過去的一個問題是：為何必須是XR 等新硬件而非已發展成熟的手機、計算機去承擔元宇宙入口的重任呢？

若要元宇宙從概念走向現實，需要為用戶提供一個通往元宇宙的入口，讓其充分沉浸式地感受到一個計算平台所創造出來的平行世界，而 XR 生來就是這樣的一個入口，若沒有 XR 等作為媒介，元宇宙的普及只是空談。從硬件技術層面看，PC、智能手機均無法很好地完成元宇宙所需的仿真與沉浸任務。XR 擁有的 3D 顯示、高分辨率、大視場角等功能都大幅提升體感交互的效果，是目前最佳的現實與虛擬世界的接口。

2. 2021 年 VR 設備出貨量將跨過 1 000 萬台臨界點，奇點將現

XR 成為元宇宙的入口，離不開相關技術的成熟。一個新興產業的發展需要可持續投入，自 2014 年以來，XR 經過七年的沉澱，行業發展的拐點已顯現：VR 設備體驗的改善、VR 內容生態的豐富、成本及價格的降低以及全球科技巨頭持續大力地投入，預計未來一兩年將迎來現象級的 XR 產品。

Facebook 於 2014 年收購 VR 創企 Oculus，致力於推動 VR 消

費生態系統的構建，彼時 VR/AR 已被認為是替代智能手機的下一代通用計算平台。此後全球多家科技巨頭如 Microsoft（微軟）、Sony（索尼）、HTC（宏達電）等，都在隨後幾年內陸續推出一系列 VR/AR 產品，2015—2016 年 VR/AR 市場熱度達到階段性高點。受制於商業模式不明晰，網絡、硬件及內容的瓶頸均未突破，行業在 2016—2018 年進入低谷期，業內逐漸下降對 VR/AR 預期，資本市場熱度亦明顯下降，VR/AR 關注度退潮並進入資本寒冬。

2019 年，VR/AR 跨越低谷開始復甦。2019 年起，Oculus、HTC、Valve（維爾福集團）、Microsoft、華為等密集發佈新一代 VR/AR 產品，行業進入復甦期。基於第一波產品的失敗經驗及教訓，新技術逐步改進、產業鏈趨於成熟、產品體驗及性價比明顯提升。2019 年底，隨着 5G 在全球正式展開部署，VR/AR 作為 5G 核心的應用場景重新被認知及重視，行業重回升勢。同年 Oculus Quest 發售，VR 遊戲 *Beat Saber* 全球銷量超 100 萬份。2020 年，VR/AR 產業鏈各環節成熟度進一步提升，疊加疫情推動居家需求的上升，以 Facebook 發佈的 Oculus Quest 2 為代表的消費級 VR 設備需求強勁增長，爆款 VR 遊戲《半條命》（*Half-Life: Alyx*）引爆全球。2020 年 VR/AR 產業投融資非常活躍，數量及金額均回到 2016 年的高點水平。

2021 年，VR 設備全球出貨量進一步攀升，進入產業化放量增長階段。相較 2018—2020 年平緩增長的終端出貨量，隨着 Facebook Quest 2、Microsoft Hololens 2 等標杆 VR/AR 終端迭代發售、電信運營商對虛擬現實終端的大力推廣、平均售價進一步下降（Oculus Quest 1 於 2019 年上市，定價 399 美元；Oculus Quest 2 於 2020 年上市，定價降至 299 美元），預計 2021—2022 年 VR/AR 終

端出貨量將大幅增長。陀螺研究院報告顯示，2020 年 VR 頭顯全球出貨量 670 萬台，同比增長 72.0%（詳見圖 1-5）；AR 眼鏡全球出貨量 40 萬台，同比增長 33.3%（詳見圖 1-6）。預計 2022 年 VR/AR 全球出貨量將分別達 1 800/140 萬台。

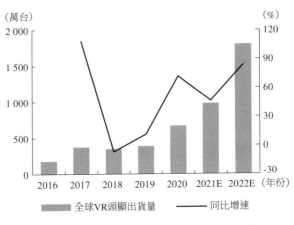

圖 1-5　2016—2022E 全球 VR 出貨量預測

資料來源：IDC、陀螺研究院。

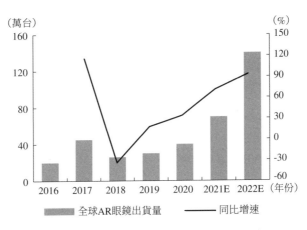

圖 1-6　2016—2022E 全球 AR 出貨量預測

資料來源：IDC、陀螺研究院。

VR 這一消費級硬件銷量持續強勁，即將跨過 1 000 萬台臨界點。根據「125 定律」，新一代電子設備的年出貨量到 1 000 萬台即是突破點，突破 1 000 萬之後，快速突破 2 000 萬是大概率事件。Facebook 的創始人扎克伯格也認為，在一個平台上，需要有約 1 000 萬人使用及購買 VR 內容，才能使開發人員獲利及持續研發。背後原理在於，一旦存量用戶突破 1 000 萬，平台就具備了構建社交關係網的基礎，從而吸引更多生態企業進駐，進而促進內容與生態系統的跨越式發展。未來 XR 終端會像 PC、智能手機進軍消費場景一樣，"to C" 的普及是大勢所趨。

3. VR 是下一代媒介形式，AR 是下一代計算平台

以「新硬件」為研究思路，XR 新硬件的推出將帶來兩個主要的方向：一是純虛擬的 VR 方向，終極形態為元宇宙；二是 AR 增強。這兩大方向將進一步延伸硬件作為人「器官」的功能性。但嚴格來說，VR 與 AR 處於不同的發展階段，VR 軟硬件生態趨於成熟，而 AR 尚存技術難點。

VR 與 AR 在產業化過程中，會互相競爭、互相成就。AR 需要在用戶真實視覺場景中構造出虛擬三維物體，本身就帶有一定的 VR 色彩，因而 AR 與 VR 常統一為 VR/AR 概念一併進行討論，但兩者的區別實則非常明顯。

- **目的不同。**VR 的目的是提供一個完全的虛擬化三維空間，令用戶深度沉浸其中而不抽離；AR 的目的是為用戶提供在真實環境中的輔助性虛擬物體，本質是用戶視野內現實世界的延伸。
- **實現方式不同。**當下主流 VR 頭顯技術通過用戶位置定位，利用雙目視差分別為用戶左右眼提供不同的顯示畫面，以達到欺騙視

覺中樞、製造幻象的效果；相比之下，AR 技術則通過測量用戶與真實場景中物體的距離並重構，實現虛擬物體與現實場景的交互。

- **技術痛點不同**。VR 的關鍵在於如何通過定位與虛擬場景渲染實現用戶「以假亂真」的沉浸體驗，目前的應用瓶頸在定位精度與傳輸速度；AR 的關鍵是如何在虛擬環境裏重構現實世界的物體，以實現「現實—虛擬」交互，目前的技術瓶頸主要在算法和算力方面。

- **服務對象不同**。VR 產品經過多年發展，已逐步進入商品化流程，目前零售產品報價在 500—4 000 元，面向終端消費者；AR 產品仍然處於發展的初期，相關新品的報價在 20 000—50 000 元，主要面向特定企業級用戶。

雖然 VR 與 AR 存在明顯的差異，但它們並非完全獨立的技術。VR 和 AR 在互相競爭的同時也在互相成就 —— VR 利用計算機生成的圖像完全取代現實世界，AR 則將計算機生成的圖像添加到用戶周圍環境中 —— 最終兩種技術的競爭將會模糊化，甚至同一設備可以兼具 VR 與 AR 的功能。

VR 本質上是更先進的媒介形式，而 AR 卻是強大的計算平台；VR 主要應用於遊戲、娛樂方面，如同將遊戲機放在眼前，但遊戲、娛樂僅僅是 AR 應用的子集，未來 AR 在醫療、工業、教育、零售等方向有巨大的發展潛力。

（1）VR 產業憑藉消費級硬件產品、爆款 VR 遊戲逐步向 C 端市場滲透

VR 產業鏈的核心環節趨於成熟，硬件產品體驗感大幅提升。光學顯示器件 Fast-LCD ＋菲涅爾透鏡成為行業內主流方案，芯片 /

處理器由高通芯片佔據統治地位，新一代 VR 一體機 Oculus Quest 2、VIVE Focus 3、Pico Neo 3 系列等均採用高通驍龍 XR2，追蹤定位環節 Inside-Out＋頭手 6Dof 功能日趨完善，未來向手勢、眼球識別等方向發展。

VR 內容及應用開始發力，其中遊戲內容生態已形成爆款遊戲驅動用戶增長以及用戶反哺遊戲內容豐富的良性循環。隨着 VR 內容的豐富、設備體驗的升級、售價的持續下探，VR 產品將進一步面向消費者滲透普及，遊戲之外，視頻、直播、電競、社交等應用場景亦多點開花，前景廣闊。消費類 VR 應用主要包括遊戲、視頻、直播、影院、電競、社交、音樂等，商業類 VR 應用主要是教育、醫療、家裝、房產、零售等。其中基礎的 VR 娛樂產品，如遊戲、視頻、直播等需要用戶有高度的沉浸感體驗，從而達到「身臨其境」的效果，這對 VR 內容的品質要求非常高；而對商用場景而言，用戶對產品的關注點更在於能否達到相應的效果，因此商用 VR 的內容門檻相對用戶端略低，內容製作成本也相對較低，且部分商業模式已經打通，我們預計商業 VR 的發展將提速。

（2）AR 產業產品形態、價格尚未達消費級水平，仍在 B 端商業場景落地

相較 VR，AR 發展晚 2 至 3 年，光學與顯示部分器件的量產仍存在難點，當前最佳技術路徑已鎖定 Micro LED＋光波導，Micro LED 目前的技術難點在於巨量轉移技術，高性能光波導的量產尚未形成高性價比方案，未來海茲定律有望推動成本持續下探。

AR 產業因產品形態與價格尚未達到消費級水平，當前仍主要在 B 端商業場景落地。基於 AR 的遠程協作解決方案被認為是未

來幾年 AR 在 B 端市場的重要落地方式，AR 遠程協作可通過 AR 眼鏡或具備 AR 功能的手機等採集聲音音頻，通過無線網絡傳輸到後台協助端，從而得到技術支持，該方案具有低延遲、高畫質的優良特性。基於 AR 眼鏡的遠程協作可以解放雙手，借助 AR 遠程協作系統，可由經驗豐富的技術人員協助運維人員進行「面對面」的遠程指導。當下代表性的主流 AR 遠程協作平台包括：Microsoft Dynamics 365、Atheer ARMP、Scope AR WorkLink Create 等。

AR 相關產品進入 C 端市場尚待時日，但巨頭們在持續佈局 AR 賽道，Apple（蘋果）、Google（谷歌）等科技巨頭新一代 AR 硬件面世後，有望帶動產業鏈進入景氣上行階段。

4. 為甚麼智能手機不是元宇宙最適配的硬件入口

上一個改變計算平台的是智能手機，手機因為有了 4G 移動互聯網的加持，取代了個人計算機，成為人類歷史上功能最豐富、應用生態最成熟的媒介和計算平台。那作為一個生態已經非常成熟的計算平台，智能手機為甚麼不能是元宇宙最適配的硬件入口？

從交互性角度，手機預計不會在元宇宙時代成為主流的交互設備，或者說，手機不是未來人與信息世界溝通的最佳媒介。最早期的計算機是根據人的指令做事，人與計算機的交互方式主要是通過指令性的運算；後來的互聯網不僅讓信息可以更快地運算，還能實現跨區域流動；再後來施樂的圖形界面技術被喬布斯的蘋果團隊改良後，用於智能手機，至此圖形界面代替了指令性的交互，簡化了交互方式，且大幅提升了信息展示能力。

但智能手機與移動互聯網發展至今，仍在信息交互方式上存在缺陷，或者說有進步但仍存在進步空間。雖然運算速度已足夠快，

但在信息展示上智能手機並沒有解放我們的雙手，且它通過一塊屏幕將我們同信息世界割裂開來，使得我們與外部環境進行的是「間接交互」，但這並不是人類認知世界的本質方式。

而 XR 則可以解放雙手，直接通過語音或視覺與信息世界進行「直接交互」。目前眼球追蹤技術已經有多家公司取得進展，甚至腦機接口作為一種技術路徑，正在探索大腦與信息世界達到更高效的直接交互。

從沉浸式角度，手機的（二維、平面）顯示屏營造不了三維立體的效果。我們生活在三維空間，現實生活中的視覺體驗是三維的，但從早期的甲骨文、竹簡、紙張到現在的電視、智能手機，人類思想的載體卻一直以二維的形式存在，我們對世界的認知，源於視、聽、味、嗅、觸這五官的體驗，手機阻斷了其中的若干項，且讓它們無法與信息世界相融合。因此，真正的三維空間、沉浸式、五感體驗，是無法通過手機的平面屏幕而達到的，未來的 VR/AR 等技術呈現有望實現共感覺（Synesthesia）[①] 效應，這更符合人類認知世界的真實方式。

元宇宙的發展伴隨着 XR 的必然崛起。技術的成熟、價格的下探，產品體驗從定製客戶正加速轉向大眾消費，最終實現與元宇宙的完美融合。在走向元宇宙的征途中，XR 的崛起需要 5—10 年的時間，蘊藏着巨大的商機。互聯網時代，驅動產業繁榮發展的兩大重要規律——「飛輪效應」與「網絡效應」同樣適用於元宇宙。元宇宙未來的內容行業需要在品類、質量上具備足夠的吸引力，以形

---

① 共感覺（Synesthesia）：心理學名詞，它會從一種形態的感官刺激，如聽覺，引發另一種形態的感覺，如味覺或視覺。

成「網絡效應」，降低規模擴張的邊際成本；當發展到生態足夠繁榮的階段，元宇宙將形成「飛輪效應」，邁入生態自我促進與優質內容自我增殖的繁榮階段。

在由 PC、智能手機及互聯網主導的計算機科技浪潮中，掌握關鍵技術與卡位核心環節的公司最終成長為科技巨頭，如 Apple、Google、Facebook、Microsoft 等。XR 新賽季排位之戰已拉開全球帷幕，未來由 XR 主導的下一代計算機科技浪潮，會再次催生眾多關鍵技術，涉及操作系統、芯片、傳感、人工智能、光學、引擎等。尖端技術迭代將帶動產業鏈格局的重塑，掌握核心技術且卡位關鍵環節的公司將獲得產業內話語權，成長為新一代科技巨頭。

目前已有部分科技巨頭圍繞硬件、操作系統、內容／平台三大不同方向，利用自身優勢搶灘 XR。2021 年 XR 市場競爭已加劇，各科技巨頭依據自身資源稟賦的不同，選擇不同的切入方向。Facebook、HTC、字節跳動以消費級硬件強勢切入用戶市場，持續完善平台生態；Microsoft、Google 專注打磨 AR 眼鏡，旨在複製操作系統優勢至 XR 時代；Sony、Valve 則分別憑藉各自的爆款設備、內容撬動 VR 產業鏈；騰訊不直接開發硬件但聚焦內容生態；華為、阿里巴巴已佈局底層技術。

未來元宇宙硬件入口的投資方向上，除上述提及的大廠外，圍繞 XR 核心器件及其他硬件方，重點關注以下公司（詳見圖 1-7）。

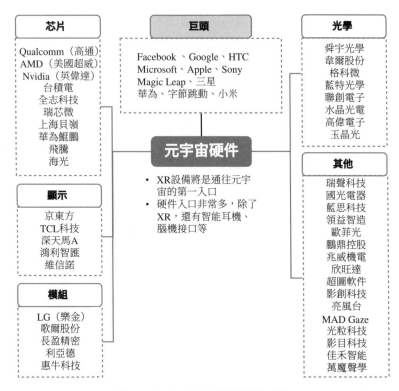

圖 1-7　元宇宙六大投資版圖之硬件

- **芯片**：Qualcomm、AMD、Nvidia、台積電、全志科技、瑞芯微、上海貝嶺。
- **顯示**：京東方、TCL 科技、深天馬 A、鴻利智匯、維信諾。
- **光學**：舜宇光學、韋爾股份、格科微、藍特光學、聯創電子、水晶光電等。
- **模組**：LG、歌爾股份、長盈精密、利亞德等。
- **其他**：瑞聲科技、國光電器、藍思科技、歐菲光、影創科技、亮風台、佳禾智能、萬魔聲學等。

5. XR 配套的操作系統，也將是全新的重構

操作系統（Operation System, OS）是指控制和管理整個計算機

系統的硬件和軟件資源，並合理地組織和調度計算機的工作和資源的分配，以提供給用戶和其他軟件方便的接口和環境，它是計算系統中最基本的系統軟件。

操作系統是用戶與硬件之間的接口，若硬件重構，操作系統必然重構。作為用戶和計算機硬件之間的接口，操作系統給我們提供了：

- 命令接口：允許用戶直接使用。
- 程式接口：允許用戶通過程式間接使用。
- GUI（圖形用戶界面）：現代操作系統中最流行的圖形用戶接口。

操作系統作為最接近硬件的層次，需要實現對硬件的擴展。操作系統可謂王冠上的明珠，它控制了硬件和應用軟件之間的聯繫，也控制了智能設備的整個生態。「得操作系統者得天下」──上可支配應用，下可控制硬件，更重要的是操作系統是信息和知識的核心控制點，這是一片生出世界級企業的沃土。Microsoft 正是依靠對 PC 操作系統的壟斷，成為全球市值最高的幾家科技企業之一，也正是失去對操作系統的控制，錯過了在智能手機方向的機遇。

XR 配套的操作系統，也將是全新的重構。從目前人工智能的發展情況來看，由於人工智能的算法涉及大量的矩陣計算和並行數值計算，下一代的計算已經顯示出從串行遷移到並行計算的趨勢。過去的計算以 CPU 為代表，主要為串行指令而優化，未來的計算可能以 GPU 為代表，為大規模的並行運算而優化。軟件決定硬件的規律在歷史上反覆出現。如果大規模的並行計算成為主流，那支配這些計算的機器學習框架則可能發展成為下一個計算的「操作系統」。一個好的機器學習框架，背後是一套完整的開發者工具和一個龐大

的開發者社區，上層直接和應用層或者其他中間層交互，下面則是與計算設備交互。[①]《紐約時報》認為，「（對人工智能從業者來說）利害攸關的不是零碎的創新，而是對一種（很可能是）全新的計算平台的控制力」（"What is at stake is not just one more piecemeal innovation but control over what very well could represent an entirely new computational platform"）。

二

後端基建：重現基建狂魔？

構建元宇宙以「硬技術」為基礎，除最前端的視覺交互外，5G通信、大數據、人工智能乃至芯片、半導體都是元宇宙發展的底層支撐，是各技術的融合創新。在這一部分，我們將梳理元宇宙所必需的後端基建，包括 5G 通信網絡、算力與算法等。

1. 通信網絡：5G 是元宇宙的通信保障

通信網絡的作用，類似人體的血管或一個城市的交通網絡，縱觀通信發展史，通信網絡（傳輸速率）的提升一直是主旋律，而元宇宙對網絡帶寬提出了更高的要求。

2019 年，國內 5G 商用牌照正式發放，正式開啟了 5G 時代。

---

① 中國人工智能學會。人工智能時代中國的「操作系統」在哪裏 [Z/OL]。（2017-02-22），https://www.sohu.com/a/126968841_505819，上網時間 2021 年 10 月，全書下同。

5G 是第五代通信標準，也稱第五代移動通信技術。從技術的角度看，5G 是對現有移動通信系統的全面革新，是人工智能、雲計算等新技術在未來大展拳腳的基礎，將為元宇宙提供高速、低延時的數據傳輸通道。

- **5G 承載高帶寬**：互聯網是一個數據礦場，數據之於信息時代，如同石油之於工業時代。與今天的網絡相比，元宇宙將會產生更多的數據、更多的反饋。元宇宙中被虛擬化的不僅是人，還有物；一方面是關於用戶點擊位置和選擇分享內容的數據，另一方面是關於用戶選擇去哪裏、如何站立，甚至是眼睛看向哪裏的數據。我們想要在一個大型、實時、共享、持久的虛擬環境中交互，需要發送和接收大量的數據，其產生的數據，或許是現在的幾個數量級。當前的 4G 網絡無法處理大規模的數據負載，5G 網絡使傳輸元宇宙的高清圖像、視頻、海量數據成為可能。

- **5G 實現低延遲**：網絡延遲是指數據從一個節點傳遞到另一個節點所需的時間。當下的 4G 網絡足以支撐我們日常的圖文乃至視頻通信，比如發送聊天消息和回覆，幾十毫秒甚至幾秒的網絡延遲並不影響。即便是視頻通話，對延遲的容忍度也很高。但在一些特定的環境中，尤其是需要實時響應的操作，網絡延遲的影響就會顯現出來，如在多人對戰遊戲中，遊戲中的操作反饋以及任何信息溝通都要儘可能地做到低延遲，否則就會嚴重影響體驗。對遊戲來說，延時超過 100 毫秒，用戶的操作遲滯感會非常強，而 5G 可將用戶和邊緣節點的往返時延低至 10 毫秒以內。元宇宙中的其他應用場景，對低延遲也提出了非常高的要求，如在遠程醫療中控制手術刀的移動距離，延遲越低手術刀移動的誤差越小。

關於 5G，我們可以大膽地暢想，它將孕育出超乎多數人想像的新場景和新應用。2019 年 6 月北京郵電大學學生關於「5G 有甚麼用」的視頻成為網絡熱點話題。視頻以「站在未來，看以前的人如何

預測現在」的視角，首先回顧了 4G 時代到來前人們對 4G 的展望，並對比了如今 4G 帶來的實際變化。正如比爾・蓋茨所言「人們往往低估重大技術對社會的長時間影響。」絕大部分人在當時預測不到 4G 能栽培出移動互聯網這種參天大樹，也想像不到未來生活因 4G 而發生深刻變化。展望「5G 有甚麼用」同樣也有理由相信，5G 會孕育出超乎多數人想像的新場景和新應用。正如何同學所言，他的期望是，五年後再看到這個視頻，會發現，「速度其實是 5G 最無聊的應用」。

4G 之於移動互聯網，恰如 5G 之於元宇宙。通信行業基本每十年就會迎來一次變革。2010 年，4G 技術開始成熟並商用，在 4G 數據傳輸能力大幅提升的驅動下，智能手機全面普及，消費互聯網蓬勃興起，而 5G 時代更高的帶寬、低時延的通信以及大容量的連接，較 4G 網絡將提供更好的基礎設施。馬化騰在演講中比喻 5G 網絡就像一把鑰匙，能夠解鎖原來難以數字化的場景，對現實世界進行重塑。可以說，過去 4G 技術的紅利造就了移動互聯網的跨越式發展，未來 5G 不僅服務於互聯網，更將為元宇宙等新應用帶來強勁的動力。

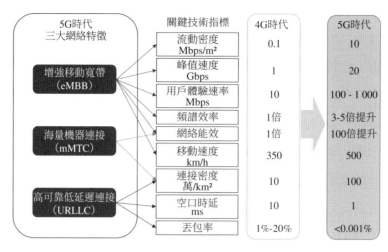

圖 1-8　5G 網絡三大特徵

資料來源：寬帶資本。

4G 改變生活。回顧 4G 過去十年的發展歷程，在其驅動下的移動互聯網早已全方面滲透到居民生活之中，從衣食住行到醫教娛樂，我們的日常生活需求通過一部 4G 聯網手機即可得到絕大部分的滿足。在借助 4G 技術紅利撬動傳統行業、滿足居民多元化的需求過程中，眾多細分垂直領域的商業巨頭也如雨後春筍一般蓬勃而出，PC 時代誕生了 BAT（百度、阿里巴巴、騰訊），移動互聯網時代則孕育了 TMD（今日頭條、美團、滴滴出行），4G 應用端的投資價值得到了充分證明。

5G 改變社會。按照技術實現的難度及普及時間，我們認為 5G 將首先對消費互聯網進行進一步升級，VR/AR、超清視頻等應用場景將在技術紅利的驅動下快速發展。5G 的應用是二八分佈，20% 是用於人和人之間的通信，80% 是用於物和物之間的通信，5G 也會對產業互聯網的升級產生積極推動作用，醫療領域的遠程

診斷及手術、工業領域的柔性製造、汽車領域的自動駕駛等，都將因為 5G 的到來得到全面發展。但未來 5G 的重頭戲一定會是在元宇宙，我們對 5G 的未來應用充滿了信心，未來十年將是 5G 對消費互聯網以及產業互聯網的全面升級和重塑，也是幫助元宇宙積極探索的十年，必將孕育出新的偉大企業。

從全球市場來看，5G 商用正勢如破竹、快速鋪開。根據 GSA 統計數據顯示，截至 2021 年 5 月，全球 41 個國家和區域的 96 個運營商正式發佈 5G 商用 —— 166 個運營商在 69 個國家和地區發佈了 3GPP 標準的 5G 商用網絡；77 家運營商在試點、規劃部署商用 SGSA 網絡；133 個國家的 436 家運營商正在以測試、試驗、試點、計劃和實際部署的形式投資 5G 網絡。

其中，中國 5G 發展已走在世界前列，商用規模全球最大。2021 年 9 月 13 日，在國新辦舉行的「推進製造強國網絡強國建設助力全面建成小康社會」發佈會上，工信部表示，5G 商用兩年來，中國已建成全球最大規模光纖和移動通信網絡，固定寬帶從百兆提升到千兆，光網城市全面建成，移動通信從 4G 演進到 5G，實現網絡、應用全球領先 —— 5G 基站、終端連接數全球佔比分別超過70%、80%。

在過去的十年，我們親歷了 4G 驅動下的移動互聯網變革，未來十年，我們有望見證 5G 對產業互聯網、工業互聯網的全面升級和重塑，其中，元宇宙的加速到來，將成為 5G 最重要的融合創新；未來 20 年，5G 甚至 6G、7G 也將是通往元宇宙的重要通信渠道。需重點關注 5G 時代網絡基礎設施、通信運營商、泛在電力物聯網等細分領域的機會。

- **設備商**：華為、中信通訊、烽火通信、愛立信、諾基亞。
- **通信運營商**：中國移動、中國聯通、中國電信、中國廣電。
- **中心交換機、物聯網模組、光通信等**：紫光股份、星網銳捷、中際旭創、新易盛、光迅科技、亨通光電、中天科技、潤建股份、拓邦股份、廣和通、移遠通信、和而泰等。

2. 算力：元宇宙將持續帶來巨量的計算需求

元宇宙的實現需要極強大的算力。元宇宙需要三維呈現，用戶也會以更靈活、更個性化的方式參與其中，故元宇宙中數字化的廣度和深度極大。可以預見，元宇宙會帶來歷史上最大的、持續的計算需求，元宇宙就是亞馬遜（Amazon）創始人貝索斯所說的需要「荒謬的算力」（Ridiculous Computation）的那個事物。

關於算力的定義與內涵，中國信通院於 2021 年 9 月發佈的《中國算力發展指數白皮書》報告中的說法如下：[1]

從狹義上看，算力是設備通過處理數據，實現特定結果輸出的計算能力。2018 年諾貝爾經濟學獎獲得者威廉・諾德豪斯（William D. Nordhaus）在〈計算過程〉一文中提出：「算力是設備根據內部狀態的改變，每秒可處理的信息數據量。」算力實現的核心是 CPU（中央處理器）、GPU（圖形處理器）、FPGA（現場可編程邏輯門陣列）、ASIC（專用集成電路）等各類計算芯片，並由計算機、服務器、高性能計算集羣和各類智能終端等承載，海量數據處理和各種數字化應用都離不開算力的加工和計算，算力數值越大代表綜合計算能力越強。

---

[1]　中國信通院發佈的報告《中國算力發展指數白皮書》。

從廣義上看，算力是數字經濟時代的新生產力，是支撐數字經濟發展的堅實基礎。數字經濟時代或者說人工智能時代的三大關鍵要素是數據、算力與算法。其中數據是基石和基礎，算法是重要引擎和推動力，算力則是實現人工智能技術的一個重要保障。5G 時代將帶來數據的爆炸式增長，對算力規模、算力能力等需求大幅提升，算力的進步又反向支撐了應用的創新，推動技術的升級換代、算法的創新速度。

算力實現的核心是 CPU、GPU 等各類計算芯片，芯片是高技術門檻行業，競爭壁壘極高，國外公司的領先優勢顯著，如 Nvidia、AMD、Intel（英特爾）、ARM、Tesla（特斯拉）。

3. 算法：邊緣計算與雲計算實現高效分配算力

元宇宙是下一代計算中心，需要極其強大的算力和算法才能支持其運作，其中算力的根基是芯片，算法是軟件更是長期的人才積累與生態經營。

邊緣計算（Edge Computing）是物理世界與數字世界間的重要橋樑。邊緣計算是在靠近物或數據源頭的網絡邊緣側，融合網絡、計算、存儲、應用核心能力的分佈式開放平台，就近提供邊緣智能服務以滿足產業數字化在敏捷連接、實時業務、數據優化、應用智能、安全與隱私保護等方面的需求。它可以作為連接物理和數字世界的橋樑，連接智能資產、智能網關、智能系統和智能服務。[1]

參考邊緣計算聯盟（ECC）與工業互聯網聯盟（AII）在 2018 年底發佈的白皮書中對邊緣計算的定義，作為連接物理世界與數字世

---

[1] 參考自邊緣計算聯盟（ECC）與工業互聯網聯盟（AII）發佈的《邊緣計算與雲計算協同白皮書》。

界間的橋樑，邊緣計算具有連接性、約束性、分佈性、融合性和數據第一入口等基本特點與屬性，並擁有顯著的 "CROSS" 價值，即連接的海量與異構（Connection）、業務的實時性（Real-time）、數據的優化（Optimization）、應用的智能性（Smart）、安全與隱私保護（Security）。

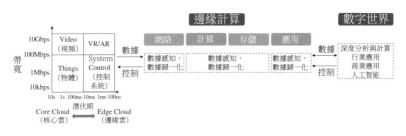

圖 1-9　邊緣計算成為物理世界與數字世界間的重要橋樑

資料來源：ECC、AII。

　　邊緣計算的目標主要包括：實現物理世界與數字世界的協作、跨行業的生態協作，以及簡化平台移植等。從邊緣計算聯盟提出的模型架構來看，邊緣計算主要由基礎計算能力與相應的數據通信單元兩大部分所構成。

　　人類的發展永遠是路徑依賴的，不管是 5G 建設的要求，還是基於 5G 建設起來的元宇宙，都是在今天雲和移動端的基礎上往前走的，水到渠成迭代為智能雲和邊緣，特別是 5G 的邊緣計算。5G 建設與元宇宙的低時延、高可靠通信要求，使邊緣計算成為必然選擇，以確保用戶獲得流暢的體驗。

　　有雲計算的同時，為甚麼還需要邊緣計算？我們認為主要有幾點原因：

- **網絡帶寬與計算吞吐量均成為雲計算的性能瓶頸：**雲中心具有強大的處理性能，能夠處理海量的數據。但如何將海量的數據快速傳送到雲中心則成為業內的一個難題。網絡帶寬和計算吞吐量均是雲計算架構的性能瓶頸，用戶體驗往往與響應時間成反比。5G時代對數據的實時性提出了更高的要求，部分計算能力必須本地化。

- **物聯網時代數據量激增，對數據安全提出更高的要求：**不遠的將來，絕大部分的電子設備都可以實現網絡接入，這些電子設備會產生海量的數據。傳統的雲計算架構無法及時有效地處理這些海量數據，若將計算置於邊緣結點則會極大縮短響應時間、減輕網絡負載。此外，部分數據並不適合上雲，留在終端則可以確保私密性與安全性。

- **終端設備產生海量「小數據」，需要實時處理：**儘管終端設備大部分時間都在扮演着數據消費者的角色，但如今以智能手機和安防攝像頭為例，終端設備也有了生產數據的能力，其角色發生了重大改變。終端設備產生海量「小數據」需要實時處理，雲計算並不適用。

需要注意的是，邊緣計算是雲計算的協同和補充，而非替代關係。邊緣計算與雲計算各有所長，雲計算擅長全局性、非實時、長週期的大數據處理與分析，能夠在長週期維護、業務決策支撐等領域發揮優勢；而邊緣計算更適用局部性、實時、短週期數據的處理與分析，能更好地支撐本地業務的實時智能化決策與執行。因此，邊緣計算與雲計算之間並非替代關係，而是互補協同的關係。邊緣計算與雲計算需要通過緊密協同才能更好地滿足各種需求場景的匹配，從而放大邊緣計算和雲計算的應用價值。邊緣計算既靠近執行單元，更是雲端所需高價值數據的採集和初步處理單元，可以更好地支撐雲端應用。反之，雲計算通過大數據分析優化輸出的業務規

則或模型，可以下發到邊緣側，邊緣計算基於新的業務規則或模型來運行。

　　雲計算與邊緣計算領域的服務商比較多，國外以 Amazon、Google、IBM、Microsoft 等為代表，國內以阿里巴巴雲、騰訊雲、百度雲、華為雲等為代表。這些公司在雲計算領域內積累了龐大用戶羣，並擁有最為先進的數據處理能力（詳見圖 1-10）。

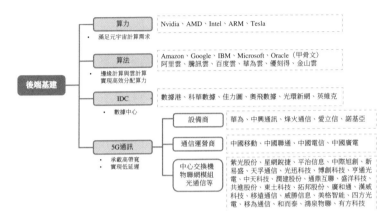

圖 1-10　元宇宙六大投資版圖之後端基建

4. 為甚麼強調硬件的重要性

　　隨着計算文明的發展，算力與算法的權重在提升。人工智能的三大核心要素是算力、算法和數據，其中硬件（AI 芯片）算力在人工智能三要素中處於發動機的角色，是構建元宇宙最重要的基礎設施之一。元宇宙的虛擬內容、區塊鏈、人工智能技術等的構成都離不開算力的支撐，隨着數據量的無限擴大，對算力的需求將進一步提升，多種算法的湧現也提高了對算力的利用效率。我們認為在元宇宙中，算力與算法的重要性將日益突顯，在所有的後端基建中，算力與算法幾乎是最重要的一對要素。

互聯網巨頭均佈局硬件以獲取數據。元宇宙的玩家必備的資源稟賦之一，是要擁有源源不斷產生數據的能力，但是數據的獲取源頭則來自硬件終端。互聯網平台寄生在硬件終端上，所提供的產品和服務基於硬件才能發揮作用，這是目前互聯網公司要做硬件的原因，比如 Facebook 收購 Oculus、Google 收購 HTC 部分智能手機業務、字節跳動收購 Pico，均是基於這樣的思路。硬件將是巨頭們的兵家必爭之地，智能化的實現首先必須有實時產生的數據，沒有硬件就沒有數據，單純地靠軟件是無法收集到用戶實時數據的。

除上述趨勢，軟硬件本身也結合得越來越緊密。在成為最偉大的公司之一的道路上，Apple 的軟硬件產品整合能力非常突出，引領了軟硬件整合的潮流趨勢。從廠商的角度，軟硬一體化是普遍的發展方向，未來最成功的公司是把優秀的軟件鑲嵌在獨特的硬件上，達到渾然一體的效果，這種模式將出現在越來越多的領域，特點單一的硬件公司或者軟件公司將難以在未來的市場上強力競爭。

硬件的佈局在一定程度上也加持算力與算法，我們應密切關注 Microsoft。相較於其他互聯網科技巨頭，Microsoft 在硬件端的佈局相對薄弱，雖然有 Surface（微軟公司推出的硬件產品，系列平板電腦）、Xbox（微軟公司推出的電視遊戲機）等終端產品，但主要以提供 Windows、MS Office 的軟件系統為主，所能收集的用戶數據遜於 Apple。2008 年，Microsoft 開始佈局雲服務，與 Google 和 Amazon 在雲服務領域展開激烈競爭，但雲計算是軟硬一體化、帶運營和運維服務的，這恰恰是 Microsoft 作為工具軟件公司所不擅長的，直到 2014 年薩提亞・納德拉（Satya Nadella）上任後才在雲服務上發力，Microsoft 在算力方面略有滯後。如何補足這一短板？未來也需要關注其在元宇宙方向的發力路徑。

三

底層架構：
區塊鏈、數字孿生、引擎／開發平台等

從思維層面，互聯網革命給予我們一種重新審視人類社會發展的視角。回顧人類社會的演化史，若我們從一個極簡的模型來看，可歸結為兩部分：一個是節點（基建），另一個是連接（底層架構、邏輯、運作方式）。

在技術的演變過程中，一段時期內的突破重點會集中在節點上，比如印刷術的發明、電力的產生、計算機的出現等；之後，隨着節點本身的進化，會促進連接的升級，進而孕育出具體的新業態，比如互聯網的出現、手機遊戲的出現等，均是建立在新節點的普遍運用之上。連接方式的升級，反過來又會促進節點的進化，如當前在新一代互聯網影響下出現的雲計算、人工智能等新技術。

過去 60 年，人類先在節點上獲得突破，如計算機的出現，而大概在 30 年前進入了連接技術的突破階段，如互聯網的發展。那麼未來 30 年，我們很可能會在節點上實現更大的突破，如實現元宇宙。也就是說，作為一種深度連接方式的互聯網會反過來推動節點技術的突破。

從這個角度觀察，元宇宙所需的後端基建與底層架構就分別對應「節點」與「連接」。元宇宙中後端基建是節點，即前文所述的 5G、算力與算法等；底層架構是連接，即連接各節點並使其可以運行的一套規則或方法，如區塊鏈、數字孿生、引擎／開發平台等技術，我們將在這一部分進行重點分析。

1. 區塊鏈

前文我們已指出「元宇宙離不開區塊鏈與數字貨幣」，區塊鏈就是元宇宙經濟體系的底層基礎設施之一，為元宇宙提供了一套經濟運行規則，是對虛擬經濟的重塑，促使元宇宙完成了底層的進化。

但現在談元宇宙建成，以及區塊鏈真正的大規模落地應用，為時尚早，目前區塊鏈的應用還處於早期發展階段。2018 年比特幣、以太坊的火爆帶動區塊鏈概念在國內風靡，大部分人對區塊鏈這一概念並不陌生，但只停留在非常淺的層面，甚至有人懷疑區塊鏈除了發行貨幣還有甚麼更高的商業價值？對於區塊鏈作為一種技術，到底會對互聯網帶來怎樣的變化或貢獻，仍不清晰。

我們將從大數據的角度，分析如何看區塊鏈這項技術，以及短期內下一代區塊鏈應用的核心是甚麼。

大數據時代，我們都是「透明人」。隨着數字化進程的加速，我們每天都在產生海量的數據，註冊 App 時填寫的個人信息、網絡瀏覽記錄、消費偏好、消費能力、網購記錄、行程軌跡、視頻內容偏好等，無形之中被各類 App 獲取。互聯網技術的滲透讓人們的生活變得更加便捷的同時，也讓個體的私密性不堪一擊。個人信息因其重要的數據資源價值，通過各種合法或非法的手段不斷被各商家獲取。在技術層面，個體信息和特徵被細化為一個數據包的集合體，被商業平台所調用，用戶淪為大數據時代的「透明人」。

如一個 App 在安裝和註冊時，需要用戶提供姓名、手機號碼等個人信息，但有時 App 卻沒有實施對等的保護措施，運營商會在用戶使用 App 時不斷收集與所提供服務無直接關聯的用戶個人信息，甚至對外提供這些信息時不單獨告知並徵得用戶同意。除了各類

App，數據爬蟲、AI 視覺識別、智能硬件 IoT（物聯網）都成了數據收集的手段。

數據「黑洞」時代，尤其是少數互聯網巨頭掌握大量用戶數據之際，用戶數據泄露的事件時有發生，如 2021 年 4 月，Facebook 有超過 5 億用戶的個人隱私數據被泄露。數據成為資產的同時，數據安全風險也在充分暴露。

那麼區塊鏈會對大數據有甚麼影響？區塊鏈基於去中心化的機制，恰好可以保障數據分佈式、數據防篡改、數據可追溯。基於區塊鏈技術的應用所產生的用戶身份信息與數據資產，不再屬於任何其他的商業個體，而是加密記錄在區塊鏈上。商業平台想要調用相關數據進行商用，調用了多少、調用費用各方如何清算，會有中間的協調平台來自動化處理。數據是有價值的，但數據不能被濫用，區塊鏈正是解決之道。

在比特幣投資泡沫的推動下，區塊鏈技術已形成一個比較完整的生態體系，區塊鏈 IaaS（基礎結構即服務）包括芯片、礦機和礦場、數據庫、通信網絡協議、分佈式協同協議等，但在應用層的發展尚不成熟。

雖然區塊鏈被廣泛認知是源於比特幣，但區塊鏈的運用遠不止數字金融領域和前面所提到的大數據領域，區塊鏈應用的價值遠超數字資產的應用範圍。作為未來元宇宙的基礎技術之一，區塊鏈將大有可為。區塊鏈未來的創新方向，可分為主鏈技術創新、應用場景創新、通證經濟規則創新等。

2. 數字孿生

從投資角度，我們首先定義了元宇宙是囊括現實物理世界、數

字化 everything 的虛擬集合，即元宇宙並非與現實物理世界割裂或並列的虛擬世界，而是囊括了物理世界的更大集合。因此，基於我們對於元宇宙的定義和理解，我們認為數字孿生是構建元宇宙過程中必不可少的底層技術之一。

「數字孿生」指的是物理實體在數字世界的孿生，強調的是數字世界與物理世界的一致性。數字孿生技術最早被應用於工業製造領域，比如在汽車製造設計階段，將平面化的設計圖紙和模型，以 3D 形式在虛擬空間呈現，通過數字孿生 3D 可視化方式，先在虛擬空間進行設計、裝配，並在成功後將方法複製到現實世界中。正是因為數字孿生所要求的數字世界與物理世界的高度一致性，才使得物理世界中的產品設計與驗證過程得到了極大的簡化，同時也大幅降低了產品從設計到完成過程中的試錯成本。

數字孿生技術的運用是工業數字化轉型不可或缺的一步，由數字孿生、虛擬現實和混合現實組成的「工業元宇宙」解決方案技術將成為智能製造行業必備的一種新型基礎設施，給企業生產在諸多方面帶來實質性的便利。

2021 年 9 月，Microsoft CEO 薩提亞·納德拉在演講中提出了「企業元宇宙」（Enterprise Metaverse）這一新概念。2020 年新冠肺炎疫情一定程度上改變了企業辦公模式，根據 Microsoft 的研究，某些員工希望有更靈活的遠程工作選項，人們仍需要互動，因此也希望有更多的當面合作。後疫情時代引發了自工作日朝九晚五以來最大的工作習慣變化，預計未來會有越來越多的企業進入虛擬網絡空間進行開會等辦公需求，如開展職業培訓、業務訓練等日常工作。

數字孿生在一些行業的應用越來越普及的同時，通過設備掃描環境，形成數據點雲，識別和提取物品模型的技術，已逐漸成熟，

城市級別的超大規模三維重建也進入應用階段,即「城市元宇宙」。

我們認為,不管是「企業 / 工業元宇宙」,還是「城市元宇宙」,它們的必經之路都是數字孿生技術,兩者都是元宇宙的子集,從這個角度來看,物聯網則是元宇宙的副產品。可以預見的是,在企業元宇宙、城市元宇宙的開拓過程中,數字孿生將成為元宇宙技術體系中的基礎技術之一。

3. 引擎 / 開發平台

引擎 / 開發平台關乎元宇宙中的內容呈現。遊戲是互聯網世界中,較為高級的內容形態。從遊戲的內容形態、承載介質及技術構成等方面來看,它是一個多行業、跨領域集成創新的產物。遊戲的低延時性、高互動性等特徵,與元宇宙天然契合,尤其是雲遊戲,它涉及 5G、雲計算等技術,這與元宇宙所需一致。

從文化創意角度,遊戲也展示出了文化內容創意、科技手段創意、人文審美風範等特有的魅力,預計元宇宙中的內容呈現,將在遊戲的基礎上升級迭代。

從展現的形態來看,我們預計遊戲類的場景是元宇宙的呈現方式,與遊戲相關的技術,如支持遊戲程式代碼和資源(圖像、聲音、動畫)的引擎等開發工具,也同樣適用於元宇宙。

元宇宙最重要的三個特徵,是開放性、豐富的內容生態、完備的經濟系統。後兩者的結合意味着元宇宙是一個全新的、帶有經濟系統的世界,其中必將有蓬勃發展的創作者經濟。元宇宙的開放性,意味着每位原住民都將參與到數字新世界的構建中,既是數字新世界的消費者,也是數字新世界的建造師,但並不是人人原本就掌握相關的技術,此時與遊戲相關的技術價值就體現出來了,遊戲

創作系統是面向普通用戶的引擎和開發設計工具，為元宇宙的新手創造者們提供了一個簡單的「工具箱與素材」，提供自由且便攜的創作平台。

這樣的創作平台在成功運轉的情況下，對工具商和元宇宙會產生一個良性循環：更好的技術與工具帶來了更好的體驗，將進一步帶來更多的用戶與更高的人均消費，這意味着更多的平台利潤；在利潤的支持下，工具商得以研發出更好的技術與工具，吸引更多的開發者與用戶入駐元宇宙。

更為重要的是，元宇宙的出現提供了一個全新的陣地與機遇，使引擎/開發平台的工具服務商或遊戲研發商用其現有的技術能力來獲取新的紅利，甚至拓展新的賽道，這將成為它們主營業務的一個重要補充，甚至會突破現有業務的天花板，進階為更高價值的企業。

- **元宇宙或成新的創意陣地。**遊戲是創意為先的文化產業，通過為元宇宙提供創作平台，現有遊戲廠商可以改變傳統經營模式，即憑藉現成的工具和服務，發揮自己的特長（創意）來製作新遊戲。這樣一方面可以降低產品研發成本，另一方面又能借力於元宇宙平台的巨大流量以獲取新的紅利。

- **開拓元宇宙中的新興市場。**對於工具商或遊戲研發商而言，機遇遠不止於遊戲。鑒於元宇宙是一個囊括了現實世界的更大集合，意味着除了遊戲之外，其他場景都可以被復刻到元宇宙的虛擬世界中。作為最熟悉如何在虛擬世界中進行創意建設的工具商或遊戲研發商，這蘊藏着巨大的商機。元宇宙是一個徹底的新興市場，當其他從業者還在探索的時候，工具商或遊戲開發商們卻能輕車熟路地進駐並開展業務，比如為現實世界中的各傳統企業提供入駐元宇宙的服務與支持，甚至是開發全新的業態。

目前包括 Unity（遊戲引擎，實時 3D 互動內容創作和運營平台）、Epic Games（英佩遊戲，遊戲製作團隊）、Nvidia（Omniverse）在內的各大引擎／開發平台均在部署 3D 建模、虛擬世界的非遊戲業務，拓展新的賽道，創收並擴大主營業務的規模。

- Unity：不僅是一家遊戲引擎公司。在傳統印象裏，Unity 是一家遊戲引擎公司，市場上有大量的手遊、端遊是基於 Unity 開發的，其中不乏 3A 級大作。但 Unity 的應用領域早已遠遠超出了遊戲的範疇，影視、建築、製造、廣電等行業到處都可以看到 Unity 的身影，Unity 將自己的業務定義為「交互式內容創作引擎」。

- Epic Games：虛幻引擎在遊戲之外的其他行業開始深度使用。虛幻引擎（Unreal Engine）是由 Epic Games 推出的一款遊戲開發引擎，是全球先進的實時 3D 創作工具，可製作照片級逼真的視覺效果和沉浸式體驗。截至目前，虛幻引擎已經正式更新到第四代版本，相比其他引擎，虛幻引擎 4 不僅高效、全能，還能直接預覽開發效果，賦予了開發商更強的能力。與之相關的遊戲有《連線》、《絕地求生：刺激戰場》等。虛幻引擎第五代已於 2021 年 5 月 26 日發佈預覽版，預期在 2022 年年初發佈完整版本。

- Omniverse：面向企業的設計協作和模擬平台。Omniverse 是 Nvidia 旗下的虛擬協作平台，基於 USD（通用場景描述），是專注於實時仿真、數字協作的雲平台，擁有高度逼真的物理模擬引擎以及高性能渲染能力。在 2021 GTC 大會上，Nvidia 宣佈，將推出面向企業的實時仿真和協作平台 Omniverse，一個被稱為「工程師的元宇宙」的虛擬工作平台，Omniverse 平台的願景和應用場景將不限於遊戲以及娛樂行業中，建築、工程與施工，製造業都是其所涉獵的範圍。

元宇宙的興起會給相關廠商（包括提供引擎／開發平台的工具商、遊戲研發商等）帶來全新的機遇和挑戰，在這方面海外的廠商已

經領先一步，領軍企業包括 Unity 、 Epic Games 、 Roblox 等。作為全球遊戲行業的核心力量，中國遊戲廠商需把握住這一輪新的市場機遇，積極擁抱新的產業發展機遇，關注用戶習慣的更迭，探索新的發展紅利。

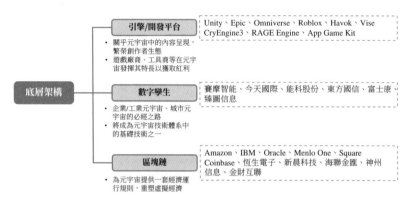

圖 1-11　元宇宙六大投資版圖之底層架構

四

核心生產要素：人工智能

在正常分析框架中，人工智能（AI）屬於底層技術之一，也大量存在於後端基建中，但在這一部分，我們將人工智能單獨拿出來進行分析。因在元宇宙的建設過程中，人工智能大概率也是核心生產要素，人工智能有兩個發展層面：第一層面是在過去 60 年，人工智能大多停留在感知向認識升級的過程中，持續探索並運用；第二層面是現階段及未來，在從感知升級到認知的基礎上，人工智能逐漸替代或輔助人去發揮建設性的作用，即又增加了核心生產要素

這一屬性。

1. 過去 60 年，人工智能從「感知」到「認知」演變

　　一般來說，人工智能三大核心要素為數據、算法和算力。數據是人工智能發展的基石和基礎，算法是人工智能發展的重要引擎和推動力，算力則是實現人工智能技術的一個重要保障。

　　人工智能的技術能力又分為兩類：感知技術與認知技術。其中感知技術是人工智能的初級運用，主要是指機器在視覺、語音等層面進行數據的採集和學習；認知技術則是建立在數據分析的基礎上，增加進一步的智慧決策。

　　從 1956 年美國達特茅斯會議首次提出「人工智能」的概念，到 2016 年 AlphaGo 的出現，過去 60 年，人工智能一直在從感知向認知層面升級，並進行探索與運用，如視覺識別、自然語言處理。

- **視覺識別：**是使用計算機模仿人類視覺系統的科學，讓計算機擁有類似人類提取、處理、理解和分析圖像以及圖像序列的能力。比如自動駕駛就是一個非常典型的應用場景，非常依賴計算視覺能力；此外也包括面部識別、智能手機解鎖、城市安防、社保民政（人臉認證登錄）等；視覺識別在線下零售方面也有較為成熟的應用，如 Amazon 的 Amazon Go 智能無人零售商店。
- **自然語言處理：**是人工智能技術應用的一大分支，其崛起於文字內容的互聯網時代，運用最多就是分類聚類。如在文本內容生產方面，如何做到熱點選題？如何給內容自動分類與打標籤？在文本內容消費方面，應用最廣的是精準搜索、關聯推薦，如 Google 和百度的精準搜索、關聯廣告，淘寶和京東的商品關聯推薦、千人千面的商品展示。

對於人類來說，感知和認知往往是瞬間發生的，甚至意識不到其間的差別。人的認知水平在很大程度上是優於機器的，過去人們認為「計算機不如人類」，本質是機器的認知能力差，或計算機擁有的知識儲備不足，從感知到認知的升級，是過去 60 年來人工智能重要的研究方向。2016 年 Google 發佈的 AlphaGo 在與李世乭的「世紀之戰」中，人工智能機器人戰勝了人類，意味着人工智能從感知向認知的成功升級，人工智能的發展進入了新紀元。

在升級的過程中，傳統方法和現在深度學習的方法，在數據運用方面是有差異的，也可以說是算法在不斷優化，即從機器學習進入到深度學習。過去傳統的方法是通過人類來對大數據的特徵進行提煉，形成「對機器可訓練」這種特別的數據，即停留在機器學習的「感知」層面；現在的深度學習更多的是仿照人腦神經網絡的特性，自發地形成一種學習能力，建立起對物理世界關聯概念的認識，即向「認知」層面進行升級。

2. 為甚麼人工智能是元宇宙時代的核心生產要素？

為了充分認識元宇宙對人類物質生活的深刻影響，需關注技術進步對生產結構、社會結構的重新塑造，元宇宙時代的基礎設施、生產要素和協作結構被重新定義了。

根據馬克思政治經濟學，傳統現實社會中的生產要素分別為勞動者、勞動資料、勞動對象。其中勞動者指的是人，勞動者是具有一定生產經驗、勞動技能和知識，能夠運用一定勞動資料作用於勞動對象，是非常重要的生產要素。

按照以上的定義，現今互聯網時代的社會生產力要素正在發生變化，即生產力的主體發生了變化。從 AlphaGo 開始，人工智能深

度學習的能力明顯加強，在某種程度上去學習最接近人腦認知的一般表達，去獲得類似於人腦的多模感知與認知能力。由於認知能力的提升，人工智能可以主動了解事物發展背後的規律和因果關係，而不再只是簡單的統計擬合，從而推動了下一代具有自主意識的人工智能系統。

當人工智能完成了從感知向認知的充分進化，人工智能無疑會越來越「聰明」，可以模擬人的思維或學習機制，變得越來越像人。我們不妨大膽想像一下，在未來元宇宙的建設中，人預計不是最重要的生產要素，從供給和需求兩個維度，人工智能可以代替人去發揮一些關鍵生產要素的作用。這就意味着，一方面，人工智能將在元宇宙中發揮建設性的作用 —— 隨着元宇宙中越來越多的數據產生，不可能單靠人力去處理這些海量的數據，具備越來越強的自主學習與決策功能的人工智能輔以人工去微調，可大幅降低構建元宇宙的週期和人力成本；另一方面，人工智能將深度介入人們社會生活，滿足人們的眾多消費需求，如 AIGC（人工智能生成內容），相比現在互聯網中人們熟知的 PGC/UGC[①]，未來元宇宙中 AIGC 會越來越多，即用人工智能來生成可供人類消費的內容或服務。

正如 Nvidia CEO 黃仁勳所說，元宇宙的時代馬上要來了，未來世界將會是人類化身和人工智能，住在真實的物理世界或是非物理世界之中。2017 上映的科幻電影《銀翼殺手 2049》也展現了未來

---

① PGC（Professionally Generated Content），指專業生產內容，創作主體一般指專業機構，是擁有專業知識、擁有內容相關領域資質的、擁有一定權威的輿論領袖，如愛奇藝、騰訊視頻等長視頻平台是典型的 PGC 平台。UGC（User Generated Content），指用戶生產內容，創作主體為普通用戶，即用戶將自己原創的內容通過互聯網平台進行展示或者提供給其他用戶。

社會的「人類」構成：生物人、電子人、數字人、虛擬人、信息人，以及他們繁衍的擁有不同性格、技能、知識、經驗等天賦的後代。

　　人工智能作為全球頂尖科技之一，在全球由中美兩國主導研究，TensorFlow、PyTorch 以及國內的飛槳 PaddlePaddle 是被最廣泛使用的三大人工智能開源平台，其中 TensorFlow、PyTorch 分別為國外 Google、Facebook 旗下的平台，而百度旗下的飛槳 PaddlePaddle 則是市場三強中唯一國內品牌。我們將人工智能劃分了三大細分應用方向，並梳理了各方向上的公司（詳見圖 1-12）。

- **視覺識別**：商湯科技、曠視科技、雲從科技。
- **自然語言處理**：依圖科技、搜狗、思必馳、雲知聲。
- **智能交互**：科大訊飛、百度、小米等。

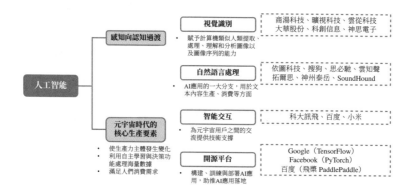

圖 1-12　元宇宙六大投資版圖之人工智能（核心生產要素）

五

內容與場景：注意力的終極殺手

每一次新業態形成的過程，均會驅動相關產業發生變革，並帶來重大的產業機遇。回顧 4G 發展歷程，移動互聯網對相關產業的傳導機制，首先受益的是通信設備製造商及技術提供商，其次是電信運營商，再次是各類終端製造商，最後是消費端的互聯網內容與服務提供商 —— 這部分將重點討論，該部分內容與我們系列叢書《元宇宙通證》中所提到的產業生態全景圖的應用層相呼應。

移動互聯網發展至今，流量紅利已見頂，科技、傳媒互聯網行業需要新故事，元宇宙的發展將開啟互聯網產業的新週期，一方面推動 5G、區塊鏈等基礎技術的升級，另一方面又關聯着遊戲、社交、內容乃至消費領域商業模式的變革。

我們認為元宇宙時代的內容消費端，將分為以下三個發展階段：一是當下的元宇宙 —— 開始搶奪用戶時長，預計娛樂＋社交先行；二是元宇宙的中場 —— 新內容出現，用戶基數及其使用時間、ARPU[①] 值大幅增長；三是終極的元宇宙 —— 成為注意力的終極殺手。

1. 終極：元宇宙成為注意力的終極殺手

基礎設施迭代推動內容形態變遷，核心是搶佔用戶時長／注意

---

① ARPU（Average Revenue Per User）：每用戶平均收入，指的是一個時期內（通常為一個月或一年）平均每個用戶貢獻的業務收入，其單位為元／人。

力。從 PC 互聯網到 4G，再到 5G，從文本到圖片、音頻、長視頻、直播、短視頻等，歷次基礎設施迭代都帶來內容創作生態的變化，如以抖音、快手為代表的短視頻平台積累了海量視頻內容創作者，生產了大量原創短視頻、短劇等，成為重要的新內容生產平台。從用戶規模及使用時長來看，目前短視頻已成為主流內容形態，極大地搶奪了用戶時長／注意力，根據 QuestMobile（北京貴士信息科技有限公司移動互聯網商業智能服務商）報告數據，頭條系及快手系的「短視頻＋直播」產品形態搶佔效果明顯。

根據歷史推演，4G 帶來移動互聯網的大發展，也帶來了基於移動互聯網發展起來的各種新內容，且在伴隨着內容形態豐富的過程中，人們的注意力加速地從 PC 端，甚至是某些其他生活場景（如購物、社交、教育）轉移到移動互聯網中。

以史為鑑，類比 4G 移動互聯網，我們認為未來也會出現基於元宇宙而存在的全新內容或生活服務，這些新內容或服務聚合在一起最終成為人們注意力的終極殺手。

元宇宙的終極階段，虛擬與現實世界密不可分，元宇宙賦能人們生活、生產的各方面，徹底改變人們生活、工作、連接的方式。此時用戶基數與使用時長達到極大，在虛擬世界中形成新的經濟系統、新的文明。

以始為終，在初始階段，我們核心關注於新內容的崛起。

2. 中場：新內容出現，元宇宙用戶基數及其使用時長進一步增長

在通往元宇宙終極形態之前，行業內的內容供給方將在不同節點或方向上實現創新，這過程中，預計會出現一種或者多種新的內容，豐富且良好的內容生態有助於平台商業價值的提升。元宇宙需

要足夠多的優質內容吸引用戶入駐和留存，需要更有價值、具有真實感的內容激發消費者的興趣並增強其黏性，尤其是新世代羣體對獨特、優質內容的要求更高。

我們認為元宇宙中新內容的創新分為兩個維度，一是形態的迭代，二是創意驅動。形態的迭代指的是內容以一種新的方式去呈現，元宇宙有望革新觀眾與內容的交互形式，極大程度地豐富內容展現形式，如影遊結合，更是增加了交互等其他功能，比如允許觀眾進入虛擬直播空間進行互動。元宇宙的興起預計會帶來新的內容形態與創作平台，在元宇宙中搭建新內容社區進而挑戰原有內容體系。相比於影遊等，元宇宙內容面臨更大的技術難題，需要更高的研發投入，製作更複雜的元宇宙內容對製作方的全方位要求更高。我們認為元宇宙時代的新內容一開始創作時就應該以創意為導向，而非流量思維。流量思維與創意思維的不同，體現在流量思維以「結果／效果／變現」為出發點去設計內容，創意思維則從內容本身出發，「結果／效果／變現」是結果。

元宇宙的中間階段，虛擬世界開始正向影響現實世界。由於新內容陸續出現爆款，大力搶奪用戶的注意力，順應用戶注意力遷移趨勢，越來越多的實體產業進行數字化轉型，現實世界的元素與場景越來越多地遷移到元宇宙，進一步推動元宇宙的用戶基數、使用時長進一步攀升，元宇宙逐漸成為社會生活、生產中的重要一極。

以具體案例來看，《堡壘之夜》的製作方會是奈飛和迪士尼共同的、最大的競爭對手。

HBO（HBO 電視網）經常被視作奈飛公司（Netflix，會員訂閱制流媒體播放平台）最大的競爭對手之一，然而 2019 年奈飛曾在給股東的一封信中表示，奈飛並沒有把 Amazon、Hulu、迪士尼或是其

他大公司的流媒體視頻服務作為核心競爭者，更重要的是如何改進自己的會員服務，比起 HBO，更多地是在與《堡壘之夜》競爭。

為甚麼奈飛將一款遊戲視為自己的競爭對手，而不是同行？原因在於《堡壘之夜》這類現象級遊戲已經具備了影響行業走向的體量，越來越強勢地吸引用戶時長。奈飛如今身處的是一個高度碎片化的時代，所有的競爭者，最終都希望能取悅消費者，佔據用戶更多的時間。

一個人每天可支配的時間有限，用戶會將自己的時間分配給哪些服務方？從這點出發，不管是電影、遊戲，還是圖書乃至是資訊閱讀軟件，但凡是用於娛樂和消遣的載體，彼此都是競爭對手。如果一項娛樂形式開始消亡，與其說是被同行打壓，倒不如說是被更能抓住用戶注意力的新媒介所替代，而用戶也會主動尋找更容易引發愉悅感、能直接刺激感官的娛樂方式，比如《堡壘之夜》。

截至 2020 年 4 月，《堡壘之夜》3.5 億註冊用戶的總遊戲時長超過 32 億小時，是世界上遊戲時間（在線時間）最長的遊戲之一。龐大的用戶量，讓《堡壘之夜》成為遊戲社會化的一個縮影，它具備兩大元宇宙內核精神：一是平台互通與內容共享；二是虛擬與現實世界交互。當前互聯網雖然建立在開放共通的標準上，但大多數巨頭如 Google、Facebook、Amazon 等均抵制數據交叉和信息共享，希望建立自己的壁壘從而圈定用戶，這與元宇宙平台互通、內容共享的精神相違背。元宇宙的其中一個特徵就是開放性，用戶在這一平台裏購買或者創建的東西會無障礙轉移到另一平台並且可以通用。

在遊戲之外，《堡壘之夜》逐漸演變成社交空間，實現遊戲與現實生活的交叉。《堡壘之夜》是目前較為接近「元宇宙」的系統，它

已經不完全是遊戲了，越來越注重社交性，已經演變成一個人們使用虛擬身份進行互動的社交空間。

3. 當下：元宇宙開始搶奪用戶時長，預計娛樂＋社交先行

站在當下，即元宇宙的起點上，預計新內容會從遊戲、社交或其他泛娛樂形態（如演唱會）出發，去搶奪用戶時長。比如虛擬與現實相結合的 *Pokémon Go*、初音未來虛擬人線下演唱會等。2020年的新冠肺炎疫情進一步加速了虛擬內容的發展，越來越多的線下場景被數字化，如線上畢業典禮、AIAC 峰會等。基於虛擬人、引擎、VR/AR 等技術的發展，線下場景數字化趨勢顯著，沉浸式體驗已成雛形，一些新的內容形態也在探索中。

預計遊戲會是元宇宙的起點。我們現在處於元宇宙的初級探索階段，元宇宙仍離我們很遠，目前普遍認為元宇宙的起步領域是遊戲。遊戲是基於現實的模擬而構建的虛擬世界，其產品形態與元宇宙具備一定相似性；遊戲是內容行業的細分領域，也是元宇宙全新宇宙中經濟、文化、藝術、社區、治理等的縮影。對比其他場景，遊戲有着最高的綜合準備度：一是行業規律，即擬真、沉浸、虛擬世界創造；二是用戶屬性，即產品嘗鮮者（Early Adopter），年輕用戶、追求新奇；三是技術準備，即遊戲引擎工具適合虛擬內容創作。[1]

元宇宙是一種終局概念，現階段具備元宇宙雛形的相關產品仍

---

[1] 徐思彥。騰訊研究院。Metaverse 直播：互聯網的未來是虛擬時空？[Z/OL]。(2021-04-29)，https://mp.weixin.qq.com/s/DPdm2dSXXamRmiawQO2oWg。

然是 Web2.0 的範疇，用戶仍在一個相對封閉的生態中創建或參與虛擬的體驗。除了《堡壘之夜》以外，基於 Web2.0 的元宇宙以遊戲為中心的其他典型例子是 *Roblox*、*Axie Infinity*。

- *Roblox*：圍繞 UGC 內容打造沉浸式社交體驗。*Roblox* 是一個大型多人在線遊戲創作平台，其主要特徵與元宇宙的幾個關鍵因素相吻合：一是當前主流的遊戲開發模式為 PGC，以 *Roblox* 為代表的 UGC 平台，為遊戲行業的內容創作方式帶來全新想像空間，目前 *Roblox* 已成為全球最大的多人在線創作遊戲平台；二是虛擬貨幣 Robux 構建經濟系統。*Roblox* 內設有一套「虛擬經濟系統」體系，玩家花費真實貨幣購買虛擬貨幣 robux，並在遊戲中通過氪金（pay to win）、UGC 社區（pay to cool）等體驗場景、皮膚、物品等，而平台收到 Robux 後會按一定比例分成給創作者及開發者，Robux 可以與現實貨幣兌換。

- *Axie Infinity*：基於 NFT 構建閉環經濟系統。*Axie Infinity* 是一款基於以太坊區塊鏈的去中心化回合制策略遊戲，玩家可以操控 NFT 小精靈 Axies 的數字寵物，進行飼養、戰鬥、繁殖及交易。區塊鏈遊戲將遊戲中的數字資產化為 NFT，憑藉區塊鏈技術不可篡改、記錄可追溯等特點記錄產權並確保真實性與唯一性，遊戲資產交易不再依靠公司平台，具備安全保證。*Axie Infinity* 中每一隻小精靈 Axie 均為一個獨特的 NFT，所有權及交易記錄均在鏈上公開顯示。這種去中心化的 GameFi 模式（即 "Game + DeFi"，指的是引入了 DeFi 機制的區塊鏈遊戲），將遊戲公司賺的錢直接分給參與者，形成分佈式遊戲商業經濟體，為下一代 Web3.0 商業模式初探了一條道路。

那麼元宇宙時代內容板塊如何挑選標的？回溯過去，科技進步往往帶來媒介迭代（PC → Web → Mobile），進而引起內容形態變遷（如端遊→頁遊→手遊）。元宇宙作為一個新世界，其中最基礎的部

分是基礎設施的支撐，但最精彩的部分一定是內容生產，這將給當下的內容行業帶來全新的發展機遇。向元宇宙的探索過程中，內容行業的競爭格局預計將持續演變，一方面部分原有公司順應行業趨勢、基於資源稟賦成功實現跨越，業績將呈現出高彈性；另一方面有新的突圍者誕生並逐步壯大，元宇宙時代的秩序將重新樹立。

以此思路我們推演元宇宙時代的內容板塊投資邏輯：

- **關注新內容（互動劇、VR 遊戲等）的創作者**：終端入口升級為 VR 等智能穿戴設備，硬件革命推動遊戲內容形式與產業鏈重構，催生互動劇、VR 遊戲等新內容，關注現有的已佈局互動劇、VR 遊戲等內容的公司。
- **關注基於現有資源稟賦向新興領域拓展的公司**：產業鏈的重構將帶來價值鏈的重塑，元宇宙及其代表的新技術、新玩法、新模式將為整個行業帶來增量。結合前面章節中關於「引擎／開發平台」的分析，我們認為對於工具商或遊戲研發商而言，元宇宙帶來的機遇遠不止於遊戲，他們可以基於引擎、開發工具、創意等資源稟賦去賦能各行各業的創作者，為其提供入駐元宇宙的服務與支持，甚至是開拓全新的內容或服務形態。

除了遊戲、互動劇等內容外，我們認為元宇宙的應用場景也會在社交領域優先落地。元宇宙絕非簡單的遊戲等內容，且目前遊戲等內容的邊界也在不斷擴大，是一個包羅萬象的未來生態，是人類未來社交、娛樂甚至工作的數字化空間。除了遊戲等內容，元宇宙的應用場景也在向 "to B／C" 端多元化推進，我們還可能看到的突破是：社交 —— 虛擬世界裏的虛擬身份社交；娛樂 —— 虛擬世界的演唱會等娛樂活動。

隨着互聯網與科技的發展，我們與他人交互的方式也在發生改

變。在元宇宙中，科技可以讓人與人之間的溝通不再局限於文字、圖像、視頻，而是可以有更多維度的表達方式，比如通過穿戴 XR 設備，可以設置不同的約會場景，甚至可以設計自己獨有的虛擬形象。

另外，XR 將元宇宙在社交方面的優勢體現得淋漓盡致。XR 與物聯網的結合，直接將社交的交互層面從平面提升到了立體層面，多一個維度所帶來的信息量與交互豐富程度是完全不一樣的，可以更好地採集用戶的行為，從而給用戶帶來更加真實、沉浸式的感官體驗。

如 Roblox 不僅是個遊戲平台，同時也是個虛擬社交生活平台。平台擁有大量社交屬性遊戲，2020 年新冠肺炎疫情期間增加了「查看附近玩家」、「線上會議」、"Party Place"、「虛擬音樂會」等玩法，進一步促進遊戲內虛擬社交活動的外延邊界。

跨平台的身份系統有助於增強虛擬社交感。平台線上社交程度越深、越具備統一性，則用戶身份屬性將越接近現實的線下世界狀態。與 Epic Games 及 Steam（中國版名稱為「蒸汽平台」）相比，Roblox 形成了跨遊戲社交體系，平台遊戲用戶擁有統一的虛擬角色，使得社交關係得以延續。而 Epic Games 及 Steam 僅局限於「單一遊戲或平台內社交」。

表 1-4　Roblox、Epic Games 及 Steam 的社交功能對比

Roblox	Epic Games	Steam
支持同一空間的虛擬世界體驗（一般線下社交的線上化平移，如對話聊天等）	（1）Store 平台內部不支持與陌生人聊天，社區功能弱；（2）《堡壘之夜》社區屬性強，支持用戶多樣化互動，包括共同參加虛擬演唱會、舞蹈、聊天等	平台內社區氛圍好，社交屬性強，支持用戶評論、建立興趣羣組、交易等，設有各遊戲分論壇供新聞、評測、自定義修改等 UGC 內容產出

資料來源：Roblox 招股說明書。

4. "to C" 端的泛娛樂之外，元宇宙還將包含更廣泛的 "to B" 端的應用場景

我們的觀點和市場認知不一樣的地方在於，我們明確提出了元宇宙的定義，即元宇宙並非與現實物理世界割裂或並列的虛擬世界，而是囊括了物理世界的更大集合。基於此定義，元宇宙的應用場景除了 "to C" 端的泛娛樂消費之外，元宇宙將滲透至人們生活的各方面，如工業領域，甚至出現諸如「企業 / 工業元宇宙」、「城市元宇宙」等概念。不管是「企業 / 工業元宇宙」，還是「城市元宇宙」，它們都是元宇宙的子集。

由數字孿生、虛擬現實和混合現實構建的「企業 / 工業元宇宙」解決方案技術，將成為智能製造行業必備的一種新型基礎設施，給企業生產在諸多方面帶來便利。2021 年 9 月，Microsoft CEO 薩提亞·納德拉在演講中提出了「企業元宇宙」這一新概念。預計未來會有越來越多的企業進入虛擬網絡空間開會、辦公，甚至開展職業培訓、業務訓練等日常工作。

以 Facebook 佈局 Workrooms 虛擬辦公空間為例。除了社交，

Facebook 對於元宇宙的佈局中，Workrooms 虛擬辦公空間屬於其中一個重要領域。2020 年，新冠肺炎疫情席捲全球，即使 Zoom 已經提供了一種較為高效的遠程辦公方式，但獨自一人居家辦公會產生孤獨感，解決問題的效率也不如和同事們面對面溝通，故 Facebook 推出了 Horizon Workrooms。Horizon Workrooms 是 Horizon 社交平台中專門面向 VR 辦公場景的應用，重新定義了「辦公空間」，目前 Horizon Workrooms 正在免費公測中。

Horizon Workrooms 提供各類辦公場景和陳設，用戶可以根據需求，選擇不同的會議室場景及自定義的虛擬形象，在虛擬會議室場景中，用戶可以佩戴 VR 設備 Oculus Quest 2 參加遠程會議，並且可以在各類虛擬白板上表達自己的觀點，也能將自己的辦公桌、計算機和鍵盤等復刻到 VR 世界中並用它們進行正常辦公。

Horizon Workrooms 這樣的辦公協作方式在 VR 的加持下，其最大特性是拉近人們的距離，還原人本身的社交狀態 —— 形體、語音、動作、表情、和一羣人聚集在一起討論問題的環境，在一定程度上達到了線下開會面對面高效交流的效果。

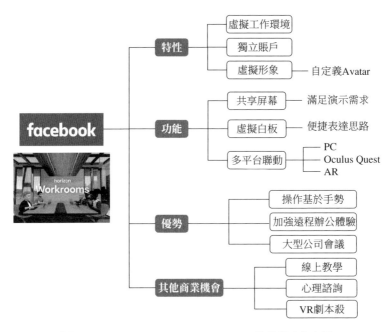

圖 1-13　Facebook Horizon Workrooms 特徵與功能介紹

資料來源：Facebook。

　　綜上所述，未來元宇宙是由眾多巨頭和一系列細分領域的創業企業共同打造而來，並非由一個超級巨頭打造，是社會各方大規模共同參與的。目前技術端、內容端距離實現元宇宙仍有較遠距離，但遠期來看行業空間巨大。從商業模式或應用落地層面，我們可以從以下幾個維度去把握投資機會：

- **關注國內外現有佈局元宇宙應用場景的公司。**未來 5 至 10 年，隨着技術端的不斷迭代，我們預計國內外各大互聯網或科技巨頭將發展出一系列獨立的虛擬平台，構建出元宇宙的雛形，且這些平台將以遊戲、影視、社交的泛娛樂形式為主。聚焦 "to C" 端的消費，類比 4G 時代用戶從 PC 互聯網遷移至移動互聯網端，預計該階段的用戶也加速向元宇宙遷移，元宇宙概念得以極大範圍地普

及。重點關注具備資源稟賦（技術、工具、用戶、創意）的先行公司，如以 Facebook 為代表的社交龍頭，以騰訊為代表的社交巨頭兼遊戲廠商等。

- **關注聚焦更細分賽道的公司。**我們認為要出現熱門的新產品需要聚焦於更細分的賽道，基於新人羣的興趣出發且提供差異化的產品，或者具備差異化競爭優勢的公司。如 Roblox 正是瞄準低齡用戶羣體，提供基於 UGC 形式的 3D 虛擬世界互動及社交。預計在未來，將批量化出現創造力突出的新公司。

- **關注 "to B" 端的應用拓展。**預計 2030 年前後，隨着泛娛樂沉浸式體驗平台已實現長足發展及元宇宙的用戶足夠多時，元宇宙的生態將極大豐富，從泛娛樂形式向更多的體驗拓展，預計部分消費、生活、工作等活動將轉移至虛擬世界。未來元宇宙最廣泛的應用，很可能不是面向廣大 C 端消費者，而是與工業 / 企業元宇宙相關的 B 端客戶，率先落地的場景應用可能諸如設備安裝調試、產線巡檢、遠程運維、產品售後及員工培訓等領域，服務於現實的產業上下游需求。

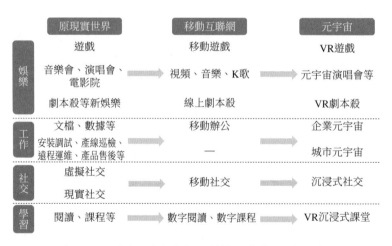

圖 1-14　元宇宙一定程度上可以替代現實世界的部分功能

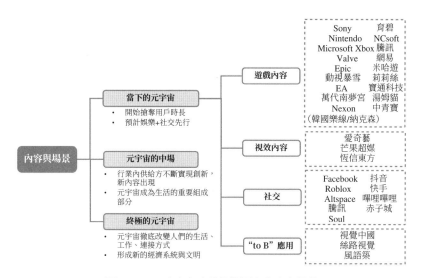

圖 1-15　元宇宙六大投資版圖之內容與場景

六

協同方：繁榮生態

　　繁榮生態的協同方，不論是技術商還是服務商，其發展路徑預計複製互聯網過往的協同方 —— 互聯網行業發展大致遵循這樣的規律：少數巨頭玩家嚐到甜頭→眾多玩家湧入市場出現碎片化→瘋狂營銷戰→受政策影響或外部經濟環境變化或遊戲規則改變→行業長尾出清→最終行業僅剩下幾家新寡頭。格局已定，「誰也吃不掉誰」。

　　一個新時代的崛起，意味着新的發展機遇。基於以上行業發展規律，巨頭從成長起來到格局已定的過程中，除了巨頭本身受益之外，也會給相關上下游產業帶來發展機會。這裏面分為兩個階段：一是公

司在成為巨頭的過程當中，即行業處於混戰之時，會有部分的技術、服務方憑藉自身稟賦而充分受益；二是待巨頭競爭格局確定之後，圍繞巨頭的這些技術、服務方，即生態合作夥伴，其受益路徑將更加清晰。

我們先回顧一下互聯網的發展史，從 PC、移動互聯網的出現與發展過程中，來看企業的興衰史。

- PC 互聯網成就了 Microsoft、Intel、IBM、Apple、Google、百度等。個人計算機時代，Microsoft、Intel、IBM、Apple 等公司成為行業領軍者，同時伴隨技術進步，IT 行業迎來軟件大爆發，Windows 系統、Office 辦公軟件高度普及，為生產、工作、生活提供便利。2010 年，Apple 發佈第一台 iPad，既填補了 Apple 在智能手機和筆記本電腦之間的真空地帶，又提出了靈活自如的操作系統解決方案，標誌着個人計算機時代的臨界點到來，此後智能手機、平板電腦等移動終端逐漸興起。另外，搜索引擎領域，以 Google、百度為代表的互聯網公司發展為行業龍頭；門戶網站領域，則以雅虎、新浪、網易、搜狐為代表。

- 移動互聯網成就了 Facebook、阿里巴巴、騰訊、字節跳動等。2010 年前後，4G 技術發展大幅提升了通信速率，革新了互聯網生態：一是傳媒內容逐步由圖、文為載體走向視頻化，4G 網絡的普及與成熟，使得用戶能夠隨時隨地使用各類服務，且流量資費的大幅下降使用戶消費得起視頻服務；二是各類新的內容產品及應用湧現，以短視頻、直播為代表的娛樂內容以及以外賣、打車為代表的生活服務類工具等，為大眾娛樂、生活方式帶來較大變革。這個階段催生出了一批新互聯網巨頭，比如 Facebook、騰訊、阿里巴巴、今日頭條等；此外，在滿足居民多元化的需求的過程中，眾多細分垂直領域的龍頭也如雨後春筍一般冒出，如美團、滴滴出行等。

元宇宙時代也不例外，除了以上五個方向的投資版圖之外，我

們預計元宇宙也會在以下兩個方面帶來機遇：一是催生新市場、新業態；二是催生新巨頭，進而帶動生態合作夥伴受益。

1. 元宇宙會催生新市場、新業態

元宇宙是下一代互聯網，並且囊括了現實世界，也就是說除了現有的移動互聯網生態之外，將會有更多的行業和業態被復刻到元宇宙的虛擬世界中，目前已有案例：Roblox 和 GUCCI（古馳）合作，推出的「GUCCI 品牌虛擬展覽」；現代汽車在 Zepeto 中開展營銷活動，推廣其全新的索納塔車型，並且提供用戶在虛擬空間中試駕這款新車；LG 化學在虛擬平台 Gather Town 上進行新員工入職培訓。

以上表明，互聯網正在從 2D 的 PC 或手機屏升級為一個虛擬的 3D 空間，將吸引着越來越多的人、機構、產業入駐，這是一個徹徹底底的新興市場，將會孕育出新的業態。

比如在營銷領域，從傳統的紙質報紙，到廣播電視，再到互聯網，營銷方式隨媒介變化而不斷升級，陸續出現了電視廣告、戶外廣告、信息流廣告、精準營銷、內容植入、內容電商等營銷形式，在元宇宙時代一種新的營銷模式可能會隨之來臨。

我們可以預見，元宇宙必將催生出新的營銷方式，進而帶來新的市場機遇，邏輯在於：一是元宇宙中的數據更多，因此可供廣告商使用的數據將極大豐富，複雜的定位也將提升到一個全新的水平，數據將更加精確和有價值；二是元宇宙的原住民預計以 M 世

代、α 世代 ① 的年輕人居多，這羣人更願意去接觸新鮮事物，把元宇宙作為新興平台去社交、娛樂、生活，因此廣告商可以通過元宇宙去精準觸達潛在消費羣體的年輕人；三是元宇宙時代的營銷將會變得更加立體和鮮活，用戶可以在元宇宙中以沉浸式的方式去近距離感知產品、接觸產品，使用產品並且消費產品。相較於過去的網絡營銷，這種身臨其境的營銷模式可以被定義為 ── 實境營銷。

現有的廣告商預計會成為元宇宙的先行軍之一，去展開實境營銷的支持與服務。這種新的營銷模式，也會反過來推動元宇宙生態的繁榮發展，以及為元宇宙平台引入更多的用戶。

元宇宙中的實境營銷只是目前我們所能想到的新業態之一，新業態將遠不止於此。就像 2013 年前後 4G 網絡剛開始發展之際，大家只預測到 4G 有利於普及移動支付，帶來高清視頻，但以上都是基於當時已有業態的判斷，並無太大新意。人對未來的預測大多跳脫不出當下技術和思維的限制，鮮少有人會預測到各類外賣、打車平台的興起，短視頻、直播帶貨等業態的爆發，短短五年時間內，4G 和它催生的服務深刻改變着我們每一個人的生活。

那麼隨着 5G 大規模普及以及元宇宙時代的到來，會催生出怎樣的新市場和新業態？未來元宇宙中新業態對我們生產生活方式的變革，將遠超我們的預期。

---

① 《元宇宙》一書將「Z 世代」這一名稱迭代為「M 世代」（Metaverse Generation），指出生於 1995—2010 年的人。「α 世代」指出生於 2010 年之後的人。

2. 元宇宙預計催生新巨頭，進而帶動生態合作夥伴受益

回顧歷史，從 3G 到 4G，再到 5G，市場競爭主體的類型越來越豐富，比如 5G 入局方不僅是 4G 時代的傳統互聯網公司，更多維度的競爭者都已出現，比如推動 5G 商用實質性落地的運營商與終端硬件商、新型媒體平台（抖音、快手）等，新的入局方會對現有市場的競爭格局帶來變化。

我們預計元宇宙的入局方會更多，大概率會催生新的全球巨頭出現，且新巨頭的成長將會帶動上下游的生態合作夥伴加速成長。

我們以成立於 2012 年的字節跳動為例，成立不到十年時間已在多賽道實現彎道超車，成為發展最快的科技公司，旗下短視頻抖音是中國互聯網出海領域最成功的產品之一，而抖音的崛起也帶動了其上下游得到快速發展，比如網紅主播、MCN 機構、直播帶貨 / 內容電商、短視頻拍攝 / 剪輯工具等。此外還有網紅經濟各環節提供專業服務支持的企業，如為 MCN 提供貨品供應服務的供應鏈公司、對接 MCN 及品牌商的專業營銷平台、為平台提供品牌擴充的專業服務商、提供主播專業培訓服務的公司等。

建設元宇宙是一個非常複雜的系統性工程。不管是元宇宙中新興業態的形成，還是新巨頭崛起，投資者除了關注現有優質龍頭的佈局方向，也要關注圍繞這些新業態、新巨頭成長起來的上下游協同方。元宇宙預計帶來產業鏈上批量的新投資機會，如元宇宙的經濟系統運行、硬件協同技術、服務方等，其作用在於優化整體元宇宙的運營效率，或解決資源不對稱的問題。

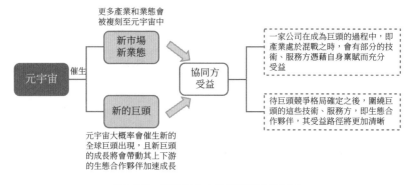

圖 1-16　元宇宙六大投資版圖之協同方

第三節
十年賽道迭代，
投資三階段

　　搭建了元宇宙投資的兩大基石、構建了元宇宙投資的六大版圖，我們從投資角度來看不同的三個階段。

- 第一階段：誰有資源稟賦去建立先發優勢；
- 第二階段：業績估值雙升；
- 第三階段：格局穩定，龍頭享受估值溢價。

一

以遊戲行業為映射，端／頁轉手遊的三個不同階段

　　隨着數字技術的發展，人類未來一定會完成從現實宇宙向元宇宙的數字化遷徙。整個遷徙過程從技術上來看，分為三個階段，分別是數字孿生、數字原生和虛實相生。數字化遷徙之後，數字空間（元宇宙）裏面會形成一整套經濟和社會體系，產生新的貨幣市場、資本市場和商品市場。人類在元宇宙裏面的數字化身，甚至也承載着永生的夢想 —— 即使現實中的肉體湮滅，數字世界的你，仍然會在元宇宙中繼續生活下去，保留真實世界中你的性格、行為邏輯，甚至記憶。

　　參照遊戲行業迭代，回歸元宇宙未來十年的發展脈絡，一方面，遊戲是當前最高級的互聯網內容形態，且遊戲具備元宇宙的部分特徵，是元宇宙的先行者；另一方面，遊戲是過往十年搶奪用戶注意力／時長的內容冠軍，未來的元宇宙將接棒前行。元宇宙的核心在於以怎樣的席捲方式搶奪用戶注意力／時長。

1. 遊戲相比其他內容形態有着最高的綜合準備度，具備元宇宙的部分特徵

　　相比其他內容場景，遊戲具備：一是行業規律，包括擬真、沉浸、虛擬世界創造；二是用戶屬性，包括 Early Adopter（產品嘗鮮者），年輕用戶、追求新奇；三是技術準備，包括遊戲引擎工具適合虛擬內容創作。

表 1-5　遊戲 VS 其他內容場景：綜合準備度較高

場景	綜合準備度	行業規律	用戶屬性	技術準備
遊戲	高	擬真、沉浸、虛擬世界創造	Early Adopter：年輕用戶，追求新奇	工具適合虛擬內容創作，早期嘗試出現（堡壘之戰演唱會）
電商、生活服務	中	全品類、便捷、快速	Majority：家庭用戶，追求便利	直播等全真技術起輔助作用，普及晚
企業服務	低	提升效率、降低成本	Laggards：企業主，追求盈利	需求分散，主線技術匹配度低

註：《跨越鴻溝》中提到了市場的五類用戶，分別是創新者（Innovator）、產品嚐鮮者（Early Adopter）、早期大眾（Early Majority）、後期大眾（Late Majority）、落後者（Laggard）。
資料來源：騰訊研究院。

　　遊戲所構建的虛擬世界具備元宇宙的部分特徵 —— 遊戲與元宇宙均需要：第一，虛擬身份 —— 遊戲與元宇宙均給予每個玩家一個虛擬身份，例如用戶名與遊戲形象，並可憑藉該虛擬身份體驗遊戲、形成社交。當前遊戲或社交平台與現實世界相區隔，是現實生活的附屬品與補充；而元宇宙與現實世界屬於平行關係，身處元宇宙之中與現實世界並無本質差異，未來人們將有權決定現實世界與元宇宙在自己心目中的主次。第二，真實、沉浸的社交系統 —— 遊戲中的社交系統在一定程度上打破了地域的限制，但真實感、沉浸感均不足。基於元宇宙所構造的虛擬世界，將帶來與真實世界無異的社交體驗。第三，獨立、開放的經濟系統 —— 玩家使用遊戲貨幣進行購物、售賣、轉賬甚至提現，玩家的遊戲行為時時刻刻都影響遊戲內經濟系統的平衡。相較於遊戲，元宇宙將擁有更加獨立、開放的經濟系統，去中心化的治理將所有生態用戶作為命運共同體連接在一起。

2. 遊戲是搶奪用戶注意力的最成功的內容形態，未來的元宇宙將接棒前行

　　將用戶注意力拆分為用戶時長與 ARPU 兩大維度來分析。用戶時長方面，網絡遊戲近十年來一直是搶奪用戶注意力的一大利器，穩居移動網民人均 App 每日使用時長的 TOP 7。遊戲體驗的高度沉浸感能夠使玩家進入「心流」狀態，即玩家完全沉浸於當前的遊戲活動，忘卻時間的流逝。而未來的元宇宙內容形態，相比遊戲擬真度與沉浸感將大大提高，玩家在元宇宙中更容易進入「心流」狀態，用戶時長從而進一步增長。ARPU 方面，移動遊戲用戶增速放緩後，ARPU 持續提升，將成為驅動行業增長的關鍵要素。2010—2020 年移動遊戲 ARPU 從 30 元提升至 321 元，複合增長率 27%，遠高於中國人均可支配收入 8.4% 的增速；2018 年隨着政策收緊，尾部企業和遊戲出清，具備長線運營能力的頭部遊戲佔比提升，使遊戲人均付費增速出現明顯拐點向上。

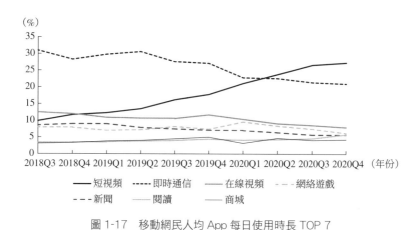

圖 1-17　移動網民人均 App 每日使用時長 TOP 7

資料來源：極光大數據。

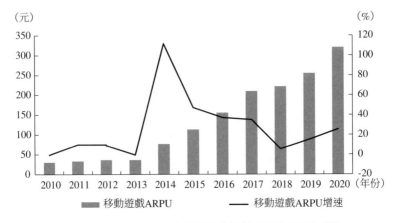

圖 1-18　2010—2020 年中國移動遊戲 ARPU 及同比增速

資料來源：Wind。

　　以此為參照，元宇宙作為數倍複雜於遊戲的綜合經濟體，在沉浸式設備、區塊鏈技術等的加持下，將表現出更強勁的搶奪用戶注意力能力，且元宇宙用戶的滲透率及 ARPU 規模增速預計將比移動遊戲增長更快。元宇宙內容的吸引力更強，元宇宙的經濟系統讓用戶既是消費者又是生產者，付費能力更強。

　　當下大眾對於元宇宙的討論，更多偏向於遊戲、社交層面，但元宇宙的內涵是極其豐富的。比如 51World 就提出了產業元宇宙的概念[①]，其認為涵蓋工業、產業、整個社會層面，所涉及的技術領域也前所未有的廣泛。其中數字孿生技術，與元宇宙聯繫非常密切 ── 因為數字孿生技術上的成熟度，直接決定元宇宙在虛實映射與虛實交互中所能支撐的完整性。通過搭建數字孿生平台，降低數字孿生技術的應用門檻，加速各行各業進入產業元宇宙。我們認為

---

① 51World 地球克隆研究院。 為甚麼元宇宙是互聯網的下一站[Z/OL]，2021-09-07。

51World 的「產業元宇宙」在某種意義上是「企業元宇宙」—— 產業內龍頭企業主導的產業鏈上下游協同。

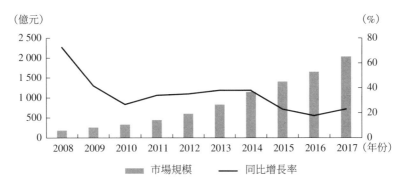

圖 1-19　2008—2017 年中國遊戲市場實際銷售收入及增速

資料來源：伽馬數據、遊戲工委。

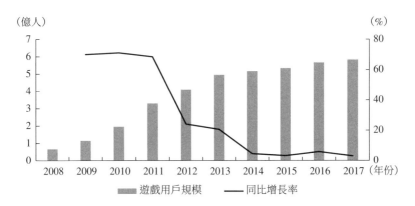

圖 1-20　2008—2017 年中國遊戲用戶規模及增速

資料來源：伽馬數據、遊戲工委。

科技進步往往帶來媒介迭代，進而引起內容形態變遷。回顧遊戲行業，媒介端經歷 “PC → Web → Mobile” 的變化，遊戲作為一種內容，其形態也歷經端遊—頁遊—手遊的顛覆性變遷。參照 A 股遊

戲過往 20 年的歷史，端、頁、手的迭代，有兩次關鍵節點、分為三大發展階段。兩次關鍵節點是端 / 頁轉手遊的 2013 年前後和流量驅動轉向研發驅動的 2017 年前後。三大發展階段分別是 2013 年之前的第一階段、2013—2017 年的第二階段、2017 年之後的第三階段。

3. 媒介迭代（PC/Web-Mobile）驅動遊戲形態（端 / 頁遊—手遊）變遷

（1）2013 年之前的第一階段

端遊是遊戲行業的先頭部隊，2000—2005 年網絡遊戲以代理的方式迅速打開國內市場，用戶認知逐步形成。2005—2008 年行業格局快速確立，盛大、網易、騰訊、九城等大型端遊公司依靠自研和代理國外大作的方式搶奪市場份額。根據艾瑞諮詢統計數據顯示，2008 年 CR4 佔網遊市場份額的 47.5%，市場集中度較高，其中《傳奇》、《夢幻西遊》、《誅仙》等均是中國端遊經典代表作。

受到移動互聯網發展的影響，2011 年起端遊發展進入寒冬時期。2011—2016 年，端遊市場實際收入與用戶規模同步下降。端遊市場收入增長率自 2011 年逐步下滑，2016 年首次出現負增長。2017 年端遊市場收入回暖，端遊行業實際收入 648.6 億元，同比增長 11.4%。從端遊用戶規模來看，2017 年端遊用戶規模達 1.58 億人，同比增長 1.7%。端遊用戶規模自 2010 年實現用戶數量大幅增長後，此後的用戶增長速度長期低迷，端遊用戶趨於平穩。

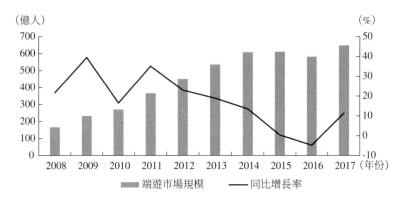

圖 1-21　2008—2017 年中國端遊市場實際銷售收入及增速

資料來源：伽馬數據、遊戲工委。

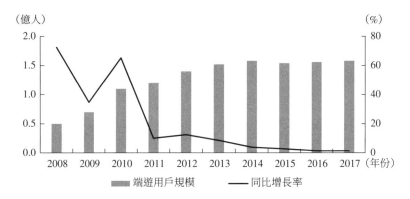

圖 1-22　2008—2017 年中國端遊用戶規模及增速

資料來源：伽馬數據、遊戲工委。

（2）2013—2017 年的第二階段

PC/Web（媒介迭代）——端遊轉頁遊（遊戲形態迭代）：

- 媒介端的第一次迭代是從 "PC" 向 "Web" 轉變。端遊 2008 年起蓬勃發展，2011—2012 年增速開始明顯下滑，到 2013 年收入規模到達峰值，同時增速也幾近停滯，2016 年端遊市場規模首次出現下

滑。頁遊前承端遊,後啟手遊,於 2007 年開始崛起,2012 年發展成熟,2012、2013、2014 年頁遊市場規模分別實現了 47%、57%、58% 的高速增長。

- 這一階段由於 HTML、Flash 技術的普及,PC 端的瀏覽器相對於客户端具有門檻更低、對計算機配置要求更低、操作相對簡單等優勢。頁遊初衷為覆蓋端遊未能覆蓋的市場,分流部分端遊玩家,在發展過程中以「低成本、高盈利」的優勢迅速在國內遊戲市場上佔有一席之地。

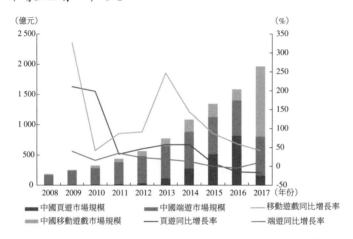

圖 1-23　2008—2016 年中國端遊、頁遊、手遊收入及增長情況

資料來源：DataEye。

PC/Web 轉 Mobile（媒介迭代）—— 端 / 頁轉手遊（遊戲形態迭代）：

- 媒介端的第二次迭代是從 "PC/Web" 向 "Mobile" 的轉移。頁遊於 2014—2015 年出現頹勢,同比增速從 2014 年的 58% 高位下滑至 2015 年的 8%,2015 年之後市場規模逐漸萎縮。手遊興起於國內移動互聯網紅利,智能手機大幅普及 4G 網絡基礎設施快速發展,助推手遊自 2013 年起快速崛起。現象級、標誌性手遊產品頻有爆出,紛紛越過千萬流水量級,遊戲廠商加大投入以順應行業

發展，知名製作團隊頻出。手遊市場規模在 2013、2014、2015、2016 年高速增長，同比增速分別達 247%、144%、87%、59%。

- 這一關鍵階段是基礎通信技術由 3G 向 4G 的升級，智能手機大幅度普及，手機取代計算機成為人們生活娛樂的核心載體，相比頁遊，手遊更具備便攜性、門檻更低同時受眾更廣，且伴隨着之後 4G 網絡的普及與手機數據處理能力的提升，手遊也開始逐漸從輕度遊戲走向中重度遊戲，藉此取代了頁遊的地位。

- 手遊以超出「摩爾定律」的速度不斷迭代發展，從增量市場轉向存量市場僅用了約五年時間，市場規模迅速擴大，資本熱度高度聚焦，迅速超越端遊與頁遊，成為國內主流遊戲類型。

（3）2017 年之後的第三階段

2017 年，中國自研遊戲市場集中度進一步提升，TOP 10 公司佔據了超過八成的市場份額。以手遊市場為例，2017 年 iOS 消費額 TOP 10 手遊中有 7 款來自騰訊及網易自研（《天龍八部》來自暢遊時代，《龍之谷》來自盛大網絡，《熱血江湖》來自龍圖遊戲），頭部廠商在資本、人才、技術等各方面的資源優勢進一步推動遊戲精品化趨勢。

同時，根據國家版權中心遊戲產業知識申報數據，2017 年中國遊戲行業產能持續上漲，年研發遊戲超過兩萬款，但產品整體的市場成功率並不高，以手遊市場為例，單季度進入 iOS 暢銷榜 TOP 50、TOP 200 的遊戲產品數量自 2016 年四季度以來持續降低，市場頭部產品容量持續減少，僅 500 家左右企業的旗下產品能進入 iOS 日暢銷榜前 200（目前活躍遊戲研發公司超過 6 000 家），新產品獲取市場成功的難度越來越大，市場競爭愈發激烈。

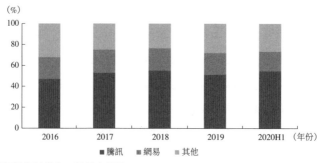

註：騰訊扣除海外收入，網易未扣除。

圖 1-24　2016—2020H1 騰訊、網易國內市場市佔率

資料來源：遊戲工委、伽馬數據。

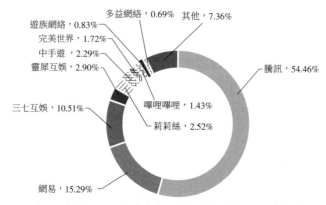

註：上市公司收入數據來源公司財報，非上市公司收入數據所處區間為根據市場份額推算。

圖 1-25　2020H1 手遊發行市場份額

資料來源：易觀千帆。

　　2017 年起，遊戲行業趨於成熟，競爭格局趨於穩定。從遊戲廠商 2020 年手遊收入分佈來看，頭部一梯隊（300 億元以上）有騰訊及網易，騰訊手遊收入 237.9 億美元（合 1 466 億元），網易在線遊戲服務收入 21 億美元（合 546 億元），位列第二。二梯隊（100 億元＋）有三七互娛手遊收入 133 億元，世紀華通（點點互動＋盛趣遊戲）收入 149 億元。三梯隊（100 億元以下）有米哈遊、完美世界、中手遊、

靈犀互娛、嗶哩嗶哩、多益網絡、遊族網絡、心動公司等多家中型廠商。

從市佔率上看，頭部前二騰訊、網易在 2018 年前市佔率快速上升，2018 年達到峰值 76.46% 後，保持相對穩定。從發行收入市場份額看，據易觀千帆調研統計，按照 2020H1 國內已發行產品境內流水來計算，前六的廠商分別為騰訊、網易、三七互娛、靈犀互娛、莉莉絲、中手遊（詳見圖 1-25）。

二

類比 PC/Web－Mobile，Mobile－元宇宙的投資三階段

中國遊戲行業自改革開放以來開始興起，醞釀了早期的家用機時租、街機以及單機遊戲等歷史形態，歷經了從舶來品到代理乃至自研的發展歷程。隨着互聯網技術及其應用的推進，現代主流的網絡遊戲應運而生並逐漸爆發。2009 年中國互聯網進入快速發展期，中國遊戲行業隨之呈現階梯式的增長，互聯網帶來的人口紅利為遊戲用戶的增長提供了第一階段的支持。2008—2013 年，中國遊戲用戶規模由 0.7 億人增長至 5 億人，增幅達 614%；中國遊戲行業市場規模由 185.6 億元增長至 831.7 億元，增幅達 348%。

網頁遊戲作為網絡遊戲的一個分支首先吃到了互聯網流量的紅利。2007 年開始，網頁遊戲新產品不斷面世；2009 年之後，網頁遊戲因其無須下載的特點成了流量攔截者，憑藉其迅速的傳播能力，一夜之間覆蓋了 PC 互聯網的各個角落，多款月流水過千萬的

網頁遊戲隨之出現；2008—2014 年，中國網頁遊戲市場規模從 4.5 億元增長至 202.7 億元，每年的增速均高於遊戲行業整體增速。

遊戲用戶整體的高速增長在 2013 年達到了頂峰，其後用戶增長持續放緩，增長率均不足 10%，用戶增長的紅利越來越難以獲取。但在 2013 年，中國迎來了移動互聯網流量的爆發，BAT 均做大自己的超級 App，並大力投資併購，移動遊戲也從中受益。2012 年，隨着遊奇網絡《臥龍吟》、盛大網絡《悍將傳世》、心動網絡《神仙道》等頁遊相繼推出移動版本（頁遊 IP 轉手遊），移動 MMORPG 遊戲① 掀起了遊戲行業熱潮，移動遊戲進入高速成長期。2013 年，藉着移動互聯網流量的東風，中國移動遊戲實際銷售收入爆發式增長了 246.95%，用戶規模增長了 248.40%。國內資本市場在這一年對手遊概念瘋狂追逐，將併購手遊公司與漲停畫上等號，各類與遊戲無關企業的跨界併購比比皆是。

2014 年，端遊 IP 開始強勢進入移動遊戲市場，一批由端遊改編的移動遊戲進入市場（端遊 IP 改手遊），完美世界《魔力寶貝》手遊、多益網絡的《神武》手遊先後上線，騰訊、網易、暢遊、巨人網絡等公司也相繼推出了由端遊改編的手遊。2015 年，32 家遊戲相關公司聚集新三板上市，超過之前 15 年上市遊戲公司數量的總和，其中絕大多數為與移動遊戲相關的公司。巨人網絡在退市一年之後又獲得 A 股上市批文，成為第一隻從納斯達克退市回國上市的中概股。2016 年中國移動遊戲市場的銷售收入達到了 819.2 億元，移動遊戲佔比歷史性地超過了端遊。2017 年以來，隨着自媒體平

---

① MMORPG（Massive/Massively Multiplayer Online Role-Playing Game）即大型多人在線角色扮演遊戲。

台的快速發展，私域流量的積累為遊戲的發行提供了新的投放紅利，抖音、快手等短視頻平台強大的流量基礎為遊戲的廣泛投放提供了有力的保證。

目前遊戲行業發展進入成熟期。一方面，人口紅利（新流量）殆盡全方位影響遊戲行業發展，國內市場與出海市場均陷入競爭愈發激烈的內捲狀態。另一方面，遊戲面臨短視頻、直播等新內容形態爭奪用戶時長，同時玩法創新陷入階段性瓶頸、在微創新迭代與同質化陷阱之間輕微搖擺。因此，以遊戲為代表的內容行業迫切需要元宇宙及其代表的新技術、新玩法、新模式帶來增量以強化競爭力。從投資角度出發，我們由端／頁遊轉手遊來映射元宇宙投資的未來三階段。

1. 元宇宙投資的第一階段

類比端／頁轉手的第一階段 —— 起步階段：新內容試水引發時長關注（對應於端遊／頁遊收入佔據主導，手遊低基數、高增長）。端遊、頁遊發展較為成熟，佔據遊戲行業主導地位。手遊作為新興遊戲形態伴隨網絡條件改善、智能手機普及興起，手遊月流水千萬級代表作《捕魚達人》、《神仙道》、《世界 OL》、《我叫 MT》等湧現。遊戲廠商盛大、網易、騰訊等加強手遊市場投入，同時手機入口類應用商店、第三方買量渠道先後快速崛起。

M 世代（包括 α 世代）接棒 Y 世代，代際切換帶來新型需求，遊戲及互聯網公司的新賽點在於對新一代用戶（元宇宙原住民）需求的承接。Roblox 公佈的數據顯示，12 歲以下的用戶數（即 α 世代）佔比達到 54%，性別結構基本均衡。α 世代在 Roblox 上表現出旺盛的創造力，已經開始參與元宇宙的構建，推動元宇宙向更高

階的維度發展。相比 Y 世代及之前世代，M 世代（包括 α 世代）是人類歷史上與生俱來與尖端科技互動，並將科學技術進步完全融入生活的第一代人，他們將是元宇宙原住民。

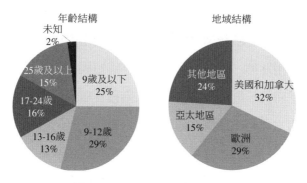

圖 1-26　Roblox 年齡及地域結構

資料來源：Roblox 招股說明書。

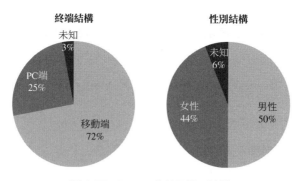

圖 1-27　Roblox 終端及性別結構

資料來源：Roblox 招股說明書。

　　VR/AR、人工智能、區塊鏈等眾多新興技術均缺少單獨的大規模落地場景，正努力尋求突破。技術公司出於生存意志力，會迫切尋找應用場景，並不斷探索相互之間各種可能的組合方式，圍繞元宇宙共同目標「合作奮鬥」。以 VR/AR 為例，中國信通院預測全球

虛擬（增強）現實行業規模，在 2024 年 VR/AR 的市場規模均接近
2 400 億元。圍繞 VR/AR 的可拓展場景也會進一步打開想像空間。

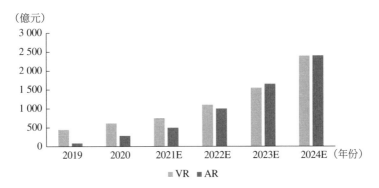

圖 1-28　2019—2024E 全球 VR/AR 市場規模預測

資料來源：中國信通院、VRPC。

　　映射到元宇宙時代，元宇宙及其代表的新技術、新玩法、新模
式為全行業帶來增量，元宇宙相關業務將快速興起，現象級的元宇
宙內容產品間有爆出，引發全市場的關注與跟進，越來越多的廠商
快速入局、匹配資源去大力佈局。這一階段的投資，精髓是投資於
具備資源稟賦且能執行出先發優勢的公司。

2. 元宇宙投資的第二階段

　　類比端 / 頁轉手的第二階段 —— 成長階段：景氣度上行帶動入
局方業績估值雙升（對應於端遊和頁遊逐步衰退，手遊繼續高速增
長、漸成碾壓之勢）。端遊於 2011—2012 年增長出現頹勢，同比增
速從 2011 年高點（35% 的同比增速）下滑至 2015 年增長幾乎停滯
（零增長）；頁遊則於 2012—2014 年分別實現了 47%、57%、58%
的高增長。頁遊於 2014—2015 年現頹勢，同比增速從 2014 年的

58% 高位下滑至 2015 年的 8%，隨後步入負增長階段；同期手遊市場規模大幅上升，2014—2016 年同比增速超過 50%。2014 年，手遊市場規模超越頁遊。2016 年，手遊市場規模超越端遊。

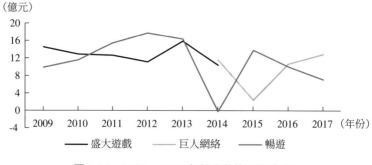

圖 1-29　2009—2017 年部分遊戲公司淨利潤

資料來源：Wind。

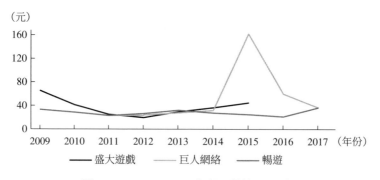

圖 1-30　2009—2017 年部分遊戲公司股價

資料來源：Wind。

中國遊戲行業發展時間較短，在 20 年間快速經歷了端、頁、手的變革及人口流量紅利。在這一歷史背景下，多數遊戲公司積澱薄弱，主要依靠單一產品線生存，例如盛大的傳奇系列、巨人的征途系列、暢遊的天龍八部系列等。這一類型的遊戲公司在渡過單一

爆款帶來的快速增長期後，如果不能繼續推出市場認可的新產品，則可能後繼乏力，導致相應的年度收入與利潤有較大幅度的下滑。

映射到元宇宙投資當中，元宇宙內容收入高速增長，用戶體驗得到升級後對元宇宙內容的選擇將呈現為不可逆的特性，手遊等其他內容的用戶加速向元宇宙遷移，元宇宙內容的收入佔比逐年提升。在此階段，順應行業發展趨勢具有前瞻性佈局的公司將顯現出業績的高彈性，進一步提升市佔率或鞏固龍頭地位，元宇宙產業鏈上的各家受益公司預計迎來業績與估值的雙升。

3. 元宇宙發展的第三階段

類比端/頁轉手的第三階段 —— 成熟階段：競爭格局已現（對應於手遊佔據絕對主導，各公司收入規模開始分化、競爭格局形成）。手遊取代端遊、頁遊，成為遊戲行業主導。在端轉手、頁轉手的過程中，遊戲廠商逐漸分化，部分原遊戲龍頭掉隊，新的遊戲力量持續壯大。

隨着遊戲市場規模增速的放緩，行業的邏輯由增量轉向存量競爭，而在存量的搏殺中，龍頭公司的地位將愈發穩固，將大概率進一步擠壓其他廠商的市場份額。騰訊和網易憑藉着自身在 IP 授權、自主研發、運營推廣、互聯網生態等方面的絕對優勢成為遊戲市場的巨頭。在頭部內容方面，騰訊和網易更是佔據壓倒性的優勢。市場中二線及以下的遊戲廠商機會更在於長尾，這一趨勢在遊戲運營行業中尤為明顯。

現階段中國遊戲公司中，騰訊、網易及完美世界在產品線中既能保證精品又能保證多元，多點開花的產品線也是這三家公司年報業績高增長及股價持續上揚的重要保障。我們分析上述三家公司產

品線的造血動力主要有：一是廣泛佈局產業鏈上下游企業。上游併購或參股代理發行的遊戲研發團隊，下游投資或設立分發平台、服務平台。二是強大的研發實力及嚴格的內部淘汰機制，對儲備項目進行多輪評級審定以確保精品。

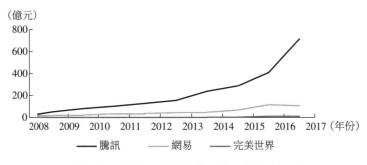

圖 1-31　2008—2017 年部分遊戲公司淨利潤

資料來源：Wind。

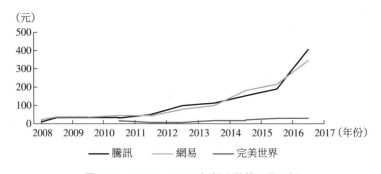

圖 1-32　2008—2017 年部分遊戲公司股價

資料來源：Wind。

映射到元宇宙投資，向元宇宙的探索過程中，行業的競爭格局將持續演變。部分原有公司順應行業趨勢、基於資源稟賦成功實現跨越，中間有新的突圍者誕生並逐步壯大，元宇宙時代的秩序重新樹立，龍頭將享有更高的估值溢價。

此外，參照遊戲行業迭代回歸出元宇宙未來十年的投資三階段，僅僅是以小見大，存在未盡之處。一方面，以遊戲行業作為元宇宙的參照物，只是推演了 "to C" 元宇宙內容部分的發展階段，"to B" 元宇宙也大致會經歷類似的三大發展階段。另一方面，內容僅作為一種場景形態，支撐內容的各類「硬科技」是三大發展階段的隱形推手。元宇宙的最終內容形態尚未確立，在無限逼近其最終形態的過程當中，也會間有全新的內容形態產生，依次進入三大發展階段，帶動其他軟、硬件的發展與進步。（見附錄 3：備戰元宇宙投資圖）

抓宇宙質

緊元本

02

2021 年 10 月 17 日，Facebook 宣佈計劃未來五年內在歐盟創造 1 萬個工作崗位，以推動建立一個被稱為「元宇宙」的數字世界。

2021 年 3 月，據英文科技媒體《The Information》透露，Facebook 已僱用近 1 萬名員工從事與 VR/AR 相關的工作，這一數字佔 Facebook 全球員工總數的比例接近五分之一。

1 萬人之後又將有 1 萬人，Facebook 將由領跑 VR/AR 直接跨越至領跑元宇宙——2020 年 8 月，Facebook 將 VR 和 AR 團隊更名為 "Facebook Reality Labs"；2021 年 7 月，Facebook 首席執行官馬克·扎克伯格表示，希望在未來五年內將 Facebook 轉變為一家元宇宙公司；2021 年 10 月 28 日，Facebook 宣佈將公司名稱更改為 "Meta"。

Facebook 毫不掩飾對元宇宙的野心，元宇宙能否成為改變人類歷史進程的事件？從現實到虛擬需要多少技術準備？是否這個過程很快就到來？元宇宙的本質到底是甚麼？

本章我們着力探討元宇宙投資的核心脈絡。產業運行的大趨勢中，資本是協助的力量，資本的入局，可以撒向各大版圖、各細分方向，但使命是協力於甚麼？這是任何資本在入局之際，值得深思且堅持的內核。元宇宙的未來，承載了用戶追求仿真感官體驗的希冀、科技遞歸式提升。由元宇宙定義出發，我們給出元宇宙的本質——所有感官體驗的數字化；元宇宙致力於感官體驗的高度仿真，故元宇宙的投資脈絡，即圍繞「所見即所得」。

第一節
互聯網本質：
信息與視聽體驗的數字化

一

工業與互聯網的發展史即生產力進化史

回顧人類發展歷史，每一次的重大科技發明都推動社會大變革，進入一個全新的時代。我們從工業革命、互聯網革命兩個維度去回顧人類社會的發展。

目前比較主流的分析方法，分為四次工業革命：

- **工業革命 1.0（18 世紀 60 年代到 19 世紀中期）**：蒸汽技術帶來機械化。標誌是蒸汽機的出現，開創了以機器代替人工的工業浪潮。第一次工業革命使用的機器以蒸汽或者水力作為動力驅動，首次用機器代替人工，具有非常重要的劃時代意義，人類社會由此進入了「蒸汽時代」。

- **工業革命 2.0（19 世紀下半葉到 20 世紀初）**：電氣技術帶來電氣化。標誌是內燃機、電力的運用，新的能源動力和機器推動了第二次工業革命的發生。電器得到了廣泛的使用；此時的機器有着足夠的動力，汽車、輪船、飛機等交通工具得到了飛速發展，機器的功能也變得更加多樣化。此外，由於電話機的發展，人們之間的通信變得簡單快捷，信息在人們之間的傳播也為第三次工業革命奠定了基礎。

- **工業革命 3.0（20 世紀下半葉起）**：信息技術帶來自動化。以計算機、航空航天、原子能為代表，我們進入信息時代。第三次工業革命相對於第二次工業革命發生了更加巨大的變化，一方面，使得傳統工業更加機械化、自動化，降低了工業成本，改變了整個社會生產的運作模式，逐步轉向規模化生產；另一方面，工業不再局限於簡單機械，原子能、航天技術、電子計算機、人工材料、遺傳工程等具有高度科技含量的產品和技術得到了日益精進的發展。以互聯網為信息技術的發展和應用幾乎把地球上的每個人都聯繫了起來。

- **工業革命 4.0（21 世紀初至今）**：融合創新技術帶來智能化。以人工智能、無人駕駛、清潔能源等為代表，我們進入智能化時代。第四次工業革命的時間比較模糊，到今日，第四次工業革命的成就尚未覆蓋第三次工業革命的規模，我們現如今應處於第三次工業革命到第四次工業革命的過渡期。未來物聯網技術和大數據在第四次工業革命中承擔核心技術支持，越來越多的機器人會代替人工，推動人類社會從「信息化」向「智能化」轉變。

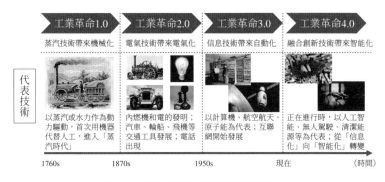

圖 2-1　從工業革命 1.0 到工業革命 4.0

在工業化的浪潮中，在第二次工業革命之後，隨着計算機和信息技術的發展，人類逐步進入了互聯網時代，這是一次全新的革命，我們可以稱之為互聯網變革的開端。互聯網發展至今，近 50 年的技術迭代主要包括 PC 互聯網與移動互聯網兩個階段。

- **互聯網革命 Web1.0（約 1970 年起）**：計算機普及帶來 PC 互聯網。雖然 1946 年第一台電子計算機問世，但早期的計算機體積龐大、價格昂貴，只在特定領域使用。直到 1971 年首款個人計算機才誕生，開創了微型計算機的新時代，應用領域從科學研究、政府機構逐步走向家庭。隨着計算機技術的成熟，20 世紀 90 年代是互聯網大發展的時代，包括萬維網誕生，諸多瀏覽器問世，Google、搜狐、新浪、騰訊、阿里巴巴等互聯網公司成立。同時個人計算機廣泛普及，人們的生活不再只局限於現實世界，也增加了一個虛擬網絡世界。

- **互聯網革命 Web2.0（約 2000 年起）**：4G 加速移動互聯網發展。回顧移動通信技術的發展歷程，從 20 世紀 80 年代的 1G 開始，基本保持了每十年一代的發展規律。2G 實現了數字通信，手機出現；3G 奠定了移動互聯網的基礎，新聞客戶端、手機遊戲得到發展，在此階段的 2007 年，第一代 iPhone 發佈，智能手機開始加速普及；4G 驅動移動互聯網大發展，2010 年之後的十年，是

移動互聯網的黃金十年，移動互聯網在很多方面進一步顛覆人們的生活、體驗、價值認知，如社交、網絡購物、線上生活服務等，同時成就了一批新互聯網巨頭，如 Facebook、Twitter（推特）、騰訊、阿里巴巴、字節跳動等。

- **互聯網革命 Web3.0（約 2019 年起）：**5G 孕育着下一輪新技術革命。2019 年可能是互聯網變革史上最為深刻的一年，無論是 5G、人工智能等技術突破，還是地緣政治衝突、中美科技博弈，都預示着下一個互聯網時代的機遇與挑戰。各大國着力發展 5G，2019 年 10 月中國 5G 商用正式啟動。5G 正在成為大國科技競爭的制高點，孕育着下一輪新的技術革命。從技術層面看，未來更加先進的人工智能、大數據、雲計算等都將圍繞 5G 產生變革，而 5G 也將實現真正的萬物互聯，促進「互聯網」向「物聯網」升級。

通過回溯工業與互聯網這兩大變革對人類發展進程的影響，我們認為互聯網充分發揮了先進生產力的工具作用，且這一工具的作用到今日越來越突顯，加速了人類進步的速度。

圖 2-2　從互聯網革命 Web1.0 到互聯網革命 Web3.0

　　工業革命帶來了蒸汽機，帶來了電力，以及各類先進的技術，
人類在工業革命後步入發展快車道。在政治層面，工業革命推動了現
代國家的誕生，即現今的全球政治、經濟格局實質上是由工業革命締
造的。

　　在 20 世紀 90 年代，互聯網興起之時，大多數人並沒有將互聯
網革命提到與工業革命同等的地位，原因在於當時的互聯網還沒有
到影響全球格局的層次，而是傾向於認為互聯網作為一種技術整體
上仍處於工業社會的框架之下，其主要作用是提升工業生產效率，
但並不會對工業時代的模式體系產生根本影響。

　　但互聯網革命的意義，可能並不亞於 200 多年前的第一次工業
革命。從工業革命 1.0 開始，工業革命改變全球格局花了 200 多年

的時間，而互聯網誕生至今才 50 多年，已經深刻顛覆人類生活、生產的方方面面，其中互聯網充分發揮了新的先進生產力的工具作用。最直觀的體會就是智能手機帶給我們生活的便利，充分將各類信息數字化。一部手機不僅能實現最基本的實時交流功能，還可以整合生活、學習、工作和娛樂等多項需求。在互聯網革命的影響下，工業時代以來產生的全球經濟格局和社會生產結構，都在被重塑。

互聯網第一次將經濟發展的重點擴展至「人」的身上。工業革命爆發後的近 200 多年來，經濟發展的側重點都集中於生產力的提升，而不是強調以人為中心，如工業 1.0 的蒸汽機、2.0 的電力、3.0 的計算機。雖然計算機是與當下聯繫最緊密的創新，但計算機直到 20 世紀 90 年代才開始大範圍普及。我們認為互聯網革命是真正意義上把經濟發展的重點從原來對生產的關注擴展至對「人」的關注。人類有了互聯網特別是移動互聯網之後，生活的內容和體驗獲得極大提升，尤其是在視（文字、圖片、視頻、直播）、聽（音頻）領域，互聯網令發展機遇在不同的社會階層之間實現了更扁平化的延伸。

未來互聯網革命終究會影響全球經濟競爭格局。在工業時代，以及對 3G、4G 時代的技術主導權一直掌握在西方國家手中，中國錯失了發展機遇。但到了 5G 時代，全球競爭格局開始發生改變，中國在 5G 建設領域已經與西方發達國家站在同一起跑線上，已經湧現出一批優秀的科技企業，如全球領先的華為 5G 基建設備。

二

互聯網未來的進化方向是甚麼

　　歷次互聯網的迭代都伴隨着新硬件的出現，PC 互聯網時代的硬件是個人計算機，移動互聯網時代的硬件則主要是以手機為代表的便攜式移動設備。在移動互聯網發展早期，彼時手機還有多種按鍵設計，各手機廠商還推出很多外形不同的手機。2007 年第一代 iPhone 的發佈，一改之前諸多按鍵的設計，宣告着進入智能手機時代，但智能手機經過 14 年的發展，直到今天仍沒有太大的變化，無非就是屏幕更大、「劉海」更窄、電池續航更久，甚至各手機廠商所生產的手機從外形上來看都很相似。

　　移動互聯網發展至今，被大規模使用的手機這一硬件並未發生根本性變化，那麼誰來取代手機成為下一代互聯網的硬件載體？既然互聯網的迭代是跟着硬件走的，那我們從新硬件的角度出發，去看未來有哪些硬件可以取代手機。目前市場至少已經有四種新硬件出現：智能電車、XR 設備、馬斯克的星際運輸系統以及智能機器人。

　　以上四種新硬件既有共同點也有不同之處，相似之處是它們都更加的智能化，本質上都是融合了系列新技術，比如人工智能；不同之處在於，四種新硬件指向了未來互聯網可能的幾條出路：

- 智能電車 —— 指向人的生活場景的智能化；
- XR 設備 —— 指向元宇宙，或者說包含了現實物理世界的虛擬集合；
- 馬斯克的星際運輸系統 —— 指向火星，脫離地球；

- 智能機器人 —— 指向智能生活的方方面面。

　　從嚴格意義上來說，其中智能電車和智能機器人指向的是同一類出路，智能電車的本質並不是汽車，而是帶輪子且可以跑的智能手機。我們預計未來智能電車在硬件上也會越來越相似（類似手機的迭代），而汽車廠商們主要競爭點在於軟能力。如果從時間和空間兩個維度來看，智能電車和智能機器人對人的改變並不大，就如同智能手機代替過去用的計算機，而現在智能電車和智能機器人又將其取而代之。

　　而馬斯克的星際運輸系統主要是從突破空間限制的維度，去思考人類未來生存方式，甚至是思考未來人類命運的走向，距離真正實現還太遙遠。

　　目前來看，XR 設備是最被業界寄予厚望的，有望取代手機成為下一代被規模化使用的新硬件。而 XR 所指向的元宇宙，在時間和空間的維度上都有一定的探索。也就是說，元宇宙相對於互聯網的迭代，是除了發揮互聯網的工具功能之外，使我們整個的感官體驗實現全面的數字化。

　　因此，從新硬件演變的角度看，站在當下，我們認為互聯網的未來出路之一，即為元宇宙。

第二節
元宇宙本質：
所有感官體驗的數字化

一

元宇宙在時空維度上
着力於感官體驗的仿真

從莊子到馬斯克

既然元宇宙是囊括了「現實世界」與「虛擬世界」的一個更大集合，這背後還有幾個關鍵的問題需要思考 —— 甚麼是虛擬？甚麼是現實？虛擬與現實是甚麼關係？虛擬與現實之間的無縫切換是基於甚麼？

在人類歷史上，有許多中西方的哲學家，都對虛擬、現實以及二者之間的關係問題進行過探討，這也成為理解元宇宙本質的思想源泉。

（1）莊子：莊周夢蝶

「莊周夢蝶」典出《莊子・齊物論》：「昔者莊周夢為胡（通「蝴」）蝶，栩栩然胡蝶也，自喻適志與！不知周也。俄然覺，則蘧蘧然周也。不知周之夢為胡蝶與，胡蝶之夢為周與？周與胡蝶，則必有

分矣。此之謂物化。」故事的大意是，莊子有一天做夢。夢見自己變成了蝴蝶，栩栩如生，然而夢醒之後發現自己還是莊子。於是莊子疑惑，究竟是莊子在夢中變成了蝴蝶，還是蝴蝶在夢中變成了莊子？

「莊周夢蝶」是莊子藉由其故事所引出的一個哲學論點 —— 人如何認識真實，作為認識主體的人究竟能不能確切地區分真實和虛幻？如果夢足夠真實，人沒有任何能力知道自己是在做夢。同時，針對這個問題，莊子也闡述了自己的觀點，即「物化」思想。「物化」是莊周哲學中一個非常重要的觀點，說的是一種「泯除事物差別、彼我同化」的精神境界。

在一般人看來，一個人在醒時的所見所感是真實的，夢境是幻覺，不真實的。莊子卻不以為然，認為醒是一種境界，夢是另一種境界。也就是說，夢幻就是現實，現實就是夢幻。

（2）笛卡爾：惡魔假設 [1]

關於「我」與「存在」的問題，笛卡爾提出了自己的思想實驗 ——「笛卡爾的惡魔」。假如有一個惡魔，它可以任意修改並欺騙我們的五感，如果我們所看到的、所聞到的、所聽到的、所嚐到的、所摸到的，都可以被這個惡魔修改，那麼我們應該如何確定現在的我們，是否正在被這個惡魔欺騙呢？如果我們不可避免地被惡魔所欺騙，我們無法分辨出現實是惡魔創造的幻象還是真實，那麼，有沒有甚麼事物是可以確定為真實存在的呢？

我們如何分辨自己是否被惡魔欺騙，或者說我們是否生活在真

---

[1] 楊帆 Ocean。莊周的蝴蝶與笛卡爾的惡魔[Z/OL]。(2019-08-09)，https://zhuanlan.zhihu.com/p/76675953。

實世界之中，而不是生活在幻象之中？我們可能對此無法確知和確證。但與此同時，笛卡爾也給出了他的思考，如果說這個世界上的一切生命、一切現象、一切存在都值得懷疑的話，那麼在懷疑外界的過程中，有一件事是我們唯一可以確定以及肯定的，那就是「我們」在思考，一切的懷疑都源自「我們」的思考，既然「我們」正在思考，這也說明了「我們」一定是存在的，否則是甚麼東西在思考呢？故謂之：「我思故我在。」

（3）普特南：缸中之腦

現代醫學的發展證明，人類對於周圍環境的感受以及內心思想和意識，均是來自神經元之間的電信號傳遞。有研究結果表明，只要給大腦的某個區域施加某種電信號，即使沒有甚麼事發生，大腦也會作出相應的反應。在這個研究的基礎上，美國著名哲學家希拉里・普特南（Hilary Putnam）1981 年在其出版的《理性、真理與歷史》（*Reason, Truth and History*）一書中，提出了著名的「缸中之腦」假想[1]。

「一個人（可以假設是你自己）被邪惡科學家施行了手術，他的大腦被從身體上切了下來，放進一個盛有維持腦存活營養液的缸中。腦的神經末梢連接在計算機上，這台計算機按照程式向腦傳送信息，以使他保持一切完全正常的幻覺。對於他來說，似乎人、物體、天空都存在，自身的運動、身體感覺都可以輸入。這個大腦還可以被輸入或截取記憶（截取掉大腦手術的記憶，然後輸入他可能經歷的各種環境、日常生活）。」不論是視覺、聽覺、痛覺還是思

---

① ［美］希拉里・普特南。理性、真理與歷史［M］。 童世駿，李光程，譯。上海：上海譯文出版社，2005。

119
緊抓元宇宙本質

維，最終都是通過電信號交由大腦處理的，因此這個大腦極有可能完全不知道自己是被控制的，而是認為自己就是在實實在在地活着。

這個假想提出了一個最基本的問題：「你如何擔保你自己不是在這種困境之中？」普特南和許多思想家都對我們是不是「缸中之腦」做出了邏輯論證，但論證之外更重要的是，讓我們思考「虛幻與現實的關係」。

（4）馬斯克：矩陣模擬假設 [1]

馬斯克曾在不同場合提到過「矩陣模擬假設」（Matrix-style Simulation）。矩陣模擬假設的基本邏輯是：「人類出現在地球上的歷史才不到一萬年，而宇宙已有將近 140 億年的歷史，所以這段時間足夠宇宙中許多其他文明興起，且達到了非常高級的程度。更古老、更高等的文明很有可能就是我們的造物主。從統計學角度看，在這麼漫長的時間內，很有可能已經存在一個文明，且找到了非常可靠的模擬方法。這種情況一旦存在，那麼他們建立自己的虛擬多重空間就只是一個時間問題了。」馬斯克認為，我們生活的所謂「現實」，很可能是更高級文明創造或模擬出來的，人類文明很可能與遊戲一樣，是許多模擬文明中的一部分。

矩陣模擬假設是隨着計算機技術的興起而出現的，其基本含義是「我們所處的這個現實世界，其實是一種更高智能的計算機模擬而成的，正如我們現在通過計算機的數字技術，來模擬現實世界從而製造一個數字世界一樣」。

除了以上所提到的莊周夢蝶、笛卡爾的惡魔假設、普特南的缸

---

[1] 網易。馬斯克：人類極有可能活在更高文明模擬的矩陣遊戲中[Z/OL]。（2021-10-17）。https://www.163.com/dy/article/GMGLA7CQ05520JWQ.html。

中之腦假想之外，還有諸如印度教的摩耶、柏拉圖的「洞穴寓言」等，都對關於虛擬與現實的關係問題進行了思考，甚至有一些科幻小說和電影也在探索虛擬和現實的問題，如電影《黑客帝國》、《異次元駭客》、《盜夢空間》、《源代碼》等，以及 2021 年上映的電影《失控玩家》。

在《黑客帝國》中，當 Neo 第一次拔掉身上的管子並見到這個荒誕的現實世界之前，Morphis 拿出了兩顆藥丸，若吃掉藍色藥丸，這所謂的「現實」都只是南柯一夢，可以繼續回到 Matrix 中過自己朝九晚五的生活；如果吃掉紅色藥丸，則夢會醒來。

電影《盜夢空間》所描繪的一些場景也像極了莊子的觀點。主演小李子去招募藥劑師的過程中，來到了藥劑師的地下暗室，發現有很多人在這裏睡覺，或者說做夢。於是小李子便問道：「他們每天來這做夢嗎？」管理員回答說：「不，他們是為了醒來，夢境已經變成了他們的現實，誰又能說不是呢？」當夢境如現實同等真實的時候，夢境是否就是一種真實呢？反過來說，我們又如何確定我們的真實不是一個夢境呢？

虛擬與現實之間的無縫切換，基於元宇宙在時空維度上，着力於感官體驗的仿真 —— 若感官體驗在虛擬與現實中幾乎無差異，虛擬與現實的差異就只限於概念與詞語了。

二

元宇宙在投資脈絡上
協力於「所見即所得」

　　前面我們列舉了莊子、笛卡爾、普特南、馬斯克的案例，了解到先哲以及科技大咖對於「甚麼是虛擬、甚麼是真實？」的思考。我們發現這裏面有一些共性，即系列假說大多圍繞人的「體驗」去論述，如「栩栩然」、「五感」，還有的指向更高的文明和數字化。這有助於我們去理解元宇宙的本質 —— 所有感官體驗的數字化，感官體驗高度仿真後，虛擬與現實的差異性愈發模糊，虛擬世界中所見到的，即能感官體驗到的，既然能感官體驗到的，與現實物理世界中真正擁有 / 所有 / 所得的就沒實用上的差異了 —— 所見即所得！

　　從元宇宙的定義與本質出發，元宇宙投資須緊密圍繞且協力於「所見即所得」。所見即所得有兩層含義：一是元宇宙中人的感官體驗的高度仿真，「仿真」的「真」並非要與我們在現實世界一樣，而是要在體驗上和「真」的一樣，所見到的 / 感受到的如同所有的 / 得到的；二是元宇宙中的所有體驗，能與現實世界互通，這樣意味着不再特意去區分人是在虛擬世界還是現實世界的體驗，人想在哪個世界體驗，就願意停留在哪個世界。就像電影《盜夢空間》中，就有多重夢境的設計，其中許多人願意停留在夢境的世界。

　　從互聯網到元宇宙，人的體驗越來越高級、真實，元宇宙將作用於人的三個維度，即時間、空間、體驗，在技術上實現了人的感官體驗的數字化。

　　以前的體驗容易區分虛擬的還是現實的，而元宇宙中唯一「真

實」的只有感觀體驗。元宇宙發展成熟的標誌，是使人達到數字化的「真實」體驗，這裏的「真實」，是指沉浸式的真實體驗。在元宇宙中，不管我們是身在虛擬世界還是現實世界，只要體驗是沉浸式的，就不用去區分是虛擬的還是現實的。

以前的技術實現的是視覺和聽覺的仿真，而元宇宙是全面感官的仿真。人能接收到信息的途徑無外乎視覺、聽覺、觸覺、嗅覺、味覺，移動互聯網從視、聽兩個維度，實現了人的感官數字化，而未來的元宇宙將能從五感維度實現人的感官數字化。

互聯網在空間上仍是二維呈現，而元宇宙在空間上則是三維呈現。移動互聯網在 PC 互聯網的基礎上，擴展了時間與空間的廣度，即移動設備的可移動性使得人們能隨時隨地獲取信息，但此時的空間呈現仍是以二維為主。而元宇宙則從空間的維度，更強調感官體驗的全面跟進，用戶的感官體驗得以高度仿真，當下互聯網的平面功能將被三維立體化在元宇宙中呈現。

感官體驗在元宇宙中的高度仿真，即元宇宙作用於人的三個維度 —— 時間、空間、體驗。元宇宙的投資，不論涉獵於哪個版圖，其使命都是協力於此，人的感官體驗高度仿真化後，元宇宙中的所見即可所得。

決勝元宇宙投資

03

元宇宙，小則是一個全新的虛擬世界，大則囊括現實物理世界。作為一個新產生的存在，它的發展必然不會像現實物理世界一樣，一切秩序與規則都須從無到有、以億萬年為單位來進化。現代的我們直接入住進去，人類歷史發生過的事件會在元宇宙再發生一遍嗎？

　　或許像電影《黑客帝國》中描述的那種虛擬空間，人們可以在頭部後面植入腦機接口，連接到虛擬空間……那樣的話，元宇宙一定不是互聯網的簡單升級！

第一節
第三次計算文明，數據洪流帶來的計算架構升級

伴隨着每一次交互的改變，現代科技將計算平台升級。一般人會把個人計算機和互聯網認為是最早的計算平台，人類藉此拿到了進入數字世界的鑰匙。手機和移動互聯網緊隨其後，形成了第二波信息科技浪潮，打開了人類進入數字世界的大門。現在正處於 VR/AR（信息技術 / 信息與通信技術）眼鏡、智能耳機等穿戴設備取代手機這一信息平台的交互式升級中，而元宇宙就是下一代計算平台 —— 新硬件帶來感官增強、數據洪流帶來計算架構的升級。

三次計算文明變革及其帶來的用戶體驗升級如下：

- 第一次計算文明 —— 個人計算機 + 互聯網 = 信息數字化；
- 第二次計算文明 —— 智能手機 + 移動互聯網 = 視聽數字化→人的關係數字化；
- 第三次計算文明 —— XR+ 元宇宙 = 人的體驗數字化。

呼應《元宇宙通證》對 IT 與互聯網的回溯，我們用計算文明這根銜接主線，即信息化、數字化、數智化，串聯起各個發展階段。我們先回溯了 85 年的計算文明，再聚焦至具體的關鍵節點，其中數字化是銜接中樞，數字化前承信息化，後啟智能化。IT 與互聯網的融合發展結果，首先是信息的數字化（信息化），然後是人的關係數字化（數字化），最後是人的體驗數字化（數智化）。

IT 技術最早發源於半導體，然後發展出計算機、通信網和互聯網，進而演進到現在的人工智能、XR、雲計算、大數據、物聯網、工業互聯網、區塊鏈、量子計算等。《元宇宙通證》將 IT/ICT（信息技術 / 信息與通信技術）劃分為四大階段：

- 半導體時代（1833—2005 年）；
- 計算機時代（1936—2010 年）；
- 通信與互聯網時代（1980—2018 年）；
- ABCD 大時代（2011—2020 年）。

互聯網是個一直在快速發展演變的複雜綜合體，從不同歷史時期和不同層面，可以有不同的劃分階段。一部互聯網史就是一部人類擴展網絡互聯的文明史。在技術、商業、政府和社會的互動與博弈中，互聯網發展之路，既是時代的必然，也充滿了偶然。《元宇宙通證》將互聯網劃分為四大階段：

- 互聯網基礎設施建設時期（1969—1993 年）；
- PC 互聯網時期（1994—2010 年）；
- 移動互聯網時期（2007—2017 年）；
- 元宇宙時期（2021 年—）。

1. 半導體時代（1833—2005 年）：奠定三次計算文明的基礎

20 世紀是科學技術突飛猛進的 100 年，原子能、半導體、激光、電子計算機被稱為「20 世紀的四大發明」，而後三者的發明彼此密切相關。其中，半導體材料的發明對 20 世紀的人類文明影響巨大。

從 1833 年英國科學家巴拉迪首先發現硫化銀材料的半導體現

象，到 2005 年全球半導體產業舵手張忠謀卸任台積電 CEO，半導體已經成為必不可少的底層材料。時至今日，幾乎所有電子產品與計算機組件裏都有半導體的存在。可以說，半導體為三次計算文明（PC 互聯網、移動互聯網、元宇宙）奠定基礎。

2. 計算機時代（1936—2010 年）：個人計算機從無到逐漸普及

IT 發展初期的計算平台以服務器與台式計算機為主，主要供大型機構使用，後個人計算機逐步普及。20 世紀 60—70 年代，IT 行業處於大型機階段，該階段主要由 Burroughs、Univac、NCR、Control Data、Honeywell（霍尼韋爾）等公司統治；20 世紀 80 年代，DEC、IBM、Data General、Prime 等公司崛起，小型機如雨後春筍般快速湧現。

20 世紀 90 年代，IT 行業進入個人計算機時代，Microsoft、Intel、IBM、Apple 等公司成為行業領軍者；同時伴隨技術進步，IT 行業迎來軟件大爆發，Office 辦公軟件、金山詞霸等軟件快速普及，為生產、工作、生活提供便利。

2010 年，Apple 發佈第一台 iPad，既填補了 Apple 在智能手機和筆記本電腦之間的真空地帶，又提出了靈活自如的操作系統解決方案，標誌着個人計算機時代的臨界點到來，此後智能手機、平板電腦等移動終端迅猛興起。

3. 互聯網基礎設施建設時期（1969—1993 年）：軍轉民之前

互聯網的基礎設施建設，起初由政府出資，主要面向軍事研究，網絡規模和用戶規模小，數據傳輸速率低。

從 20 世紀 70 年代末開始，即使當時的互聯網還沒有商業可行性，卻實現了令人難以置信的增長速度。後來，1G、2G、3G、4G、5G 等系列通信網絡的發展，TCPP、HTML、MIME、WWW 等一系列協議、標準、產品的創建，才為互聯網的迅速普及真正掃清了障礙。

4. PC 互聯網時期（1994—2010 年）：互聯網技術社會化啟用

互聯網技術社會化啟用階段始於 1994 年。1994 年，美國克林頓政府允許商業資本介入互聯網建設與運營，互聯網得以走出實驗室進入面向社會的商用時期，開始向各行業滲透。這也是中國互聯網發展的起步階段。1994 年 4 月，中關村地區教育與科研示範網絡工程進入互聯網，這標誌着中國正式成為有互聯網的國家。之後，ChinaNet（中國公用計算機互聯網）等多個互聯網絡項目在全國範圍相繼啟動，互聯網開始進入公眾生活，並在中國得到迅速發展。在有了基礎建設的普及後，越來越多的人需要上網，於是 PC 終端被大量普及。此時，互聯網的主要作用為連接人與人以及獲取資訊。Web2.0 更注重用戶的交互作用，用戶既是網站內容的瀏覽者，也是網站內容的製造者。

1999 年是互聯網史上最瘋狂的一年。1998 年到 2001 年期間，埋設在地下的光纜數量增加了 5 倍。全美 70% 以上的風險投資湧入互聯網，1999 年美國投向網絡的資金達 1 000 多億美元，超過以往 15 年的總和，IPO（首次公開募股）籌集的資金超過了 690 億美元，是有史以來融資額第二大的年份。那一年美國 457 家完成公開上市的公司當中多數與互聯網相關，其中 117 家在上市首日股價翻番。美國有史以來 IPO 開盤日漲幅前 10 大的交易中有 9 椿是發生

在這一年。在當年，美國 371 家上市的互聯網公司已經發展到整體市值達 1.3 萬億美元，相當於整個美國股市的 8%。

5. 通信與互聯網時代（1980—2018 年）：智能移動設備從無到逐漸普及

20 世紀 80 年代，1G 正式進入生活，此後 30 年間，通信技術不斷迭代至 5G，信息傳達也從文本、圖片，升級至音頻、視頻、直播。在 3G 時代，網絡基礎設施較完善、用戶容量較大，同時觸屏操控、支持各類應用軟件的智能手機不斷更新面世。在 4G 時代，網絡下載速度提升，網絡資費大幅下降；網絡視頻、遊戲等快速興起，移動支付、電子商務快速普及。在 5G 時代，網絡時延進一步降低至毫秒級。

移動互聯時代，智能移動設備的出現使得網絡用戶數量及上網時間大幅增長，獲取和產生信息的端點數量和交互頻率大幅增加，聯網的空間和場景變化多樣，並由此衍生出豐富多樣的應用程式，滲透至日常生活的方方面面，產生的數據量也以幾何級數快速增長。與大數據相適應的雲計算應運而生，形成以數據中心為基礎設施平台的 IaaS（基礎設施即服務）、PaaS（平台即服務）、SaaS（軟件即服務）三層雲計算架構。

6. 移動互聯網時期（2007—2017 年）：重塑互聯網發展路徑

移動互聯網改變了互聯網發展路徑，手機取代 PC 正如移動電話取代固定電話。在以 iOS 和 Android（安卓）為代表的智能手機操作系統誕生前，互聯網的發展一直受制於 PC 的滲透率。移動互聯網時代可以分為兩個階段：2007 年前和 2007 年後。2007 年以前是

通信技術相對落後的年代，隨着通信技術的進步，網速和帶寬問題的解決為 2007 年後的大時代提供了無限可能。2008 年後，移動寬帶接入開始加速增長，2011 年智能手機銷量超越 PC 銷量，達 47 億部。

　　視聽內容全面爆發，人的關係（社交關係）部分實現了數字化。圖文、視頻、音頻是視聽消費的主要內容形式。圖片和文字是內容消費早期的形式，隨着移動互聯網的快速發展，視頻和音頻逐漸成為內容消費的主要形式。圖文形式以微博為代表，主要有新聞資訊類、專業資訊類、文學類、漫畫類等內容，其中新聞資訊類的平台用戶集中度較高，平台間差異化程度也相對較低，而專業資訊類的平台瞄準細分市場，平台內容特色分明。圖文內容到如今的模式成熟，豐富多元，盈利穩定，具有知識性、娛樂性雙重特徵，圖文形式的內容平台逐漸向綜合性的、多維度的付費平台發展。視頻包括長視頻、短視頻和直播，其中長視頻三大頭部平台聚焦 IP 內容，具有原創的獨特優勢；短視頻和直播流量大，廣告重，變現快。短視頻領域競爭激烈，模式新，增速快，目前已告別野蠻生長，規範健康化發展。用戶流量爆發式增長至今，獨立用戶數已達 5.08 億，佔國內網民總數的 46%，使用時長無限逼近長視頻，成為第三大移動互聯網應用。音頻和圖文、視頻相比，具有多場景兼容的優勢，基於更多的場景佔據了用戶越來越多的時長，未來也將逐漸成為內容消費的主流形態之一。音頻行業以內容付費促進內容生產，質高價優，用戶付費前景依然廣闊。內容形式多元化，承載渠道多樣化，音頻的全場景發展優勢在「屏」越來越多、終端越來越多的時代，相對穩定的競爭優勢非常明顯。用戶需求驅動互聯網內容行業繁榮，在內容供給端，不同的內容展現形式與不同的用戶定位相結

合，誕生出豐富多樣的視聽產品，同時地滿足了用戶的社交需求。

7. ABCD 大時代（2011—2020 年）：網絡化、智能化成為發展重點

A：AI（Artificial Intelligence），人工智能；B：Blockchain，區塊鏈；C：Cloud Serving，雲服務；D：Big Data，大數據。網絡化、智能化成為發展重點，更加關注數據和信息內容本身。

這一階段，不僅強調信息技術本身的進步與商業模式的創新，且重視將信息技術融合至社會與經濟發展的各個行業，推動其他行業的技術進步與行業發展。

8. 元宇宙時期（2021 年— ）：

移動互聯網時代的熱潮尚未退去，產業互聯網、物聯網、區塊鏈、元宇宙一浪高過一浪的大潮就迫不及待地掀起。人類過去所有時代的數據總和，都比不上互聯網時代產生的數據體量，信息的爆炸性增長催生了很多與之息息相關的技術，如：大數據、雲計算、區塊鏈、人工智能等。隨着 BIGANT[B（區塊鏈）、I（交互）、G（遊戲）、A（人工智能）、N（網絡）、T（物聯網）]這六大技術領域的快速發展，虛擬世界和真實世界共生的元宇宙大門已經打開。

從其革命性來講，元宇宙甚至都不應僅被當作下代互聯網，而應當作下一代人類文明。

第一次計算文明：個人計算機 + 互聯網 = 信息數字化（1995—2010 年）

　　個人電腦從無到廣泛應用，PC 互聯網的逐步普及，催生出第一次計算文明，以信息數字化為顯著特徵。信息數字化即信息化，解決的是數據映射問題，是對現實世界（即企業的存在配置、資源存流、運營狀態、外部聯通）實現數據映射的集合。感知、採集、識別判斷、指令傳遞、動作控制、反饋監測均處於數據層面，與人類的關係是只有數據界面交互，所有語義內容均為人為定義、解讀、賦予含義，信息系統只是傳遞、運算、執行單元。

　　PC 信息互聯網的到來以雅虎的創立為標誌。雅虎模式是傳統的門戶模式，1997—2002 年的互聯網主要還是被人們用於獲取新聞信息及便捷地聯繫世界各地的朋友或客戶。在那之前人們主要是從報紙、廣播及電視上獲取信息，而這些傳統的媒介一直都有先天的缺陷，致使信息傳播的速度和廣度都大打折扣。與此同時，經濟高速發展，人們對信息的需求陡增，傳統的媒體再也無法滿足人們日益增長的信息需求，這時候雅虎應運而生。在中國，當時也出現了幾家效仿雅虎的門戶網站，如新浪和搜狐。

　　Google 所代表的時代正是 PC 搜索的時代。以 Google 為代表的搜索引擎模式在一定程度上解決了信息獲取問題。搜索時代主要介於 2002—2007 年之間，Google 超越雅虎成為世界上最大的互聯網公司。在搜索階段，中國對應的代表則是百度，百度自上線以來憑着本地化的運營佔領了中國近 80% 的市場份額，並一舉成為全

球最大的中文搜索引擎。

在消費互聯網時代，電子商務巨頭 Amazon 和阿里巴巴是兩顆耀眼的明星，而 Facebook、Twitter、YouTube（優兔）、Groupon（高朋）則是另外幾個為人所熟知的代表。消費互聯網的革命性就在於，它一方面徹底顛覆了信息的傳播方式，使之更為人性化，另一方面又為人的生活提供各種各樣的便捷。首先，Facebook 和 Twitter 讓媒體向社會化轉型，人們在圈子裏相互分享，個人可以成為一個電台、一個媒體，人們在圈子裏推薦有價值和意義的新聞，而不必糾結於搜索引擎帶來的龐大信息海洋。其次，人們足不出戶通過互聯網服務便享受到電子商務所帶來的便捷，甚至能以超低的價格購買到此前夢寐以求的商品，這是門戶網站所無法給予的，也是搜索引擎所不能提供的。中國這個時期湧現的互聯網服務代表有淘寶、京東等。

二

第二次計算文明：智能手機＋移動互聯網＝視聽數字化（2010—2018 年）

隨着智能手機的廣泛應用和移動互聯網的高速發展，催生出比第一次計算文明更加繁榮的第二次計算文明。人的關係數字化是真正意義上的數字化，也是信息化與智能化的中間地帶。數字化開始解決語義層的問題，不僅實現了信息化，而且在識別、採集數據底層已經設計、賦予了語義內容，並且在算法上植入了包括自然語言理解、智能識別、自組織、自尋優等智能，使得系統的識別判斷、

指令傳遞、動作控制、反饋監測都具備了一定程度的語義內容，特別是可與人類雙向語義互動了。

2007 年，重回 Apple 公司的喬布斯發佈了第一代 iPhone，標誌着移動互聯網時代的開啟。iPhone 帶來了更加友好的瀏覽界面、更加快速的網絡體驗以及多種多樣的移動應用軟件。應用多元化時代到來，互聯網加速走向繁榮。開心網、人人網等社交網絡服務（Social Networking Service, SNS）網站迅速傳播，SNS 網站成為 2008 年的熱門互聯網應用之一。2009 年，微博的上線終結了博客的市場主導時代，改變了信息傳播的方式。微博作為繼門戶網站、搜索引擎之後的互聯網新入口，實現了信息的即時分享，吸引了社會名人、娛樂明星、企業機構和普通網民加入，成為 2009 年的熱點互聯網應用。

2010 年，Apple 公司發佈了第四代手機 iPhone 4，這是結合照相手機、個人數碼助理、媒體播放器以及無線通信設備的掌上設備。中國工信部數據顯示，截至 2011 年底，中國 3G 用戶達到 1.28 億戶，全年淨增 8 137 萬戶，3G 基站總數 81.4 萬個。此外，三大電信運營商加速了寬帶無線化應用技術（WLAN）的建設。截至 2011 年底，全國部署的無線接入點（無線 AP）設備已經超過 300 萬台。3G 和 WiFi 的普遍覆蓋和應用，推動中國移動互聯網進入快速發展階段。

2011 年，中國互聯網大公司紛紛宣佈開放平台戰略，改變了企業間原有的行業運營模式與競爭格局，競爭格局正向競合轉變。4 月 12 日，百度應用平台正式全面開放；6 月 15 日，騰訊宣佈開放八大平台；9 月 19 日，阿里巴巴旗下淘寶網宣佈開放平台戰略。同年，微信上線，並開啟「病毒式」傳播使用；第一代小米手機發佈，

開啟手機 B2C 互聯網直銷時代。

隨着科學技術的發展，「互聯網＋」階段也悄然拉開序幕。利用信息和互聯網平台，使得互聯網與傳統行業進行融合；利用互聯網具備的優勢特點，創造新的發展機會。天貓商城、喜馬拉雅、今日頭條、有讚、猿輔導、每日優鮮、陸金所、拼多多、得到等多領域名企應運而生，互聯網再次深入人們生活的方方面面。

2013 年，第四代移動通信系統（4G）出現，促使 2014 年成為中國移動互聯網的元年，以視頻直播及短視頻為主的移動應用大規模湧現，視聽內容的數字化，部分滿足了用戶的社交需求 —— 部分數字化了人的關係（尤其是社交關係）。

三

第三次計算文明：XR＋元宇宙
＝人的體驗數字化（2021—）

所有感官體驗的數字化，是我們本書論述的元宇宙的本質。第三次計算文明一定是根植於元宇宙的本質，孕育於虛擬世界與現實世界相互影響、螺旋進步的土壤當中。數智化是由信息化到數字化的終極階段，這一階段解決的核心問題是人和機器的關係：信息足夠完備、語義智能在人和機器之間自由交互，變成一個你中有我、我中有你的「人機一體」世界。人和機器之間的語義裂隙逐步被填平，並逐步走向無差異或者無法判別差異。數智化是數字化的最終結果，是業務單元的智能、商業的智能和商業生態的智能。也就是數據一旦積累到一定程度，智能機器或業務單元才能被訓練出來，

自然而然達到了智能化水平。

　　元宇宙不單單是某一兩項技術的應用，需要將 VR/AR、5G 網絡、物聯網、人工智能、雲計算和區塊鏈等前沿技術進行深度融合。VR/AR 為用戶進入元宇宙提供了入口；5G 網絡保障接入的穩定性和全域覆蓋；物聯網推動海量機器接入元宇宙，並將極大豐富數據資源。VR/AR+ 元宇宙將共同協作開啟第三次計算文明，在前 23 年的互聯網巨頭建設好的基礎設施上，一定會有望出現新的技術、新的平台、新的商業模式，以及崛起新的巨頭。

　　隨着 BIGANT 這六大技術領域的快速發展，虛擬世界和真實世界共生的元宇宙大門已經打開。BIGANT 這六大技術領域已相繼進入拐點期，正迎來一系列重大突破和創新，元宇宙大發展的時期即將開啟。

　　物聯網是元宇宙的一大副產品。2005 年，國際電信聯盟發佈了《ITU 互聯網報告 2005：物聯網》，正式提出了「物聯網」的概念。2008 年 9 月，Google 推出 Google Chrome，以 Google 應用程式為代表、基於瀏覽器的應用軟件發佈，將瀏覽器融入了雲計算時代。2011 年，Apple 公司發佈了 iCloud，讓人們可以隨時隨地存儲和共享內容；2018 年，5G 第一階段的國際標準 Release5 制定完成。

　　物聯網是在 NB-IoT[1] 於 2018 年的進入，帶來了低功耗、大連接的技術，業界普遍的共識是 2018 年為中國物聯網元年。

　　物聯網是繼互聯網之後的另一個萬億級的市場，物聯網作為新技術的載體，未來的發展空間不會小於互聯網對社會的影響。

　　以 NB-IoT 為代表的移動物聯網發展已取得顯著成績，但從全

---

①　NB-IoT：基於蜂窩的窄帶物聯網，成為萬物互聯網的一大重要分支。

社會層面來看，物聯網的應用場景並不多，未來隨着爆款應用的出現，有望複製消費互聯網的正反饋式快速發展。

政策加持物聯網成為新時代的「新基建」，長期來看工業、智慧城市、醫療領域的眾多民生產業都極大可能採用物聯網技術。

第二節
元宇宙將成爲全球經濟活動的新蓄水池

在勢不可擋的技術趨勢下，攜手科技精英及技術人才的元宇宙將呈現活力四射的精神面貌，也將不可逆地成為全球經濟活動的新蓄水池。

一

元宇宙如何創造增量

元宇宙將打開巨大的市場空間。互聯網已經全面深刻地改變了全球大部分人的生產、生活和工作方式。當下的元宇宙，恰如 1994 年的互聯網，且元宇宙在未來 20 年帶來的變化預計將遠遠超過互聯網。虛實共生的元宇宙為人類社會實現最終數字化轉型提供了明

確的路徑，並與「後人類社會」產生全方位的交集，展現出了一個具有與大航海時代、工業革命時代、宇航時代同樣歷史意義的新時代。元宇宙的增量創造，我們預判首先是虛擬部分（數字化人的感官體驗）、其次是虛擬部分對現實物理世界的反向影響、最後是虛實相融的協同效應。

內捲競爭是存量市場飽和的結果，每一次人類新疆域的開拓都是從「存量市場」中發現「增量市場」的邏輯[①]。元宇宙本質上也會像過去幾千年的現實社會一樣，人類的所有努力，均是致力於使其繁衍生息、綿綿不絕。越深入了解元宇宙，越覺得它是哲學家、宗教學者詹姆斯‧卡斯描繪的「無限的遊戲」。在無限的遊戲中，沒有時間、空間，沒有終局，只有貢獻者，沒有輸者贏家，所有參與者都在設法讓遊戲能夠無限持續下去。正如他在《有限與無限的遊戲》（*Finite and Infinite Games*）[②] 一書中所說：「無限遊戲的參與者在所有故事中都不是嚴肅的演員，而是愉悅的詩人。這一故事永遠在繼續，沒有盡頭。」

「複雜系統性科學」發源地聖塔菲研究所的前所長、物理學家傑弗里‧韋斯特在《規模：複雜世界的簡單法則》（*Scale*）[③] 一書中，探討了生物、企業、城市的成長與消亡的週期問題。城市的興衰跨越數百年，而企業的興衰平均只有數十年。沒有任何一家企業的壽命能夠超越一座城市。其中一個最重要的原因就在於企業是一個

① 清華大學新媒體研究中心。2020—2021 年元宇宙發展研究報告[Z/OL]。https://mp.weixin.qq.com/s/CA73cnbBFeD60ABGzd2wIg,2021-09-16。

② [美]詹姆斯‧卡斯。有限與無限的遊戲[M]。馬小悟，余倩，譯。北京：電子工業出版社，2013。

③ [美]傑弗里‧韋斯特。規模：複雜世界的簡單法則[M]。張培，譯。北京：中信出版社，2018。

自上而下的封閉系統，以市場競爭為手段，以追求利潤最大化為目標，遵循邊際成本遞增、邊際收益遞減的規律，規模永遠是企業不可逾越的「邊界」；而城市則是一個開放、包容的系統，呈現出生態體系的特徵，城市的人口數量每增加 1 倍，公共配套設施只需要增加 0.85 倍，而知識傳播、工作崗位和創新能力，都會因為人群的集聚而成倍增長。元宇宙類似城市，遵循的是規模成本遞減、規模收益遞增的規律。

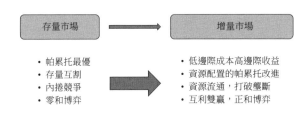

圖 3-1　從「存量市場」中發現「增量市場」

　　元宇宙會成為充滿活力與生產力的全球經濟活動的新蓄水池。《元宇宙通證》中提到，一方面，元宇宙是下一代網絡，本身孕育着萬億級的產業機遇，經濟規模將數倍於現實世界。另一方面，元宇宙作為人類高精尖技術的集大成者，將對現實世界現有行業加以改造賦能。

1. 元宇宙內：存在萬億級集羣的全新機遇，其經濟規模將數倍於現實世界

* **要素規模無限大。**土地、數據、技術、勞動力、資本這些要素在元宇宙中一方面複製現實世界，另一方面又創造出新的要素形態。比如元宇宙內的土地不僅具有現實世界的價值屬性，而且會

隨着元宇宙數字化的獨特性進一步提升。

- **消費頻率大幅提高。**在元宇宙內，產品和服務的唯一性和數字性、消費場景的獨特性和虛擬性、商業模式的創新性和快速迭代性，都將刺激消費者保持較高的消費頻次以滿足持續被激發的多樣化需求。

- **邊際成本趨零化。**在元宇宙內，提供產品和服務組織的生產成本與現實世界不同，數字特徵和技術特徵將會推動生產邊際成本接近於零（如用戶既是消費者，又是元宇宙的創作者），一般性經濟規律在元宇宙內可能會失效。

2. 元宇宙內的具體案例（萬億級集羣新機遇）

- **虛實共生服務**：利用物理建模、IoT 等，集成多學科、多維度虛擬仿真過程，完成實體空間在虛擬空間中的精準映射，通過虛實信息交互實現兩個空間資源的交互。

- **虛擬人生**：通過完全定製浸入式劇情，用一段時間體驗另一段知名人物或按需設定的人生，以劇本和故事為核心兼具社交屬性的沉浸式娛樂體驗。

- **虛擬自然環境**：利用激光雷達、圖像掃描、空間測量等技術捕捉真實森林景觀和動物，借助計算機生成視覺逼真的動態漫遊場景。

- **虛擬物品**：虛擬元宇宙世界裏衍生出來的物品，以裝備、武器等為代表，也包括虛擬生活中的各種物品。

- **虛擬角色**：端到端 AI 表演動畫技術與遊戲、影視特效相結合，配合雲端實時渲染技術，對虛擬角色形象及動作、表情予以高質量呈現，實時互動。

- **虛擬交通工具**：創建虛擬仿真交通體驗場景和交通工具，結合人機交互技術讓參與者身臨其境般融入虛擬交通環境中。

- **虛擬組織**：通過先進通信技術、現實模擬技術和各種物品、建築

MR 建立起模擬或升級版的現實世界去中心化組織。

- **虛擬戰爭服務**：在現有兵推軟件的技術上，基於元宇宙的無限資源、MR 的先進技術、數字模擬等的應用讓參與者身臨其境參與戰爭。
- **虛擬物種服務商**：建立在真實（或虛擬）地理信息系統下人工製造的生命體，是已有或新型物種，通過模擬物種對環境變量的響應關係，完成客戶需求。
- **虛擬旅遊服務**：利用數字存儲技術、MR 技術等構建在雲平台上的信息資源葷，通過全息投影，圖文並茂（圖片、動畫、視頻、音頻、虛擬環境）地模擬還原景點。

3. 元宇宙外：元宇宙可以賦能千行萬業，基於現有模式進行元宇宙化創新

元宇宙將會賦能所有產業，激發傳統產業的發展新動能，實現產業高質量發展。千行萬業的元宇宙化，其中最重要的是經濟體系、沉浸感、社交關係的代入。

- 一方面，元宇宙將會賦能現實世界的所有行業領域，基於現有商業模式進行元宇宙化創新，推動產業鏈和價值鏈升級；利用新技術、新理念創造出新的商業模式、新的客戶和新的市場。例如，作為元宇宙中的關鍵技術之一的區塊鏈，將構建打破原有身份區隔、數據護城河的基礎設施，通過智能合約打造新的經濟系統。
- 另一方面，現實世界的多個領域也需要通過與元宇宙發展的融合來進一步激發其發展潛力，釋放新的活力。有下列特徵的領域對元宇宙化的需求最為迫切：發展空間受限、企業資源可複用、現有產品和服務數字化便捷、淘汰型產業、將會被人工智能淘汰的行業、週期性行業、輕資產行業、自由職業者和殘障人士從事的領域。

4. 元宇宙外的具體案例（賦能千行萬業）

- **遊戲**：遊戲製作環境和發佈環境的虛擬化、元宇宙化；
- **會展**：虛擬會展的場景佈置、會議組織、會議展覽等全虛擬工作；
- **商服**：在虛擬環境中進行心理諮詢，通過虛擬房產中介進行房屋交易；
- **體育**：實現虛實共生的健身活動，加強競技在元宇宙中的應用；
- **娛樂**：在虛擬 KTV 裏，和虛擬朋友一起娛樂 K 歌等；
- **金融**：在交易、募資和金融產品設計發行等環節實現元宇宙化，如 DeFi（分佈式金融）、DFI（Decentralized Financial & Investment Token，基於區塊鏈技術的新型社會試驗型代幣）的應用；
- **教育**：在學校教育、職業教育等領域實現環境卡等 VR/AR/MR 技術全面應用，在虛擬場景中親身體驗歷史事件等；
- **零售**：協助零售商實現店鋪設計的可視化以及對顧客流動路線的可視化，消費者在虛擬商場中進行消費；
- **廣告**：廣告的製作、發佈、代理都在元宇宙裏進行，同時在元宇宙裏產生經濟行為；
- **旅遊**：虛擬景區建設、管理，讓消費者在虛擬世界裏體驗旅遊活動。

元宇宙世界將產生更加優越的商業模式，智能手機升級至 VR/AR 設備，數字經濟升級至虛實相生經濟。智能手機時代，從 iPod + iTunes 到 iPhone + App Store 再到 iPhone + App Store + iCloud，涵蓋了數字創造、數字市場、數字消費、數字資產的各個環節，數字經濟商業模式得以確立。在 VR/AR 時代，數字經濟將進一步升級至虛擬經濟（虛實相生經濟）。

智能手機時代，Apple 是當之無愧的領頭羊。2007 年，Apple 發佈第一代 iPhone，宣告了智能手機時代來臨。14 年過去，iPhone 仍然作為最流行的手機之一，扮演「大門戶」的角色，無論是打電話、玩遊戲、刷微博還是追劇看直播，人們越來越離不開 iPhone。而應用商店 App Store 扮演平台的角色，解決了與廣大開發者之間的利益分配問題，並成為推廣軟件應用的主要渠道。應用商店裏形形色色的各種碎片化應用，滿足了人們工作、娛樂、休閒、購物等多種需求，在開發者眾星捧月般地簇擁到 App Store 這個平台後，一個商業生態系統悄悄地形成了。2008 年 7 月 11 日 Apple App Store 正式上線，可供下載的應用達 800 個，下載量達到 1 000 萬次。2000 年 1 月 16 日，數字刷新為逾 1.5 萬個應用，超過 5 億次下載。截至 2021 年，App Store 應用程式數量逾 200 萬個。此外，應用商店還催生了內容創作行業，其影響力波及整個信息行業。大家不約而同地在思考相同的問題：我們應該成為 Apple App Store 一個碎片化應用，還是另起爐灶，創建自己的應用商店？

　　智能手機增速趨緩，VR/AR 新硬件蓄勢待發。如果從外觀來看，第一代 iPhone 無疑是顛覆性的。從十幾個物理按鍵，一下子變成只有一個物理按鍵。全新的物種，與過去的手機有根本的不同。因此，喬布斯用了一句宣傳語「我們重新發明了手機」。但是，到現在為止，手機的外觀變化很小，唯一的物理按鍵也沒有了，手機正面就是一塊玻璃屏幕。圍繞尺寸做文章，再大一點，就變成平板電腦了。我們從維度的角度來看，手機儘管發生了很多變化，但是始終顯示的是二維世界。在二維世界裏，手機、平板電腦、電視這些不同尺寸的屏幕，已經發展到相當高的水平。未來，突破的可能會來自三維世界。就像 iPod 探索形成的商業模式，喚醒了 iPhone 手

機的誕生。手機在二維世界的商業模式和經濟模型已經完全成熟，之後再發展的就是終端的變化了。革命性的變化，才能帶動全行業的發展。

在 VR/AR 時代，目前 Facebook 佈局較為全面。Facebook 在元宇宙的全面佈局涵蓋 VR/AR 終端（Oculus 佔據全球四分之三的市場份額）、AI 雲服務（PyTorch 平台成為全球唯二流行的 AI 平台）、金融體系（開源 Libra 區塊鏈數字貨幣 v1.0），以及眾多的 VR 內容提供商（收購或投資）。由此推演，Facebook 元宇宙的商業模式包含智能硬件（出售 VR/AR 設備）、元宇宙遊戲（以硬件為依託）、元宇宙社交（有社交基因）、人工智能服務（門檻較高）、數字貨幣（超 30 億的全球用戶基礎）、應用商店（抽成）。相比 Apple 賺硬件＋應用商店的錢，Facebook 的盈利來源更加豐富。

二

元宇宙商業潛力無限

元宇宙當前處於探索階段，將持續吸引全球資本的投入。根據本系列叢書的前作，將元宇宙的發展細分為五個階段：起始階段、探索階段、基礎設施大發展階段、內容大爆炸階段和虛實共生階段。當前元宇宙正處於探索階段中後期。我們預測了元宇宙內每個階段的產業發展，預計到第五階段時，元宇宙將進入繁榮期，現實社會 90% 以上的行業都會存在於元宇宙中，現實社會沒有的行業也會在元宇宙內欣欣向榮。到那時，虛擬空間與現實社會將保持高度同步和互通，交互效果接近真實。同步和仿真的虛擬世界是元宇

宙構成的基礎條件，同時用戶在虛擬的元宇宙中進行交互時能得到接近真實的反饋信息，達到虛實共生。當今時代正處於新一輪科技大爆炸之中，虛實共生階段也許會比我們想像的來得更早！

元宇宙相比移動互聯網，將享有更高的滲透率 —— 100% 滲透 + 24 小時使用。在全球互聯網滲透率已達較高水平的情況下，移動互聯網時代的用戶紅利或趨於瓶頸。元宇宙是移動互聯網的繼承者與發揚者；是互聯網的下一個階段，是新時代的流量增量環境。如果說移動互聯網時代使得人們從只能在家裏、辦公室中使用 PC 有線網絡接入互聯網，轉變為人們隨時隨地使用智能設備（手機、平板等）接入互聯網，那麼元宇宙的發展方向或許應當是 100% 滲透、萬物互聯、24 小時使用的互聯網。因此，元宇宙將見證比移動遊戲更快的用戶規模及滲透率增長，付費轉化率及人均付費（ARPU）增長空間也更大。移動遊戲用戶規模增速在 2015 年企穩步入低增速，2017 年其用戶增速首次低於手機網民用戶增速，代表遊戲行業人口紅利期結束。移動遊戲用戶滲透率（手遊用戶佔手機網民比例）在 2010 年前後增長最快，在 2016 年達到頂點（75.9%）[1]，之後由於政策面收緊，疊加抖音短視頻等其他娛樂方式搶佔潛在遊戲用戶等原因，2020 年下滑至 66.3%。我們認為移動遊戲用戶滲透率已達到階段性瓶頸，在沒有新的革命性遊戲或硬件普及前，滲透率會維持在 70% 上下。用戶滲透率見頂後，遊戲行業的驅動力量在於 ARPU 的提升，頭部遊戲之於普通遊戲，元宇宙之於頭部遊戲，

---

[1] 產業信息網。2018 年中國休閒移動遊戲用戶性別分佈、年齡、地域分佈情況分析 [Z/OL]，(2018-04-14)，https://www.chyxx.com/industry/201804/630215.html。

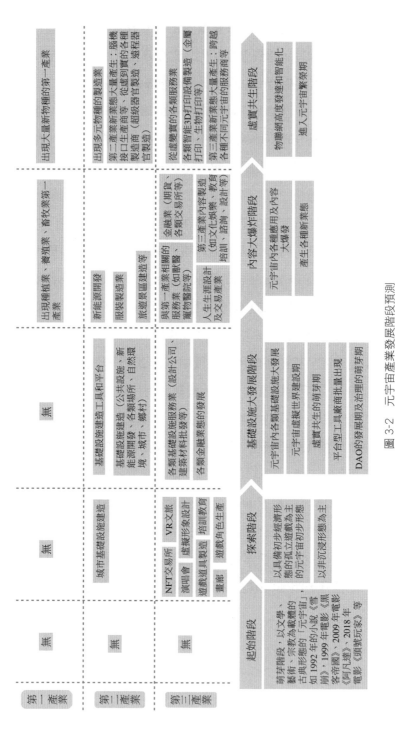

圖 3-2 元宇宙產業發展階段預測

商業潛力明顯提升。《全球手遊分析報告》（GameAnalytics）顯示，頭部遊戲的付費深度明顯高於普通遊戲：一是頭部遊戲的付費轉化率比普通遊戲高 3 至 4 倍；二是頭部遊戲的平均活躍用戶付費額比普通遊戲高 6 至 7 倍。伽馬數據《2019 日本移動遊戲市場調查報告》顯示，2020H1 中國移動遊戲 ARPU 為 33 美元，僅為同期日本的 1/5（171 美元）及美國的 1/2（65 美元）。

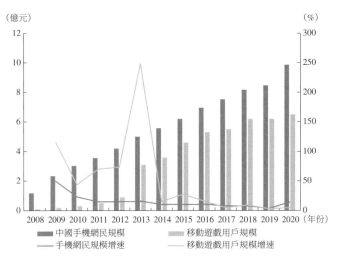

圖 3-3　2008—2020 年中國手機網民以及移動遊戲用戶數量增速

資料來源：中華人民共和國國家統計局。

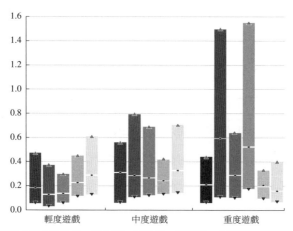

註：輕度遊戲從左到右依次是：動作類、冒險類、街機類、休閒類、解謎類。
中度遊戲從左到右依次是：棋盤類、紙牌類、博彩類、闖關類、文字類。
重度遊戲從左到右依次是：多人在線類、角色扮演類、模擬類、策略類、競技類、
運動類。

圖 3-4　各類型遊戲付費轉化率

資料來源：GameAnalytics。

　　從用戶羣體的角度驗證，元宇宙有望獲取更長的用戶時長與更大的商業化空間（ARPU 值）。QuestMobile 數據顯示，2020 年11 月 M 世代人均每月使用互聯網時長為 174.9 小時，高出全網平均用戶近 35 小時，互聯網已成為 M 世代生活不可分割的一部分。遊戲或成為元宇宙初期的主要內容，2020 年 11 月 Top 2 手遊《王者榮耀》和《和平精英》用戶規模分別達到 7 000 萬和 5 000 萬的體量，M 世代用戶佔比均逾 40%。元宇宙有望給以 M 世代為代表的原生互聯網受眾羣體帶來更豐富的體驗，佔據用戶羣體更多時長和場景。元宇宙首先是與現實高度平行的「第二世界」，具有遊戲、視頻、社交等豐富多樣的內容，帶來很多商業化機會，且用戶和商家可以進行交易。同時區塊鏈技術的應用，有望使其與現

實打通，數字資產並不是完全虛擬，而是擁有可變現、可在現實中流通的能力，商業化空間進一步拓寬，ARPU 值有望大幅提升。QuestMobile 數據顯示，更多的線上場景與時長、更強的消費意識和優越的生活條件使用戶線上消費水平和消費意願日漸增強。

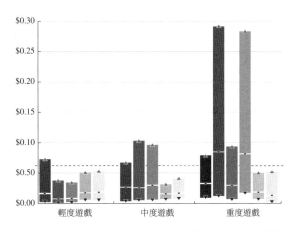

註：輕度遊戲從左到右依次是：動作類、冒險類、街機類、休閒類、解謎類。
　　中度遊戲從左到右依次是：棋盤類、紙牌類、博彩類、闖關類、文字類。
　　重度遊戲從左到右依次是：多人在線類、角色扮演類、模擬類、策略類、競技類、
　　運動類。

圖 3-5　平均活躍用戶付費值（ARPDAV）對比

資料來源：GameAnalytics。

　　產業蓬勃向上的發展必將吸引大量的科技精英與技術人才，經濟活力與生產力形成正反饋式的良性循環，推動元宇宙加速成為全球經濟活動的新蓄水池。

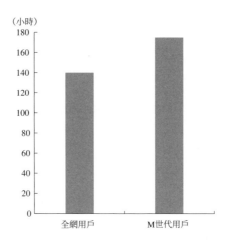

圖 3-6　2020 年 11 月 M 世代與全網用戶月人均使用時長

資料來源：QuestMobile。

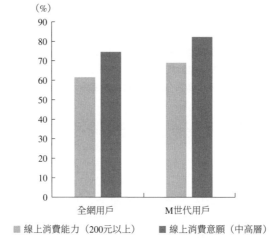

圖 3-7　2020 年 11 月 M 世代與全網用戶消費能力及消費意願

資料來源：QuestMobile。

第三節
元宇宙投資，是升級還是升維

互聯網的獨角獸效應近 20 年以來吸引了大量的全球資本加速入局。若元宇宙的投資僅僅是互聯網投資的升級，那全球資本大可以複製互聯網的投資策略及節奏，用尋找互聯網獨角獸的方法去圍獵元宇宙的未來超級大牛股。元宇宙投資若是需要在互聯網的基礎上升維，則需要縝密的分析與判斷，哪些可以借鑒？哪些必須重構？巨頭們加速跑步入場，新生代陸續登陸戰場，交互、算力、應用、內容等方向都將重構！搶佔用戶時長 / 注意力的獨角獸邏輯或許可以借鑒。

一

升維源於重構：交互、算力、應用、內容

XR 硬件之於智能手機的全方位升維，更甚於智能手機之於計算機的全方位升維。

- **交互**：鍵盤、鼠標—觸摸屏—動作識別 / 觸覺交互；
- **算力**：GPU—手機芯片—專用 VR/AR 芯片；
- **應用**：獨立—半封閉半開放—開放；
- **內容**：PGC—UGC/PUGC—AIGC。

1. 交互：鍵盤、鼠標—觸摸屏—動作識別／觸覺交互

人機交互（Human-Computer Interaction, HCI）是指人與計算機之間使用某種對話語言，以一定的交互方式，為完成確定任務的人與計算機之間的信息交換過程。不同的計算機用戶具有不同的使用風格——他們的教育背景不同、理解方式不同、學習方法以及具備技能都不相同，如一個左撇子和右撇子的使用習慣就完全不同。另外，還要考慮文化和民族的因素。研究和設計人機交互需要考慮的是用戶界面技術變化迅速，提供的新交互技術可能不適用於以前的研究。還有，當用戶逐漸掌握了新的接口時，他們可能提出新的要求。

簡單來看，人機交互的核心是如何讓機器更了解人類——其功能靠可輸入、輸出的外部設備與相應軟件。我們常用的鍵盤、鼠標、系統級 UI 均屬於人機交互的範疇。從歷史迭代來看，計算機到智能手機再到 XR，交互載體由鍵盤鼠標升級至觸摸屏再升級至動作識別／觸覺交互。XR 全面普及後，人機交互預計將迭代至：頭顯攝像頭捕捉手勢、轉化成數據代碼，以此重構虛擬世界。

在最初鍵盤和鼠標誕生，我們可以通過敲擊鍵盤告訴 DOS 計算機應該計算的內容，而圖形界面的產生使得我們可以通過鼠標的點擊和選擇將我們的想法反饋給計算機，這些技術我們沿用至今。但是，計算機會融入網絡，融入環境，融入生活，為此計算機會更小，更廉價，有網絡連接，有超越圖形界面的，可以和環境、人做更多交互的手段。在各項識別技術、人工智能計算機圖形等發展起來之後，人和機的交互會漸漸回歸到人和自然物理世界慣有的交流

方式來，而不再受限於器材本身[1]。

　　鼠標是第一代人機交互的標誌，而觸控技術的出現則讓人機交互模式發生了再一次的變革。在觸控技術發展成熟之後，體感技術開始再一次刷新人機交互模式，它利用即時動態捕捉、語音識別等功能，實現了不需要任何手持設備即可進行人機交互的全新體驗。近年來，人機交互技術領域熱點技術的應用潛力已經開始展現，比如智能手機配備的地理空間跟蹤技術，還包括可穿戴式計算機、隱身技術、浸入式遊戲等的動作識別技術，甚至於虛擬現實、遙控機器人及遠程醫療等的觸覺交互技術。

　　XR 時代，人的五感體驗將被逐步滿足。人類的感覺包括觸覺、視覺、聽覺、嗅覺和味覺[2]。間接來說，其實人是通過眼睛、手勢、語音來與外界進行交流的，現代人機交互設備的發展基本上也是基於這三項而來，我們尚未發現太多的嗅覺和味覺交互設備。現有的人機交互模式顯然還不是人機交互的終極方式，真正意義上的人機交互方式是人將擺脫任何形式的交互界面，輸入信息的方式變得越來越簡單、隨意、任性，借助於人工智能與大數據的融合，交互設備能夠非常直觀、直接、全面地捕捉到人的需求，並且協助我們處理。換言之，就是智能設備將懂得我們的潛在意圖，並按照我們的意圖進行執行以及反饋。VR/AR 技術不僅展現了真實世界的信息，而且將虛擬的信息同時顯示出來，兩種信息相互補充、疊加。在視覺化的增強現實中，用戶利用頭盔顯示器，把真實世界與計算機圖形多重合成在一起，便可以看到真實的世界圍繞着它。如今 Retina

---

[1]　王堃傑。人機交互技術在現代生活中的應用趨勢 [J]。中國科技投資，2018。
[2]　王堃傑。人機交互技術在現代生活中的應用趨勢 [J]。中國科技投資，2018。

Display 技術也逐漸應用在智能手機和平板電腦上，它利用人的視覺暫留原理，讓激光快速地按指定順序在水平和垂直兩個方向上循環掃描，撞擊視網膜的一小塊區域使其產生光感，人們就能感覺到圖像的存在。實際上，我們正在追求從二維到三維的視感變化。視覺是人類最豐富的信息來源，無論是輸入輸出，其數據量都遠非其他方式可比。當然，也由於人與計算機的交互一直受到輸入／輸出之間信息不平衡的制約，使得用戶到計算機的輸入帶寬不足，在此基礎上催生了諸如視線追蹤、語音輸入等許多新的輸入技術。

2. 算力：GPU—手機芯片—專用 VR/AR 芯片

從筆記本計算機到智能手機；從輸入密碼解鎖，到毫秒級面部識別解鎖；從 1 000 克左右的大哥大，到 100 克的智能手機；從只能玩黑白像素貪吃蛇遊戲，到流暢運行的 3D 遊戲《王者榮耀》。智能設備的人機交互、便攜能力等體驗因為芯片進化，已經有了質的改變。按照這一思路來看 VR/AR 行業，我們仍處在相對早期的發展狀態，要實現這些手機級別的交互體驗，VR/AR 也需要核心算力的再次飛躍。

VR 徹底構造三維虛擬空間需要巨大的算力支持，這往往通過 PC 機的高性能 CPU 與顯示卡才能勉強實現。然而，這類高性能計算設備往往難以做到小型便攜化，VR 顯示設備外接高性能設備變為必然趨勢，採用線纜連接方式造成的行動區域受限大幅削弱了 VR 的發展空間。

目前 VR 處理器分為手機芯片及專用芯片，以驍龍 820、MTK（聯發科）、三星、麒麟等為代表的手機芯片性能優越，但其功耗與散熱問題難以解決且成本較高；以高通驍龍 865 為基礎的 XR 專用

芯片是目前 VR 一體機的絕對主力芯片。

高通於 2018 年推出專門為 VR/AR 一體機設計的芯片 XR1，其性能比驍龍 845 XR 版稍弱，但成本更低，基本達到沉浸式 VR 體驗的最低標準。2019 年高通驍龍發佈了 5G + XR 芯片 XR2，驍龍 XR2 是以驍龍 865 為基礎針對 VR/AR 設備進行改造的專用芯片平台，結合了高通 5G、人工智能及 XR 領域的最新技術，相對 XR1 其性能得到顯著提升，目前新一代 VR 一體機 Oculus Quest 2、VIVE Focus 3、 Pico Neo 3 系列等均採用 XR2 平台。

根據高通官方介紹 XR2 芯片性能：

- 在視覺體驗方面，XR2 平台的 GPU 可以 1.5 倍像素填充率、3 倍紋理速率實現高效、高品質的圖形渲染，支持眼球追蹤的視覺聚焦渲染，支持更高刷新率的可變速率着色，可以在渲染重負載工作的同時保持低功耗，XR2 的顯示單元可以支持高達 90fps 的 3K×3K 單眼分辨率在流傳輸與本地播放中支持 60fps 的 8K 360 度視頻。

- 在交互體驗方面，XR2 平台引入 7 路並行的攝像頭支持及定製化的計算機視覺處理器，可以高度精確地實時追蹤用戶的頭部、嘴唇及眼球，支持 26 點手部骨骼追蹤。

- 在音頻方面，XR2 平台在豐富的 3D 空間音效中提供全新水平的音頻層以及非常清晰的語音交互，集成定製始終開啟的、低功耗的 Hexagon DSP，支持語音激活、情境偵測等硬件加速特性。

- 除硬件平台外，高通還提供包括平台 API（應用程式編程接口）在內的軟件與技術套裝以及關鍵組件選擇、產品、硬件設計資料的參考設計。

此外，正如現在手機的發展是不斷地將更好的硬件集成到手機上，在這一條集成之路走到黑。行業也在考慮另外一種解決方

案 ① ── 5G ＋雲 XR，讓我們未來的智能 XR 設備脫離硬件的桎梏。在 5G 甚至是未來 6G 這樣的高速網絡的基礎之上，把這些智能設備的運算端放到雲服務器上，讓智能設備只充當顯示端，如此一來便可進一步提升設備的顯示能力、運行的性能以及讓設備更加輕便易用。

3. 應用：獨立─半封閉半開放─開放

　　儘管 PC、智能手機上已經有許多帶有元宇宙屬性的應用，但是，當前的應用還未體現出元宇宙在應用方面的優勢。如今，引領元宇宙中應用的前沿硬件中，以 AR/VR/MR 為先頭部隊。

（1）操作系統：VR 安卓佔據主流，AR 則乾坤未定

　　VR 一體機目前主要使用安卓系統。早期的 VR 一體機基本沿襲手機端的計算芯片與操作系統，如 Oculus Go 採用高通驍龍 821 芯片，Vive Focus 採用高通驍龍 835 芯片，操作系統則是在安卓系統的基礎上進行優化及定製。類似地，分體式 VR 包括 PC VR、PS VR 以及華為 VR Glass、創維 V601 等超短焦手機 VR，其運行的操作系統仍以連接的主機為主，包括 Microsoft WMR 、 Sony PS 及安卓系統。

　　AR 操作系統是生態佔領制高點。目前市場上的創業型公司 AR 眼鏡自身缺乏系統研發能力，當前仍多以安卓系統為基礎進行優化與定製。科技巨頭將 AR 操作系統視為戰略制高點，如 Microsoft HoloLens 採用以 Windows NT 為基礎的 Windows 10 Holographic 系

---

① 星柏的早起奇跡：元宇宙的價值到底在哪？有甚麼方向值得關注[Z/OL]，（2021-10-05），https://www.jianshu.com/p/a2046b48dd1d。

統；HoloLens 2 則採用全新多平台操作系統 Windows Core OS；Magic Leap 自研專為空間計算設計的 Lumin OS[①]。國內公司虹宇科技 2020 年發佈自研 VR/AR 3D 多任務系統 Iris OS，可以呈現 2D、3D 的窗口及全景應用，支持多人多設備協作，兼容各類芯片平台及光學模組。公司致力於將 Iris OS 打造為開放的 VR/AR 操作平台，目前已與 OPPO、Vivo、TCL 等廠商展開合作。

（2）行業標準：海外巨頭積極加入

OpenXR 是一個由 Khronos 組織聯盟開發的開放式、無版權費用的 XR 行業標準規範，旨在簡化 VR/AR 軟件開發，打通遊戲引擎及內容底層連接，塑造具備互通性的開放生態。OpenXR 最大的意義是，遊戲開發者使用一個 API 接口就能讓遊戲在不同品牌的 VR/AR 中運行。硬件廠商則可利用現有 OpenXR 內容降低市場進入門檻，為消費者提供更豐富的內容體驗。

產業巨頭逐步加入 OpenXR[②]。目前 Microsoft 在 HoloLens、WMR 頭顯均提供 OpenXR 支持；Unity 推出 OpenXR 支持預覽版；Epic 宣佈虛幻引擎 5 不再支持 Steam VR、Oculus 等平台，轉而支持且僅支持 OpenXR 標準；Oculus 推薦遊戲引擎使用 OpenXR 等。國內廠商中華為、兆芯、Pico 等也加入 OpenXR 聯盟參與標準的討論與制定工作。

---

① 何萬城。VR 陀螺。2020 年 VR/AR 產業發展報告[Z/OL]，2021-02-05。
② 何萬城。VR 陀螺。2020 年 VR/AR 產業發展報告[Z/OL]，2021-02-05。

圖 3-8　支持 OpenXR 的公司一覽

資料來源：Khronos 聯盟。

4. 應用場景：娛樂之外，商用場景百花齊放

　　VR 圍繞內容可分為消費與商用兩大領域。為大眾所熟知的多為消費類產品，包括 VR 遊戲、VR 電影、VR 直播等，強調「身臨其境」的體驗感。近年來，Microsoft、Google、HTC、華為等巨頭持續加碼消費類 VR，但由於清晰度不佳、網絡延遲、成本過高等原因，消費類 VR 內容的普及與滲透速度不及預期。與此同時，商用類 VR 由於更低的技術門檻、更精準的應用場景吸引到越來越多的資金投入，商用類 VR 內容的市場份額正在逐年增長。其中，教育、零售、製造、個人消費及服務業（包括房產中介、文旅行業）、建築（包括家裝行業）以及專業服務業累計佔比超過 75%。根據 IDC 預測，2020—2024 年中國 VR 市場企業 IT 支出的 CAGR 為 39.5%，到 2024 年將達到 921.8 億元的市場規模。

　　AR 因產品形態與價格尚未達到消費級的水平，當前主要在商業場景落地，其中基於 AR 的遠程協作解決方案是未來幾年 AR 商用市場的重要落地場景。AR 遠程協作可通過 AR 眼鏡或具備 AR 功能的手機等採集聲音音頻，並通過無線網絡傳輸到後台協助端

進行技術支持，具有低延遲、高畫質的優良特性。基於 AR 眼鏡的遠程協作可以解放雙手，借助 AR 遠程協作系統，可由經驗豐富的技術人員協助運維人員進行「面對面」的遠程指導服務。當下代表性的主流 AR 遠程協作平台有 Microsoft Dynamics 365 、 Atheer ARMP 、 Scope AR WorkLink 等。

5. 內容：PGC—UGC/PUGC—AIGC

從 PC 互聯網到移動互聯網再到元宇宙，技術的進步提高了內容消費者們產出內容的能力，而後來互聯網的興起更是讓內容消費者生產、分發內容的門檻大大降低。在這樣的背景下，由於消費者的基數遠比已有內容生產者龐大，讓大量的內容消費者甚至是人工智能參與到內容生產中，毫無疑問將大幅提升內容生產力。因此，讓用戶來創造內容（User-generated Content, UGC）、 AI 來生產製造內容（AI-generated Content, AIGC）成為擴大內容生產規模，提高內容生產質量和效率的一大實現途徑。

（1）UGC 模糊內容生產者與消費者的界限，以擴大內容產出規模

Web2.0 之前，專業的新聞工作者是信息傳播的主體，PGC 是主流的內容生產模式。Web2.0 之後，用戶強調個性化表達，網絡的交互作用得以體現，用戶既是網絡內容的瀏覽者，也是網絡內容的創造者。UGC 隨之興起，互聯網上的內容迎來飛速增長，並形成「多、廣、專」的局面，對人類知識的積累和傳播起到重要的推動作用。UGC 並不是某一種具體的業務，而是一種用戶使用互聯網的新方式，即由原來的以下載為主變成下載和上傳並重。

UGC 在 2000 年前後迎來第一波盛行，以博客、維基百科、

YouTube、Facebook 等為代表的社交、互動及分享平台為用戶創造內容提供了簡易的工具以及營造了分享的氛圍。2010 年之後，UGC 迎來第二波爆發，移動互聯網與智能手機的普及讓用戶規模與用戶時長迅速攀升，用戶可以隨時隨地利用手機製作圖片、視頻，並將所見所聞用手機記錄下來分享給他人，內容的生產與消耗均進一步擴容。越來越多的內容不再來自傳統媒體或互聯網 SP，而是直接來自用戶：論壇、博客、社區、電子商務、視頻分享、網絡直播等。2018 年之後，推薦算法廣泛應用於內容分發環節，消費者得以在數量龐大的互聯網內容中迅速找到滿足自己個性化需求的 UGC 內容。

UGC 隨着技術的變革以及不斷改變展現方式，與互聯網內容的發展高度重合。互聯網內容經歷了圖文時代、視頻時代、短視頻時代、直播時代，UGC 的載體也完成了從 PC 到手機再到 App 的轉變。

未來，進入元宇宙時代後，各類沉浸式設備、網絡通信技術進一步升級，UGC 內容有望在數量、形式、可交互性等方面進一步突破。

內容生產力的不足也許暫時會通過模糊內容生產和消費的邊界、釋放「消費者」這一身份下的生產力得到了緩解，但人腦的知識圖譜終究是有限的，當內容生產者和消費者的生產潛力都被消耗殆盡，內容消費需求的缺口又能由甚麼來填補？答案是人工智能。

（2）AIGC 突破人類知識圖譜極限，極大提高了內容生產質量與效率

元宇宙時代到來之後，用戶與互聯網發生交互的時間將大大延

長、頻次顯著提升，對內容的消耗規模將進一步提升。對比移動互聯網的遊戲與元宇宙時代的新內容，以 3A 大作《GTA》為例，由 1 000 人的團隊做了五年，但是平均用戶時長僅為 189 個小時，即一個用戶 189 個小時就能把千人團隊五年的內容全消耗完；而元宇宙作為用戶的虛擬家園，大體量用戶長時間沉浸，3A 遊戲內容生產管線永遠不可能滿足玩家消耗，唯一的解決方案是持續創新內容產出模式。當前來看，一方面通過第一方廣泛應用數字建模且保證內容真實，另一方面由第二、第三方聯合推出內容或者大力鼓勵生產 UGC 內容。但無論是借助內容工具（引擎、開發平台等）還是 UGC 內容（用戶激勵機制），最終都會受限於人類知識圖譜的極限。因此，元宇宙需要成為具備自我內容進化機制的平台 —— 進化機制的驅動力量必然指向人工智能。

人工智能技術的發展與完善，將在內容的創作上為人類帶來前所未有的幫助，具體表現在能夠幫助人類提高內容生產的效率、豐富內容生產的多樣性、提供更加動態且可交互的內容。在部分領域，機器自動生成的內容，質量已經接近或達到人類水平，甚至可以用機器替代人，有些需要創意的內容，機器甚至可以創造出比人想像力更奇特的內容。人工智能參與內容生產主要有兩類方式：一是 AI 替代人：憑藉 AI 的高效率，替代人進行內容的生產；二是 AI 與人協作：AI 作為工具輔助人，或人輔助 AI 進行內容生產。

AIGC 的關鍵在於如何去理解人類和機器對信息處理上的不同。朱迪亞・珀爾（Judea Pearl）在《為甚麼：關於因果關係的新

科學》(*The Book of Why*)一書中,描述了因果律的三階段論[1]:第一層級研究「關聯」,第二層級研究「干預」,第三層級研究「反事實推理」。

- 第一層級的「關聯」,是指觀察能力,指發現環境中規律的能力。考慮的問題是「如果我看到……會怎樣」。典型的例子是,「某一症狀告訴了我關於疾病的甚麼信息」,「某一調研告訴了我們關於選舉結果的甚麼信息」。

- 第二層級的「干預」,是指行動能力,指預測對環境刻意改變後的結果,並根據預測結果選擇行為方案。考慮的問題是「如果我做了……將會怎樣」和「如何做」。典型的例子是,「如果我吃了阿司匹林,我的頭疼能治癒嗎」,「如果我們禁止吸煙會發生甚麼」。

- 第三層級的「反事實推理」,是指想像能力,指想像並不存在的世界,並推測觀察到的現象原因為何。問題是「假如我做了……會怎樣?為甚麼?」。典型的例子是,「是阿司匹林治好了我的頭疼嗎」,「假如在過去的兩年內,我沒有吸煙會怎麼樣」。

Rct Studio 依據內容生成的體量與社交互動方式,將內容生產劃分為四個階段[2]:

①第一階段(專業化的內容生產):單人體驗,內容生成體量較小;

②第二階段(用戶生產內容):小範圍的多人交互,內容生成體量顯著增長;

---

[1] 朱迪亞・珀爾。 為甚麼:關於因果關係的新科學 [M]。 江生,于華,譯。 北京:中信出版社,2019。

[2] rct AI。從 UGC 到 AIGC:穿越歷史週期,做時間的朋友 [Z/OL],(2021-07-30),https://www.huxiu.com/article/444758.html。

③第三階段（AI 協助下的內容生成）：大規模多人湧現式體驗，內容生產體量進一步增長；

④第四階段（全 AI 生成的內容）：同時上線元宇宙，社交場景與娛樂內容同時爆發，內容生成體量指數級增長。

AI 內容生產市場處於非常早期的、不具備推理的弱人工智能階段，AI 在小部分領域能夠實現自動生產內容，在大部分領域更適合與人協作，提升素材蒐集、整理、檢查等方面的效率。在與人協作的過程中，機器可能會完成大部分機械重複工作，人完成小部分創造性工作。由於人工智能還沒有達到規模化商業應用階段，目前重點需要關注的還是 AI 生產內容能夠達到何種效果，再談論後續以何種產品形態商業化、如何商業落地、應用後如何影響內容行業。

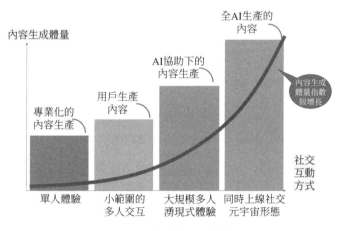

圖 3-9　內容生產的四大階段

二

升級源於借鑒：獨角獸誕生的路徑圖

中國互聯網 20 年的發展史，可說是獨角獸們的迭代史[①]。

獨角獸是投資界的一種信仰。最早關於獨角獸的描述是由古希臘歷史學家、醫生克特西亞斯（Ctesias）於公元前 5 世紀在其著述《印度史》（*Indica*）中記載印度北部風物，其中有：「在印度，有像馬一樣大，甚至更大的野獸。這些動物的通體是白色的，頭是深紅色的，眼睛是藍色的，前額長着有角，長約一肘。」獨角獸在西方人眼中是瑞獸，代表着高貴、純潔、權力。投資界提到獨角獸，更多的是對優質企業的嚮往。獨角獸企業一詞最早由矽谷的一位風險投資人 Aileen Lee 在一篇科技媒體報導中，用獨角獸來形容估值在 10 億美元以上、並且創辦時間相對較短（十年左右）的企業，它們具備發展迅猛、相對稀少的特質，且從事的往往是新興、前沿的產業，這就是獨角獸企業的由來。

根據胡潤研究院發佈的《2020 胡潤全球獨角獸榜》，2020 年中國 227 家獨角獸上榜，僅次於美國的 233 家，中國獨角獸企業較上年增加 21 家。另有 16 家海外獨角獸企業由華裔聯合創辦，主要在矽谷。全球十大獨角獸企業中的 6 家來自中國，從中國獨角獸企業所屬行業來看，電子商務行業有 39 家上榜、人工智能行業有 21 家

[①] 阿朱說。中國互聯網 20 年簡史（1998—2018），告訴你本質是甚麼、規律是甚麼［Z/OL］，（2018-07-05），https://mp.weixin.qq.com/s/X195WPlHz6IyMyg-lpc9Yg。

上榜、金融科技行業有 18 家上榜、物流與健康科技行業各有 16 家
上榜。

獨角獸作為投資界的信仰，源於其明顯的爆發性、成長曲線
好、獨有的核心技術、能抓住風口、顛覆性的商業模式、有規模
效應。

梳理國內互聯網自 1998 年發展至今的 24 年歷史，我們可以發
現，在 1998 年之前，1994 年、1995 年是兩個關鍵節點：1994 年
中國正式接入國際互聯網，第一條 64K 國際專線的正式接通標誌着
中國正式進入互聯網時代，雅虎同年成立；1995 年 Amazon 成立，
「水木清華」同年上線，這是中國第一個真正的互聯網網站。

1. 1998—2004 年是「前 Web 時代」

1998 年是中國的門戶網站元年，相對於 Google 於海外的成
立，國內丁磊於 1997 年創立了網易，張朝陽於 1998 年創立了搜
狐，王志東於 1998 年創立了新浪，馬化騰於 1998 年創立了騰訊，
劉強東於 1998 年創立京東。1998 年是內容門戶 + BBS 論壇社區 +
IM + 遊戲的中國互聯網主航道雛形初現年。

1999 年馬雲創立了阿里巴巴、當當網成立、天涯社區成立、
盛大成立、紅袖添香成立、中華網成立（納斯達克上市的中國第一
股）、51job 成立。

2000 年，百度創立，同年互聯網泡沫破裂；網易、搜狐、新浪
同年均在納斯達克上市。

2001 年，國產手機開始大放異彩，聯想、海爾、步步高均介入。

2002 年，中國移動與中國聯通的手機短信開始互通，互聯網歷
史上的 SP 業務開始興起。

2003 年，盛大發佈了《傳奇世界》，一舉引爆了中國的網絡遊戲熱潮，九城、完美、巨人隨後跟進，開創了中國網絡遊戲的大航海時代。

2004 年，支付寶成立；空中網、掌上靈通（移動手機內容 SP 廠商）、金融界（垂直金融內容門戶公司）、騰訊、攜程、51job、盛大同年上市。

2. 2005—2009 年是「後 Web 時代」

海外部分，2004 年 Facebook 成立，2005 年 YouTube 成立，2006 年 Twitter 成立，2008 年 Airbnb（愛彼迎）成立，2009 年 Uber（優步）成立。

2005 年是博客元年，門戶網站的歷史閃光位置讓位予社區，資本也開始跟進：2005 年沈南鵬成立紅杉資本，徐新成立今日資本，同年雅虎注資 10 億美元給阿里巴巴，助力其戰勝 eBay；新浪微博、360、迅雷、趕集網、58 同城、土豆網、校內網、豆瓣、電驢、去哪兒、汽車之家、PPTV 紛紛成立；同年，騰訊收購了張小龍的 Foxmail。百度上市。超女史上最火的一屆 PK 賽，大眾短信投票引爆全國。

2006 年，優酷網、酷六網、大疆成立，Google 收購 YouTube，主流內容形態開始由圖文，讓渡給視頻。

2007 年，iPhone 問世，智能手機時代來臨，阿里巴巴 B2B 業務在中國香港上市。

2008 年，Google 正式發佈安卓操作系統，Apple 發佈 iPhone 3G 手機，App Store 上線，諾基亞開始消亡；美圖秀秀、唯品會同年上線。

2009 年，工信部批准 3G 牌照；嗶哩嗶哩成立。2009 年是交戰年 —— 淘寶發佈購物搜索，屏蔽百度爬蟲；Microsoft 也發佈了 Bing 搜索引擎來與 Google 搜索引擎競爭；騰訊和搜狗針對輸入法進行訴訟；網絡遊戲《魔獸》的代理運營權在九城、網易之間拉鋸；基於 QQ 社交網絡關係的開心網和千橡開心網也進行了訴訟 —— PC Web 互聯網進入成熟期，行業開始高度集中、進行整合。

3. 2010—2015 年是「前移動互聯網」時代

海外部分，2010 年 Apple 推出 iPhone 4，引爆全球，諾基亞退出歷史舞台。Amazon 發佈智能音箱 Echo，Apple Watch 發佈，開始佈局穿戴設備。

2010 年，小米、美團、聚美優品、愛奇藝創立，Google 正式退出中國；團購網站引爆了「百團大戰」的同時，如家與快捷、58 同城與趕集網、攜程與去哪兒均有激烈競爭，標誌中國 PC 互聯網終於走到了盡頭 —— 2010 年 11 月 21 日，在工信部、網信辦的協調下，奇虎 360 和騰訊達成和解，不互相封殺卸載對方的軟件。1998 年開始的 PC Web 互聯網，走到了 2008 年智能手機元年，2009 年互聯網產業整合交戰，最終在 2010 年「3Q 大戰」的巔峰對決中收場。

2011 年是中國移動互聯網元年，移動 App 開發迎來熱潮。微信這一現象級應用躍出江湖，小米手機銷量大增且推出全新 OS 系統 MIUI；知乎、探探、騰訊視頻、陌陌上線。

2012 年，中國手機網民數量超過了使用計算機上網網民數量，字節跳動成立，今日頭條、滴滴出行、唱吧、百度雲盤上線；華為、錘子正式宣佈進入智能手機領域、360 和海爾也聯合推出超級戰艦

手機。

2013 年，工信部批准 4G 牌照，4G 時代正式來臨；喜馬拉雅 FM、網易雲音樂、作業幫上線；小米開始構建自己的智能產品生態；樂視智能電視發佈；微信發佈了遊戲流量入口、公眾號。

2014 年，小紅書、豆瓣 App、鬥魚、全民 K 歌上線；網約車大戰拉開了移動互聯網戰爭的白熱化大幕，移動互聯網的「船票」之爭愈演愈烈；ofo、商湯、深藍科技創立。

2015 年，拼多多、摩拜單車創立，ofo 推出共享單車，微鯨科技成立，京東推出叮咚智能音箱；在大眾創業、萬眾創新的推動下，互聯網金融開始火熱，紅包大戰拉開了微信支付和支付寶支付的大戰。

4. 2016 年至今，是「後移動互聯網時代」和「人工智能時代」

2016 年，AlphaGo 4:1 戰勝李世乭；Google Alphabet、IBM、Facebook、Amazon、Microsoft 宣佈成立人工智能聯盟；2016 年 Apple 發佈 AirPods，無線耳機時代來臨；2016 年 Google 反擊 Amazon，推出 Google Home 智能音箱，智能音箱之戰打響了人工智能競爭的第一槍；2016 年 Google 公開宣佈其戰略轉型——由 Mobile First 全面轉向 AI First；2016 年特斯拉發佈無人駕駛汽車 Model 3。

2016 年，快手、抖音上線；百度宣佈戰略轉型——All in AI；大疆發佈 Phantom 4，寒武紀推出「寒武紀 1A」處理器。直播最關鍵的應用——實時美顏技術、虛擬 AR 技術助力直播熱從娛樂很快擴展到了電商，從虛擬送禮盈利走向推薦商品帶貨盈利，帶動了 2016 年的微商熱；從支付寶 AR 找福字、美顏 App 自帶兔子耳朵

虛擬表情開始，展現了現實和虛擬的實時結合。

2017 年，Apple 推出智能音箱 HomePod、發佈 iWatch 3；2017 年百度無人駕駛汽車試駕、國內智能音箱大混戰，面部識別設備開始大規模部署、數字貨幣火爆、全球智能手機出貨量首次零增長，移動互聯網浪潮結束。

2018 年，BAT + 字節跳動的四強格局確立，移動互聯網領域格局已定；2018 年工信部發佈 5G 牌照，5G 時代正式到來；嗶哩嗶哩、愛奇藝、小米、映客、拼多多、虎牙迎來上市潮；在直播熱、直播技術、直播打賞普及成熟的基礎上，快手、抖音短視頻火熱崛起，除了技術流暢、打賞付費習慣成熟外，也多了附近、朋友、互動；共享單車危機爆發、P2P 暴雷、滴滴出行整改、「頭騰大戰」開啟。

2019 年，中美貿易戰；流量模式遭質疑；資本寒冬。

2020 年，疫情催生了直播電商，薇婭、李佳琦等電商主播橫空出世；抖音海外版被美國封殺；蛋殼公寓暴雷；社區團購大混戰。

2021 年，在線教育灰飛煙滅；Roblox 上市並首次在招股書中提出「元宇宙」概念，引爆全球；Facebook 改名為 "Meta"。

一個時代的結束同時開啟另一個時代的來臨，復盤歷史，投資可以借鑒過往 24 年的獨角獸迭代史，展望下一個時代，獨角獸或許就在下面的推演中：

①下一代主流硬件是甚麼？下一代主流操作系統是甚麼？很可能是 VR/AR，也可能是可穿戴設備，甚至是外骨骼；操作系統大概率是虛擬 OS。

②下一代主流社交網絡工具是甚麼樣子的？以虛擬身份進行社交，模糊現實與虛擬的邊界。Facebook Horizon、Roblox……

③下一代搜索是甚麼樣子的？很可能使用視覺識別、語音交互，甚至是動作捕捉。

④下一代內容是甚麼樣子的？體驗內容的方式發生徹底改變，過去是視、聽、說三感，未來除視、聽、說之外可能還有觸、嗅覺，甚至會是共感覺效應。

⑤下一代遊戲是甚麼樣子的？遊戲會吃掉影視，還是影視會吃掉遊戲？VR/AR 遊戲可能只是下一代遊戲的雛形，影遊合併為互動劇、元宇宙版本的劇本殺等。

⑥下一代電子商務是甚麼樣子的？可交易的範圍更廣、模式更立體、交易的貨幣很特別、售賣的商品多數是 NFT。

⑦下一代被重塑的社會各行各業會是甚麼樣子？元宇宙包含現實物理世界，元宇宙中的部分存在反向影響現實物理世界。

三

最大的不確定性或在新的內容及分發模式中

除了技術進步之外，元宇宙的內容形態將發生質變。有別於互聯網時代的流量為王，從一開始，元宇宙內容就是以創意為驅動導向。相比於影遊等，元宇宙內容面臨更大的技術難題，需要更高的研發投入。元宇宙要求效果高度逼真，從場景到人臉的精細刻畫意味着更多人力和物力投入；元宇宙融合了遊戲、視頻等多種形式的內容，也需要創新內容的運營方式；內容轉化方面必須進行更多考慮，包括內容的篩選、呈現方式等。因此，製作更加複雜的元宇宙內容形態對內容製作方全方位的能力要求更高，我們認為元宇宙時

代內容的最大特徵，是靠創意驅動，而非流量。

　　元宇宙有望革新觀眾與內容的交互形式以及極大程度地豐富內容的展現形式。一方面，元宇宙可以突破物理時空局限，因此觀眾與內容創作者進行實時、高頻交互的娛樂方式將成為可能，例如允許觀眾進入虛擬直播空間進行互動，抑或允許觀眾進入視頻的拍攝場所，體驗真正的身臨其境。目前各平台 UGC 多為視頻、音頻、圖片、文字等形式，依託優質的內容吸引用戶留存，而元宇宙的興起，預計會帶來新的創作平台與形式，在元宇宙中搭建新內容社區平台或挑戰原有內容體系平台。另一方面，元宇宙能夠模糊真實與虛擬世界的邊界，線上、線下一體化或將成為元宇宙內容的最終結構，現實世界與虛擬空間的互通、交流也能極大程度地豐富內容形式。

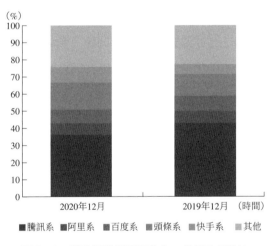

圖 3-10　移動互聯網巨頭系 App 使用時長佔比

資料來源：QuestMobile。

　　無論互聯網內容形態如何變遷，其核心都是搶佔用戶注意力。從圖文到視頻，每一輪新媒體形式的變化都帶來新的創作生態變化，如以抖音、快手為代表的短視頻平台積累了海量視頻內容創

作者，生產了大量原創短視頻、短劇等，成為重要的新內容生產平台。圖文形式要求文字內容精準細緻，平面視角較強；而短視頻則更具直觀性，有代入感，容易加深印象，且創作門檻越來越低，推進意見領袖全民化趨勢顯著。根據移動互聯網智能服務商 QuestMobile 發佈的報告稱[①]，短視頻信息流模式具有成癮性，成為時間黑洞搶佔用戶使用時長，頭條及快手系的「短視頻 + 直播」產品形態搶佔效果明顯。

在視頻化趨勢下，各平台都着力於拓展內容，內容成為增加用戶留存和拉長用戶時長的核心要素，豐富且良好的內容生態有助於平台商業價值的提升。但仍然無法給用戶帶來多感官全方位的沉浸式體驗，在增強體驗和改編方面仍面臨諸多挑戰。建立在這一基礎上，元宇宙需要足夠的優質內容吸引用戶進入和留存，需要更有價值、具有真實感的內容激發消費者的興趣，藉此實現對用戶時長 / 注意力的爭奪。M 世代羣體對獨特、優質內容要求更高，傳統影視和遊戲給用戶帶來的互動性和參與度不足，傳統影視劇集僅能靠內容和演員演技給觀眾帶來觀感的提升，即使是 3D 電影也只能在視覺方面增強觀眾體驗；遊戲近年來圍於商業化過度和微創新不足的困境，用戶在一定程度上產生「審美疲勞」。元宇宙如何響應 M 世代的體驗訴求？我們認為元宇宙需要推出高度仿真、滿足 M 世代感官體驗訴求的新內容形態，才能用席捲的方式快速搶奪用戶。

儘管我們梳理的投資脈絡主線是圍繞硬件為核心，但是我們認為最令人激動的投資標的可能出現在最新的內容形態及分發模式

[①] 參考移動互聯網智能服務商 QuestMobile 發佈的報告《中國移動互聯網 2020 年半年大報告》。

中。首先，隨着文化產業各個領域邊界的消除與融合，以及產業及金融資本的湧入，基於新內容，元宇宙的分發模式必然會被重構。不同於傳統電影依賴於電影院放映、傳統電視劇項目依賴於各大衛視與視頻網站播放，以及當前遊戲行業分發平台集中度較高的現狀，元宇宙內容的分發必將引進新的技術標準與牌照許可（尤其是國內市場），以實現在文化產業的不同領域、不同的媒介形式之間相互轉換與傳播，分發環節預計會重構、入局方更多，包括運營商、硬件商、內容方等。其次，回顧 4G 發展歷程，新一代通信技術對相關行業的傳導機制，首先受益的是通信設備製造商，其次是電信運營商，再次是各類終端設備製造商，最後則是互聯網內容與服務提供商（包括分發商）。具體說來，在通信設備製造商方面，第一波受益者主要是華為、中興等；在電信運營商方面，主要是中國移動、中國電信、中國聯通、中國廣電（2020 年成立，4G 時代未參與，5G 時代將發力），由於 5G 投入巨大，5G 世代運營商前期的收益低；在終端設備製造商方面，主要為華為、Apple、小米、三星等手機、4K/8K 電視、VR/AR 智能設備製造商；在互聯網內容與服務提供商，主要有阿里巴巴、騰訊、百度、字節跳動以及媒體內容提供方等。4G 時代的頭部互聯網巨頭，比如騰訊、阿里巴巴、百度、新浪、今日頭條等，正代表着當下最新的內容形態及分發模式。

站在當下，激盪的過往科技發展史中沉澱下來的各大巨頭，均會跑步入場元宇宙，全球範圍內各大巨頭將如何演繹出元宇宙的發展史？過程中將誕生怎樣的新巨頭？誰會化蝶新生？誰將掉隊？誰是最終的贏家？最大的不確定性當屬內容與分發模式，謹記升維模式，而非簡單借鑒，我們拭目以待！

元宇宙的終局：生物與數字的融合

04

馬斯克在由喜劇演員喬・羅根（Joe Rogan）主持的《喬・羅根脫口秀》(*The Joe Rogan Experience*)節目中，用兩個半小時的時間比較全面地回答了主持人關於自己的價值觀的問題，特別是闡述他堅信人類可能生活在一個巨大且先進的計算機遊戲中，認為人類文明很可能與遊戲一樣，都是許多模擬文明中的一部分。

這不是馬斯克第一次分享這個想法，早在 2016 年 的 Recode's Annual Code Conference 上， 他 就說過：

「鑒於我們明顯處於與現實無法區分的遊戲的軌道上，並且這些遊戲可以在任何機頂盒或 PC 以及其他任何東西上播放，而且可能存在數十億台這樣的計算機或設備，那麼我們在基礎現實中的概率只有數十億分之一。」

他還表示，如果人類文明停止進步，然後有甚麼災難性的事件要抹除文明，那唯一的解決辦法就是人類創造一個足夠真實的虛擬世界──40 年前，我們只能玩一款叫 Pong 的遊戲，兩個矩形和一個點就是該遊戲的全部，這就是遊戲的開始；40 年後，我們有了 3D 模擬，以及幾百萬人的在線遊戲。而技術仍在發展，我們很快就會擁有 VR 和 AR 世界──在馬斯克對元宇宙的終局描述中，元宇宙是一種救贖。

第一節
用戶的需求指向
「擴大世界觀」

—

天然契合 M 世代

Z 世代，是一個盛行於歐美國家的名詞，指 1995—2009 年出生的人羣。作為和互聯網一起成長的一代，Z 世代是真正意義上的「互聯網原住民」。儘管各國對 Z 世代的定義有所不同，一個顯而易見的事實是，他們已經成長為全世界人口中不可忽視的力量。他們生活富足，奉行 YOLO（you only live once，活在當下）文化，注重精神體驗，在各大網絡平台上，熱衷於展現自我，分享生活狀態，建立多元文化圈，熱愛表達與嘗試，尋求認同感，普遍具有全球意識，與元宇宙的特質匹配度極高。

Z 世代的這些特徵與元宇宙的價值觀高度契合，這是元宇宙得以快速發展的重要基石之一，因而在《元宇宙》中將 Z 世代迭代為 M 世代。對 M 世代而言，元宇宙帶來的數字化體驗，是另一種人生的維度和可能性，脫離了物理世界的桎梏，最大限度滿足他們精神層面的成就感與幸福感。2021 年 4 月，諮詢公司德勤（Deloitte）發佈

第 15 版年度數字媒體趨勢（Digital Media Trends）報告。這份於 2021 年 2 月進行的、針對 2009 名美國消費者的在線調查顯示，對於 M 世代來說，玩視頻遊戲是他們最喜歡的娛樂活動（26%），其次是聽音樂（14%）、瀏覽互聯網（12%）和參與社交平台（11%）。M 世代中只有 10% 的人說在家中看電視或電影是他們最喜歡的娛樂方式。疫情及疫情的反覆壓縮了線下的活動空間，迫使用戶將更多時長轉向對線上虛擬空間的探索，隨着投入精力和時間的不斷增加，進一步對虛擬空間的價值產生了更多的認同感，這些都為元宇宙的到來做好鋪墊。

　　國內 M 世代的趨勢也勢不可擋。據國家統計局數據顯示，截至目前中國「95 後」羣體總數約為 2.8 億，佔中國總人口的 15%，成為未來互聯網的主力人羣；互聯網賽道中，「95 後」在全體網民中佔比超過三成，貢獻了移動互聯網近 50% 的增長率；泛娛樂平台中，「95 後」DAU（日活躍用戶數量）平均時長為 42.83 分鐘，是全網用戶的近 1.5 倍。所有數據均指向「95 後」，或者說 M 世代已經成為互聯網消費的主力軍。究其原因，在於 M 世代已經逐漸成長為整體消費市場的主力軍，佔整體消費力的 40%，每月可支配收入可達 3 501 元，19—23 歲的在校「95 後」，35% 有多種收入來源。月收入 10 000—20 000 元的「95 後」人羣比例與「85 後」相近，月收入 5 000—10 000 元的「95 後」佔比 28.7%。

二

元宇宙中的新身份、新認同

　　根據元宇宙的定義，元宇宙是囊括現實物理世界，數字化 everything 的虛擬集合，尤其是人的感受，站在用戶的角度，信息化、數字化（先數字化試聽、再數字化其他感官感受）以及未來的智能化，我們不禁要思考，用戶最終需要的是甚麼？

　　從 PC 時代的衝浪，到社交 App 的層出不窮，用戶的需求指向的是多看看這個世界的多樣性、複雜性、精彩性，即「擴大其世界觀」。從 PC 時代用戶的虛擬社交，到微信時代的實名社交，元宇宙開啟了下一輪用戶身份虛擬化的大門。

　　元宇宙首先給用戶帶來了新的虛擬形象，這一虛擬新形象可以完全不同於現實世界，相對現實物理世界，擴大了用戶所能體驗的「世界範圍」。元宇宙中的互動、社交帶來新的認同，擴大了用戶的「世界觀」。元宇宙中最典型的虛擬身份當屬中本聰，世人均不知道他在物理世界中的真實身份，但並不妨礙他在加密世界中的鼎鼎有名。

　　元宇宙給予用戶的新身份，溢出效應主要在生產關係尤其是社交關係的互動中。用戶憑藉新身份在新空間、新社交網絡中的言行舉止來重新定義自己，鏈上生成的新身份可以與其他鏈上身份構成新的社交網絡，其中又可以衍生出許多原生的社交場合，比如加密藝術創作、展示與分享。

　　物理世界與元宇宙相互影響，當元宇宙中能獨立生產並建立起獨立的各類關係時，元宇宙內部就能建立起獨立的經濟系統，進一

步外溢至物理世界中。基於生產關係、社交關係帶來的身份認同，外溢至現實物理世界，將帶來更多經濟增量。類似網遊中的公會、聯盟。生產關係、社交關係非常重要，元宇宙中的各類資源，必須依靠元宇宙中的各類關係才變得有意義。元宇宙越龐大，身份就越重要，在元宇宙及物理世界中的價值就越高。

我們不能用簡單的利益驅動來解釋人們為甚麼會沉迷於某種社交方式，純粹是因為足夠有趣，用戶在社交網絡中的所有行為，都可以理解成是一場追求社會地位的遊戲，娛樂的作用非常突顯。相對於長短視頻的被動娛樂屬性，遊戲、直播是主動的娛樂選擇。元宇宙的社交，如 NFT 收藏品，既是投資，也是有娛樂性質的社交活動。基於不同羣體的偏好有異，評價 NFT 收藏品時，會有大的分歧，故而 NFT 收藏品的核心價值取決於其在社交網絡的價值。

三

元宇宙賦予用戶「幣權」

互聯網的盈利模式，向來崇尚「羊毛出在狗身上」，如 Google、Facebook 都是以廣告為主要盈利模式，用戶的點擊、發文都視為流量，與廣告變現掛鈎。以 Facebook 的虛擬貨幣為例，正在興起的「幣權」模式[1]，是各平台正構建內循環的經濟模式。

幣權模式的興起，對應的是 Apple 的「蘋果稅」。Apple 自

---

[1]　石基零售。所有的經濟體，都可以用幣權制度再做一遍[Z/OL]，（2019-06-25），http://www.woshipm.com/it/2507439.html。

2008 年推出 Apple Store 以來，所有的 App 收費（自身收費、內置收費）均需要被 Apple 抽成 30%。PC 時代，用戶與 Facebook 是「用戶 —— Facebook 網站」的關係，App 時代則是通過「用戶 —— 應用商店、下載 Facebook App」的路徑，才能間接建立起「用戶 —— Facebook」的連接。Facebook 自己的虛擬貨幣，即繞開 Apple 的抽成，自建經濟體系，用體系內的貨幣購買體系內的道具或服務。

虛擬貨幣可以視為用戶在 Facebook 上的社交資產，用戶讓渡了自身的行為隱私，從閱讀、轉發、點讚到收藏、搜索，用戶的每一次行為被 Facebook 收集後，用龐大的算法 —— 數據分析方法，服務於精準廣告投放，來實現 Facebook 的商業變現。與此同時，Facebook 也會構建一個算法（模型），以評估用戶在社交網絡上的價值，構建出用戶的社交資產。根據用戶在 Facebook 上的虛擬貢獻（每一次的閱讀、轉發、點讚等）給予獎勵，實質上即為虛擬貨幣，類似區塊鏈上的用戶，憑挖礦耗費的電力、內存、CPU 去換取虛擬貨幣。用戶讓渡自己的行為隱私，獲取虛擬貨幣，用虛擬貨幣購買虛擬道具進行消費，實現 Facebook 體系內的閉環。

Facebook 等平台自建的經濟體系，本質上是將用戶資本化。通過閱讀即挖礦、點讚即挖礦、轉發即挖礦、消費即挖礦、社交即挖礦、交易即挖礦的區塊鏈思想，將用戶的時長消耗的每個節點，均實現了資本化，構建了用戶資產化的新模型。相對於人工智能是繼蒸汽機、電力的第三次生產力革命，區塊鏈思想牽引下的用戶資本化（幣權）[①] 則是繼股權、期權後的生產關係創新、制度創新。

---

① 顏艷春。用戶資本主義：第三次生產關係革命[Z/OL]，https://m.sohu.com/a/345540323_ 654037/2019。

過往的生產關係創新，無論是股權（針對高管）、期權（針對中層及業務骨幹），均是理順企業內部的生產關係，激勵內部員工的積極性與創造力，幣權將激勵對象擴大至最毛細血管處的用戶，調動用戶積極性與創造力——基於時長（資本）、社交（資本）、消費（資本）三個維度，公開、公平、公正地去激勵。

　　如趣頭條以金幣為核心制定了一整套激勵機制，1 元 =10 000 金幣。在普通用戶角度，假設一個用戶平均一天耗時 4 小時，進行閱讀和做其他任務，每天金幣的收益估計值如下：首先是閱讀，半分鐘最高 60 金幣，1 小時最高 7 200 金幣，4 小時 28 800 金幣，但官方寫的是每小時 900 金幣，那 4 小時為 3 600 金幣；第二是時段獎勵，1 小時 60 金幣，4 小時 240 金幣；第三是曬收入，300 金幣；第四是每天簽到，連續一週平均每天 580 金幣；最後是做一次開寶箱 + 分享，開寶箱 40 金幣，每次分享 120 金幣，好友閱讀得 840 金幣，共計 1 000 金幣，各種方式合計 5 720 金幣，即 0.57 元。若拉一個新用戶，獲得 110 000 金幣，即 11 元；若喚醒用戶，獲得 6 000 + 1 800 = 7 800 金幣，即 0.78 元；促活用戶，獲得 5 720 金幣，即 0.57 元。[①]

　　遊戲中也有生產系統，如 SLG 資源類手機遊戲：SLG（Simulation Game）即模擬遊戲，玩家可以體驗一些平常接觸不到的模擬設備或在遊戲中體驗現實生活，通常在線時間很長，可以將獲得的資源交易後換取利潤。華雲的雲手機可以 24 小時在線十分適用這一點，全天上線實現利潤最大化，搭配工具製作可以完成自動

---

① 知乎。趣頭條的用戶增長策略和金幣激勵機制分析[Z/OL]，（2018-10-09），https://zhuanlan.zhihu.com/p/46294368。

掛機實際操作。如 MMORPG 類手機遊戲，包括《地下城與勇士》、《逆水寒》等遊戲，MMORPG 遊戲的一大特色——「爆肝」，必須做的每日任務及活動非常多，因此代練服務需求很旺盛，運用雲手機再加上工具製作即可操作大部分玩法不複雜的手機遊戲自動掛機，除了遊戲代練，這類遊戲同樣也可刷金幣。如 CCG/TCG 類手機遊戲：CCG（Collectible Card Game）/TCG（Trading Card Game）即卡牌遊戲。比如 2021 年 9 月初上線的《哈利波特》，此類遊戲卡牌都有一定的價值，玩家之間可以交換自己的卡牌。

但遊戲中的獎勵不是真正的「幣權」，只是按照遊戲既定的路線去獲得遊戲中的某種屬性，這種屬性玩家可以通過「氪金」得到，遊戲管理員（Game Master）也能任意調配。但元宇宙中的「幣權」，指的是創造性或體力性的，製造出新的數字產品。這種數字產品，有使用價值或者公認的資產性，且必須是元宇宙的用戶創造出來的，任何所謂的官方是無法提供的，自然也就無法以所謂官方的形式，提供給另一些用戶。

四

幣權撐起更高階的需求

非同質化代幣（NFT）就是為元宇宙量身定做的，賦予元宇宙用戶以「幣權」。NFT 是用於表示數字資產（包括 JPEG、視頻剪輯等形式）的唯一加密貨幣令牌。NFT 可以買賣，保時捷作為率先嘗試 NFT 的汽車品牌，於 2021 年 8 月初將獨家設計草圖（保時捷外觀設計總監 Peter Varga 的草圖）作為 NFT 進行拍賣；10 月 11 日，

日本遊戲巨頭史克威爾・艾尼克斯（世界知名遊戲開發商和發行商，擁有《最終幻想》、《勇者鬥惡龍》、《古墓麗影》等超級 IP）宣佈與日本 doublejump.tokyo 公司合作推出 NFT 項目《資產性百萬亞瑟王》，該項目於 10 月 14 日在 LINE 發售，《資產性百萬亞瑟王》是百萬亞瑟王系列的最新作品，也是該系列首個 NFT 項目，用戶在購買後可自由選擇邊框和背景從而組合出新的 NFT 作品，並可進行二次流通。

元宇宙中的幣權，增強了用戶的自我供給能力，進而滿足更多的需求與慾望。供給不是指市場供給而是指自我供給，不同於市場供給，自我供給能力是自己的支付能力，支付能力是多方面的，包括資金、勞動力、技能、財富、人脈、社會地位、權力、智慧、對工具的運用等。每個人供給能力不一樣，資源稟賦不一樣，對不同慾望的滿足程度不一樣。支付能力越強，慾望滿足度越高。支付能力越弱，恩格爾系數越高，即用於溫飽等生存消費佔總消費的比例越高；支付能力越強，恩格爾系數越低，用於溫飽的消費佔比少，用於高階消費的佔比多。

互聯網時代開啟的社交是為了豐富當下的現實物理世界，以現實物理世界為主、互聯網社交為輔；而未來物理世界或許只需要滿足人類的基本生理需要，更高級的需求都將在元宇宙中得以實現 —— 美國心理學家亞伯拉罕・馬斯洛的「需要層次理論」。他在 1943 年所著《人類動機理論》中提出，人的需要可以分為五個層次，它們依次是：生理的需要、安全的需要、社交的需要（包含愛與被

愛，歸屬與領導）、尊重的需要和自我實現的需要[①]。元宇宙中，幾乎沒有底層的生理與安全需要，用戶的高層次需求往往都是基於自我的，即用他人作為工具，體驗自我實現的感覺，如尊貴的服務、身份消費、權力體系。單機遊戲中每個人都是主角，在多人網遊中，已經出現了階層分化，但NPC（非玩家角色）能充當最底層。以《失控玩家》為例，元宇宙能帶來高層次的需求體驗，源於元宇宙的諸多場景、NPC，元宇宙中的體驗感越真實，NPC提供的馬斯洛需求層次則越高。

在元宇宙，用戶可能會花費99%的精力去追求高層級需求和社交，用戶核心的話題將是創造、探索、審美、娛樂。或許有一天，錢能從用戶追求中被抹除，認知和想像力將是用戶一生的追求。

五

有望創造出新的價值觀

人本主義心理學家馬斯洛在其人生最後一段時間，對自我實現有了新的洞見，構想了一種更高層次的需求，他稱之為超越（Transcendence）。他把這一理論稱為「Z理論」[②]。

在馬斯洛看來，「超越者」經常視這樣一些價值觀和經驗為動機：它們超越了基本需求的滿足和個人獨特潛力的實現，這些「元

---

① Abraham H. Maslow. A Theory of Human Motivation[J]. *Psychological Review*, 1943, 50: 370-396.

② 澎湃。馬斯洛對人性的洞察[Z/OL]，（2020-05-18），https://m.thepaper. cn/baijiahao_ 7446292。

動機」包括對除自我之外的召喚的全心投入、對「高峰體驗」（Peak Experience）的追求，以及對存在價值（The Value of Being）的堅守，包括真、善、美、正義、意義、嬉戲、積極、卓越、簡樸、優雅、完整等，而這些價值本身即是終極目的。

馬斯洛觀察到，當他詢問超越者們的行事理由和生活的價值來源時，他們經常引用上述那些價值，其之所以花那麼多時間在自己的事情上，並沒有更進一步的理由。這些價值並不為其他任何東西服務，也不是用於實現任何其他目標的工具。

馬斯洛認為，滿足這些「元需求」是必要的，「以避免疾病，達到最充分的人性或是實現最充分的成長……它們是值得人為之生、為之死的，對它們進行思考，或者與它們融為一體，會給人帶來人類之所能及的最大快樂。」

在元宇宙裏，我們可以暢想：沒有貧富差異、種族歧視、性別歧視、傷痛，殘障人士可以在這個世界裏快速奔跑、失聰的小姑娘能「感覺」到聲音，人人平等且擁有元宇宙範圍內的絕對自由，用戶擺脫現實世界的各類束縛在虛擬的世界中生活，真實的世界裏只剩下我們創造出來的各類人工智能體，執行着我們探索宇宙的使命；或許我們始終無法擺脫現實物理世界的束縛，如同《源代碼》中描述的那樣，在營養液中保留部分身體或保留逐漸退化掉的四肢和軀幹，我們大腦在虛擬世界裏模擬、創造，最終反饋到現實世界中。再大膽設想一下，如果能把人類的思想、意識用芯片、磁盤儲存起來，完成從碳基生命到矽基生命的轉變，那麼某種程度上講，虛擬世界就成了真實世界，而人的意識在硬盤裏，只要能源足夠供應，就接近達到了永生。

第二節
科技的需求指向
「數字化 everything」

在凱文・凱利《科技想要甚麼》(*What Technology Wants*)一書中，最後一部分討論的是「方向」，作者總結了科技發展的方向，同時指出了人類和科技的關係，在「科技的軌跡」這一章裏，作者指出了科技發展的 13 個方向，分別是：效率、機會、自發性、複雜性、多樣性、專門化、普遍性、自由、共生性、美感、感知能力、結構、可進化性。作者在「無限博弈」這一章裏指出科技進化的目標是人類與科技可能性博弈的繼續，即無限博弈——一場最終不會分出勝負的博弈，「有限博弈者在邊界內遊戲，無限博弈者以邊界為遊戲對象」——通過不斷改變規則和目標、保持開放性，這場持續博弈將不斷持續下去。在這場博弈的本質中體現出來的是技術元素的真正本質和需求——生命不斷增加的多樣性、對感知能力的追求、從一般到差異化的長期趨勢、產生新版自我的基本能力、對無限博弈的持續參與[①]。

多樣性、感知、差異化、新版自我、無限博弈……走過信息化之後，科技的需求目前指向了數字化：現實世界甚麼樣，我們就有能力把它在計算機的世界裏存儲成甚麼樣，相對於信息化以人為主以機器為輔，數字化的表徵則是以機器為主以人為輔。

---

① ［美］凱文・凱利。科技想要甚麼 [M]。熊祥，譯。北京：中信出版社，2011。

數字化承「信息化」、啟「數智化」

信息化與數字化的界定看似模糊，從文字定義來看，信息是經過人為理解、加工進而提煉的，不等於原始的、百分之百的事實。舉例來說，線下商店購買商品，客戶從進入商場的門口、進入商店、挑選貨品、放入購物筐、POS 機結賬、支付、出門，行動軌跡中最重要的是篩選出來交易環節，核心在於人工 POS 機掃描出來的「信息」——商品名稱、型號規格、數量、價格，這些信息是基於收銀人員的人為識別、理解、加工並選擇提煉的，這是信息化的過程。若真正的數字化技術支撐的無人店，購買貨物的全過程，從進門到出門，均全程、全息地實時記錄，數字化是以機器為主，能做到數字化的技術支撐羣是非常龐大的，涉及感知、認知層面的識別，進而判斷並給予反饋，囊括業務智能化處理、數據驅動、大數據技術（數據存儲、數據計算）、人工智能技術（巨量的數據分析）、物聯網技術（物聯網設備）。

根據數字化的定義[①]——數字化是要在計算機系統中虛擬仿真物理世界，從而通過數字技術驅動企業的業務創新、驅動商業模式的重構、驅動商業生態的變革。按照 Gartner 的定義，業務數字化是指利用數字技術改變商業模式，並提供創造收入和價值的新

[①] 人民網人民數據。數據化、信息化、數字化和智能化之間聯繫和區別解析[Z/OL]，（2021-05-31），https://baijiahao.baidu.com/s?id=17012566314261588887&wfr=spider&for=pc。

機會，它是轉向數字業務的過程。數字化簡單地說，就是將信息用數字表達出來，將問題和現象轉化成可分析、可量化的形式的過程。追根溯源，數字化源於20世紀40年代的香農（Claude Elwood Shannon）證明的採樣定理，即用離散的序列可以代表連續的函數。形象地說，萬事萬物都可以納入0和1的算籌，任何具象都可以抽象為數字，都可以進行「數字化」，這是一種技術概念。

從應用的角度來看，數字化把數據當作類似於土地資源去開發。開發則需要數據資源，於是記錄已經發生的所有數據成為前提；要開發資源，則需要ABC（AI、Big Data、Cloud）等數字化技術；要將資源充分變現，則需要用到數字營銷、數字孿生等各種數字化變現方法。

在趨勢上，所有信息類的事物都將數字化，並以更便捷、豐富、高效的虛擬形式孿生呈現，再配合其他材料技術等，將趨於無限仿真。AR、VR類技術已走向數字化，但仍然依賴信息交互界面（如你需要選擇虛擬屏幕上的Start按鍵），動作識別、眼球識別才是真正的數字化。未來我們所生活的物理世界中，一切信息的數字化需要許多探索工作去迭代回歸，也需要開發更多實物載體，如傳感器，以支撐實時信息的感知、採集、處理。我們以城市化建設中最重要的食品物流鏈為例：一盒牛奶，從奶牛吃的牧草的種植、產出，牛奶的出廠、運輸、儲存、接單、配送、簽收，直到你打開這盒牛奶，所有信息都是記錄在冊，可查詢、追溯、校驗、取證。

數字化銜接信息化與數智化。數智化是數字化最終的結果，包括業務單元的智能、商業的智能、商業生態的智能。這裏需要特別強調——數據只有積累到一定程度，智能機器或業務單元才能被訓練出來。所以數智化是數字化的結果——數據飼養下的智能化水

平的水到渠成。

信息化是一種映射的邏輯，將關鍵的節點信息提煉出來，且多為人工提煉。感知、採集、識別判斷、指令傳遞、動作控制、反饋監測均處於數據層面，與人的關係只有數據界面交互，特別強調的是所有語義內容均為人為定義、解讀、賦予，信息系統只是傳遞、運算、執行。

而數字化開始接近語義層面的識別問題。在信息化的基礎上，在識別、採集數據底層已經設計、賦予了語義內容，且在算法上植入了包括自然語言理解、智能識別、自組織、自尋優等智能能力，助力系統的識別判斷、指令傳遞、動作控制、反饋監測都具備了一定的語義內容，與人的交互，進而開始具備雙向的語義互動。

數智化則完全構建了人與機器的各方面自由交互，人與機器之間的語義裂隙迭代式被填平，並最終走向無差異。

二

數字化≠信息化的線性升級

世界的複雜性決定了我們在接近高難度的問題時，採用抽象、建模等方法去逼近真實境況，通過數據的巨量迭代，得到最優化的解決方案。在信息化時代，我們的技術手段非常有限，對世界運行過程中的難題，採用簡單的、選擇性的、線性的映射，通過最笨重的人工方式記錄，如一個客戶姓名、一件衣服的顏色，於是大量基於各種關係的數據庫應運而生，構建了結構性的描述。信息化是互聯網時代的長足進步，但我們設想，能否躍過簡單、粗糙的人工識

別的方式，更加智能化？

　　數字化不是信息化的簡單升級，是躍過了信息化的慣性路徑。我們借助（從成本到性能再到性價比都合適的）海量傳感器捕捉實時動作，用越來越成熟的實景地圖技術、定位技術、最佳路徑規劃技術進行輔助，經過訓練的人工智能視覺識別技術，在識別準確率上越來越高，識別速度上越來越快（深度學習讓機器識別的訓練也越來越容易，更多現實世界的東西可以被機器識別）。配合海量的數據傳輸技術、海量的數據存儲技術、海量的數據計算處理技術，如同將人體生命特徵信息，毫無遺漏地用各種傳感器監控起來，所採集的信息源源不斷被上傳到雲端的大規模計算機世界中，在計算機世界裏就可以用數字化重建這個人的全部生命特徵。借力各類技術 —— 傳感器 /GPS/ 攝像頭、人工智能視覺識別 / 語音識別、數據爬蟲 / 關聯推薦技術、4G/5G/NB-IoT、海量數據存儲與計算技術、區塊鏈技術、大規模雲計算技術，現實物理世界在計算機世界裏，理論上可以全息重建。

　　信息化是一條路，借助於人力，正在發生變革；數字化，是另外一條路，它更多借助於自動化設備、智能 OS 設備，裝備了大量傳感器的設備，以大數據和人工智能深度學習驅動的數智化或人工智能視覺識別驅動的數智化，實現物理世界的全息。

- 解構數字化時代技術，包括信息輸入 —— 傳感器、視覺識別、語音識別；邏輯處理 —— AI 智能匹配、智能調度運籌、AI 算法模型自動自適應優化調參；信息輸出 —— 語音交互、多輪會話、智能推薦、文本生成。
- 運行層面的數字化技術，包括端 —— 芯片、模組，操作系統（如華為發佈的鴻蒙），傳感器、GPS；管 —— 數據網關、傳輸中間

件、時序數據庫；雲——IoT 接入平台、標識解析、大數據湖、人工智能服務、數字孿生可視化、BIM。[1]

2021 年 5 月 28 日，日本在內閣會議上通過了 2021 年《製造業白皮書》。白皮書提到，鑒於美國、中國、歐洲加強進出口管理，白皮書從經濟安全保障的角度出發，要求日本國內製造業強化供應鏈管理，精準把握風險，同時指出必須推進脫碳化和數字化。

按照價值鏈來看，數字化包括：

- **研發設計環節**：使用 3D 仿真 CAD（計算機輔助設計）、仿真測試驗證 CAE（工程設計中的計算機輔助工程）、VR/AR 仿真體驗、3D 打印虛擬製造；
- **研發—生產協同環節（標準主數據服務）**：注重標準主數據，如材料信息標準主數據庫、研發設計 E-BOM 和生產 M-BOM 對齊；
- **生產環節—混合現實**：AR/VR/MR 輔助裝配，把數字世界和物理世界協同在一起；
- **倉儲環節—AI+IoT+ 自動化技術**：無人立體倉庫、無人運輸小車 AGV（自動導引運輸車）；
- **物流環節—運籌學 + 人工智能技術**：智能物流規劃與調度；
- **產品銷售環節**：個性化交互式配置，會用到 XR 技術和 3D 仿真技術；
- **產品運維環節**：智能產品，帶傳感器、智能操作 OS、5G/WiFi 數據傳輸技術，做到遠程數據採集、遠程診斷；如果是單向的物理世界映射到數字世界，即數字孿生；在數字世界遠程操控物理世界，即信息物理系統（CPS）。

---

[1] 阿朱。為啥現在大家搞不懂數字化，是因為數字化時代其實還沒來[Z/OL]，（2021-06-02），https://blog.csdn.net/david_lv/article/details/117489795。

根據應用場景不同的數字化價值鏈：

- 仿真——數字世界仿真技術、AR/VR/MR 技術、數字孿生可視化技術、CPS；
- IoT——傳感器、智能硬件、自動化技術；
- 人工智能——機器視覺、運籌學 / 推薦；
- 大數據——行業標準主數據庫服務、人工智能知識圖譜；
- 電子商務應用——用戶在線化自助選配下單、購買支付。

三

數字化跨越數字經濟，走向知識文明

信息化[①]是指將現實物理存在的事物，通過數據化手段，借助二進制編碼，通過電子終端呈現。這是相對於信息化完全是靠人來實現的，也就是說人工錄入數據，才能實現信息化。數字化採用的是自動化採集，採集—呈現—分析幾乎同時完成，不需要人工錄入數據，比如利用手環記錄的心跳和運動數據。

從概念上來說，數智化[②]是指事物在網絡、大數據、物聯網和人工智能等技術的支持下，所具有的能滿足人的各種需求的屬性。通俗來說，即利用以上技術，能動地、自動地作出決策，如無人配送車，將傳感器物聯網、移動互聯網、大數據分析等技術融為一

---

① 創業行。信息化、數字化、智能化，你能分清嗎[Z/OL]，（2021-05-14），https://xw.qq.com/cmsid/20201013A010BB00?f=newdc。

② 王繼祥。信息化、數字化、智能化、數智化等概念內涵深度解析[Z/OL]，（2021-03-31），https://www.sohu.com/a/458252337_808311。

體，從而能動地滿足貨物配送的需求。

　　借助數字化，未來世界將呈現物理世界和數字世界兩個平行世界的特點[①]，物理世界是原型和基礎，數字世界為物理世界提供質效優化的數字解決方案。數字化將勞動者由人變成了「人＋機器」，勞動者可以呈現指數級增長；將生產資料變成了「工農業用品＋數據」，數據從有形到無形，且沒有數量限制；將勞動資料變成了「工農業設備＋計算力驅動的數字化設備」，並呈現指數級增長，生產力得到了空前的解放，人類社會快速進入數字時代。數字化從近期看指向數字經濟，從遠期看指向知識文明。

　　數字科技驅動網絡協同創新模式。工業時代，創新是由基礎研究到應用研究再到行業發展「鏈式創新」的單向、線性過程。數字化則着眼於物理世界和數字世界的互動融合，一方面需要解決實際應用、面向用戶需求、開發全新市場的場景式研發與創新，從用戶需求出發對科學研究形成逆向牽引；另一方面各類基礎學科、基礎技術領域的各項基礎和應用創新尋求突破。每個創新主體都是龐大網絡體系中的節點之一，都會參與到新科學、新技術、新產品的開發應用全過程，創新產業化週期大大縮短。

　　網絡式生態化的協同式創新正在釋放更多的活力，即從基礎研究到應用開發的中間環節，呈現出網絡式的研究特點，多主體參與，創新模式發生了質變。從創新週期來看，創新節奏加快、週期縮短、快速迭代、持續改進、及時反饋以及敏捷管理的創新，正在

<hr>

① 環球網。加強技術與科學的互動　推動數字經濟進入發展新階段 [Z/OL]，（2020-08-31），https://baijiahao.baidu.com/s?id=1676505785977155297&wfr=spider&for=pc。

引領這一輪的數字化創新，並不斷驅動其他長週期的創新領域[1]。

第三節
元宇宙的終局：
生物與數字的融合

一

人機協同或人類第三條遞歸改善路徑

約 15 億年前，地球上只有原核生物（Prokaryotes），大自然通過 20 億年的進化，孕育出這些結構簡單的存在；在漫長歲月中，偶然的一個原核細胞 A 進入了另一個原核細胞 B，不論是 A 入侵了 B 還是 B 吞噬了 A，這個過程偶發性地創造出第一個真核細胞（Eukaryotic），變為一體的 AB 是一種新的存在，AB 有了屬於自己的 DNA 和生存模式[2]。

---

[1] 王曉明。量子科技將成為數字科技的核心力量之一 [Z/OL]，（2020-10-31），https://baijiahao.baidu.com/s?id=1682029359349587476&wfr=spider&for=pc。

[2] 無名狂客。地球生命的誕生之：從原核細胞到真核細胞期間經過了漫長的 20 億年 [Z/OL]，（2020-07-25），https://baijiahao.baidu.com/s?id=1673177713498262582&wfr=spider&for=pc。

這樣的一次入侵或吞噬，孕育出新的巨大成果，創造出驚人的結構。這個結果如果足夠複雜，可以產生分工，分別為細胞、骨骼、肌肉。當下我們仍不知道 DNA 傳遞的確切機制，但我們已經知道，隔離了時間和空間，我們會將自身的信息，經過某些修改，然後傳遞給下一代，我們在修改自己的 DNA，雖然微不可查但的確發生了。

基因的變異億萬年裏一直在發生，但在 7 萬年的時候，又發生了一次突然的改變，讓人類從芸芸眾生中的一員變成了地球的主宰。這個過程不是基因在起作用 —— 飽受欺負的智人得到了一個超級外掛，那就是語言。在此之前，羣體內人的交流是通過吼叫來表現，如面對圍獵的動物，他們只能大喊自己的同伴，但掌握了語言之後，就可以清楚溝通被圍獵的動物的位置、動物的體型及特徵，在信息傳遞的時候，智人就具備了其他生物無法模擬的優勢。

理查德・道金斯（Richard Dawkins）所著的《自私的基因》（*The Selfish Gene*）為我們提供了一種新的世界觀，書中將進化論從基因層面昇華至文化層面。這本書指出，在文化發展之初，有一些傳播上的障礙，但後來產生了一些傾斜傳遞，類似於基因傳遞中的校正讀碼以及其他的精細傳遞結構，這些結構寄生在信息傳遞的高速公路上，帶來了巨大的改變，這就是文化的基因 —— 被稱為「模因」（Meme）。他並提出在這個世界上，只有我們人類，能夠反抗自私的複製因子的暴政。

無論是真核的爆發還是文化爆發，都是在穩定規則上發展出來的自我改善機制，爆炸性的成果是遞歸從量變到質變產生的結果。

英國國防部與德國國防軍兩個國防規劃部門在 2021 年 5 月發表的報告《「人類增強」—— 新範式的曙光》提供了一種人類自我改

善的新範式 —— 人機協同。人機協同可以分為四個階段：一是手持設備；二是可穿戴眼鏡、耳機等；三是義肢、義體；四是人腦協同處理器。

人工智能專家傑弗里·辛頓（Geoffrey Hinton）說，神經科學家已經知道一些大腦運行的事實，卻還不了解其計算原理。如果我們真的能理解大腦是如何學習的，而不是那些心理學家構建的模糊的模型，懂得它、模仿它甚至製造它，理解到那種程度，它就會產生跟 DNA 結構在分子生物學中的那種影響。我們會由此構建第三條遞歸改善的高速公路（人機協同類似原核細胞 A 和原核細胞 B 構建真核一樣），由此構建人機協同的自我完善之路。

遞歸式自我提升會引起智能爆炸嗎？我們下面從技術發展史來看產業變化[①]：從 IT 到 DT。

- **CT 時代：通信技術（Communications Tech）**。根據《信息簡史》（*The Information*）[②]，它從人類信息產生、交互、表示、記錄、沉澱做了歷史性的脈絡梳理，它認為從人類沒有產生語言不會說話開始，就已經產生了有節奏的鼓點，後來有了語言、文字、字典、書籍，後又發現了宇宙微波、無線電，發明了電報乃至電話以及現在的移動無線電話。從電報開始，我們可以叫做 CT 時代，即：通信技術。

- **IT 時代：信息技術（Information Tech）**。從單機時代到局域網時代再到 Web 互聯網和移動互聯網時代，核心技術就是聯網 —— 連起網來，靠人協作來提高生產力。在互聯網時代來臨之前，巨頭包括 CPU Intel、服務器 IBM、PC Dell、存儲 EMC、路由器

---

① 阿朱說。從 IT 到 DT，再到 OT[Z/OL]，(2018-07-03)，https://www.sohu.com/a/239273534_610516。

② [美]詹姆斯·格雷克。信息簡史[M]。高博，譯。北京：人民郵電出版社，2013。

Cisco、軟件 Microsoft、數據庫和中間件 Oracle、應用軟件 SAP，商業模式很簡單——做 IT 產品，賣 IT 產品。互聯網來臨之後，信息走出了單人單企業的邊界，全社會全球互通了，巨頭包括信息搜索 Google、社交網絡 Facebook、社交媒體 Twitter、商務社交 Linkedin，通過整合用戶（流量），轉移支付（廣告），這些均是 IT 時代的成果。

- **DT 時代：數據技術（Data Tech）**。IT 時代做 IT 工具是為了幫助用戶更好地完成所想做的事，DT 時代做 IT 工具的目的是收集數據，收集來的數據是為了建模，讓人工智能深度學習來訓練模式，再讓人工智能關聯推薦來進行事情的自動化。DT 時代的核心技術是大數據和人工智能深度學習。DT 首先被應用到了社會化資源的整合與調度，如 Amazon 智慧採購、Uber 智慧打車調度、Airbnb 智慧住宿調度、菜鳥網絡智慧倉儲物流調度，它們都是靠社會化海量資源的最佳調度優化來獲利，搶佔了社會商業活動的發展紅利。

- 未來或許會進入 **OT 時代：操作技術（Operational Tech）**。DT 時代為了收集數據，付出了大量的精力。雖然有 Web 互聯網、移動互聯網，有 OpenAPI、有數據爬蟲技術，讓數據匯集更方便，但仍然需要人通過 Web 交互或移動交互來輸入數據，數據的產生速度、產生質量仍然不高；到了萬物皆智能、皆能聯網時代，核心技術是 IoT、人工智能視覺聽覺識別技術，萬物直接產生數據，數據不需要抽象轉化，直接發送到雲端。

過去我們需要通過信息化，人為把事情判別抽象整理為結構化的文本信息描述出來，現在我們根據現實世界的視覺、觸覺、聽覺、味覺，就直接採集、直接存儲，這就有了數字化、數字孿生的說法，這樣的多媒體數據，它的容量才夠大、才真實。

關於人機協同，我們普遍關注特斯拉和 Space X CEO 埃隆·馬

斯克所開創的 Neuralink，這家公司旨在通過人腦植入，實現人腦和計算機之間的無線接口，Neuralink 重點在於創建可植入人腦的設備，最終目的是幫助人類跟上人工智能的進步。

關於 Neuralink 建立的意圖，馬斯克曾經在一次演講中說道，隨着時間的推移，我們可能會看到生物智力和數字智力的合併，它主要是關於寬帶、你的大腦和數字化版本自身之間的關聯速度，尤其是輸出這部分，此後在 2017 年 2 月迪拜舉行的「世界政府峰會」上，馬斯克也強調了人機共生的重要性，他認為人類需要與機器相融合，成為「半機械人」，才能避免在人工智能時代被淘汰。

人機共生不僅能夠增強人類認知能力，也可以用於治療癲癇或重度抑鬱症等疾病，從疾病治療入手是馬斯克慣用的打法 —— 馬斯克的邏輯是先從人們生活的實際問題入手。SpaceX 和特斯拉遵循的都是這個邏輯，先從近期能夠解決的問題入手，如火箭發射、電動車、太陽能電池等。在醫療領域，電極陣列和其他植入物被用於幫助改善帕金遜症、癲癇症和其他神經退行性疾病的影響。然而，地球上很少有人將複雜的植入物放置在頭骨內，而具有基本刺激裝置的患者數量也只有數萬人而已。這是因為對人類大腦進行操作是非常危險、有侵害性的，只有那些用盡了其他醫療方法都沒有很好效果的人，才能選擇進行這樣的手術。

Braintree 聯合創始人布萊恩・約翰遜（Bryan Johnson）[1] 創立公司 Kernel，致力於自主醫學研究，以試圖增強人類的認知能力，

---

① TechWeb。馬斯克旗下腦機接口公司有新動作：規劃做動物實驗[Z/OL]，（2018-03-29），https://baijiahao.baidu.com/s?id=1596252647844468610&wfr=spider&for=pc。

Kernel 及其日益增長的神經科學家和軟件工程師正在努力扭轉神經退行性疾病的影響，最終使我們的大腦更快、更聰明。

生物智力和數字智力的合併，障礙巨大，如神經科學研究人員對人類大腦神經元通信的理解非常有限，收集這些神經元數據的方法非常初級。此外，這項技術也存在着遭受網絡攻擊的隱患。雖然困難重重，但仍然有諸多與馬斯克一樣想要用人腦直接控制計算機的技術先鋒。

人機協同的關鍵在於腦機接口（Brain-computer Interface, BCI），也稱意識—機器接口（Mind-machine Interface, MMI）、直接神經接口（Direct Neural Interface, DNI），是一種人類大腦同外部設備之間的直接溝通方式。腦機接口旨在用於研究、掃描、輔助、增強和修復人類意識或感官功能。腦機接口的研究始於 20 世紀 70 年代的加州大學洛杉磯分校，由美國國家科學基金會撥款，遵從一份同 DARPA（美國國防高級研究計劃局）簽署的協議。由這項研究所發表的論文也第一次在科學文獻中提及「腦機接口」。

20 世紀 80 年代，在一份關於「腦機接口」的報告中，涉及意識控制物體、移動機器人和使用腦電信號，腦機接口的研究領域至此主要集中於神經修復術應用，例如恢復受損的聽力、視力等。由於大腦的皮質具有可塑性，植入假體所發出的信號在被人體適應後能被大腦操作，在多年的動物實驗後，世界首個神經義肢於 20 世紀 90 年代中葉被植入人體。

腦機接口的研究始於漢斯・貝格爾（Hans Berger）首次發現人類大腦活動時所產生的電信號，即腦電波，以及腦電掃描法的運用。與該領域的幾個先驅科學家一起，神經外科醫生和發明家菲爾・肯尼迪（Phil Kennedy）在 20 世紀 90 年代研發了「侵入式」人

腦—計算機接口 ①。1996 年，在動物身上做過測試之後，美國食品藥品監督管理局（Food and Drug Adminstration, FDA）允許肯尼迪將電極植入無法說話或者移動的閉鎖綜合徵患者體內。第一位志願者是特教老師瑪喬麗（Marjory），她患有漸凍症（ALS），手術後瑪喬麗能夠通過思維控制開關，然而由於她的身體太過虛弱，在手術過後 76 天去世。1998 年，53 歲的越戰老兵約翰尼・瑞恩（Johnny Ray）成為第二名志願者，手術後瑞恩從昏迷中醒來，雖然意識清醒但沒辦法移動除了眼皮以外的身體部位。肯尼迪醫生後來通過手術，讓一位因患有閉鎖綜合徵而嚴重癱瘓的病人利用她的大腦控制計算機中的光標。2014 年，肯尼迪為了建造一個語音解碼器，把人想像自己說話時產生的神經信號進行翻譯，通過語音合成器進行輸出，67 歲的他選擇在自己身上做了一項史無前例的試驗 —— 在他自己的大腦中植入電極以便在大腦的運動皮層和計算機之間建立聯繫，後續肯尼迪在伯利茲城進行了長達十小時的第二場手術 —— 植入了電子元件，這樣他就能從自己的大腦中收集數據。2015 年秋天，肯尼迪在芝加哥美國神經科學學會上呈現了利用自己大腦研究出來的結果 —— 在大聲朗讀特定聲音時，他所記錄的 65 個神經元總是以特定組合表現出來，而在他默念這些聲音時，也會出現同樣的組合，這很可能是研發思維語音解碼器的關鍵。

---

① wanjiaojiao。畢生研究人腦接口的大神：他找人鋸開了自己的腦殼，往裏插入了電極[Z/OL]，(2015-11-18)，http://www.hereinuk.com/53545.html。

二

元宇宙擴展物理城市的尺寸與增長空間

在 2021 年華為舉辦的「智能世界 2030 論壇」上，華為首次通過定量與定性結合的方式，對未來十年的智能世界進行系統性描繪和產業趨勢的展望。華為常務董事、ICT 產品與解決方案總裁汪濤認為探索是人類與生俱來的天性。他用三個手印來表達他的看法，並代表華為發佈了以「無界探索，翻開未來」為主題的《智能世界 2030》報告[①]。

- 第一個手印，是幾萬年前人類在洞穴裏留下的。我們總是會對那些非凡的創造驚歎不已。用畢加索的話來說，它的藝術表現力和我們今天的創作沒有甚麼兩樣。
- 第二個手印，是倫琴（Wilhelm Röntgen）研究中的射線拍下了他愛人的透視手骨圖。他對放射性物質的好奇，為我們今天的醫學帶來了革命。
- 第三個手印，是未來智能世界中的數字手印。它將會深度融合生物特徵與數字信息，讓我們對未來的智能世界充滿想像。

展望醫、食、住、行、城市、企業、能源、數字可信八大方向在 2030 年的前景，充分體現出未來的智能場景中，生物特徵與數字信息的融合。

---

① TiAmoForever。華為發佈《智能世界 2030》報告，多維探索未來十年趨勢[Z/OL]，(2021-10-15)，https://www.cnblogs.com/TiAmo-zhang/p/15409569.html。

- 「醫」——讓健康可計算，讓生命有質量；
- 「食」——用數據換產量，普惠綠色飲食；
- 「住」——新交互體驗，讓空間人性化；
- 「行」——智能低碳出行，開啟移動第三空間；
- 「城市」——數字新基建，讓城市有溫度，更宜居；
- 「企業」——新生產力重塑新生產模式，增強企業韌性；
- 「能源」——綠色能源更智能，呵護藍色星球；
- 「數字可信」——數字技術與規則塑造可信未來。

生物與數字的結合，本質上是用智能去增強人，我們需要將智能視為一個優化過程，一個引導未來進入一種特定配置的過程。基因馴化人，文化感染人，人機協同增強人，數字信息已經達到了與生物圈信息相似的程度，它呈現指數級增長，表現出高度保真的複製；通過差異複製，通過人工智能表達，並且已經有了無限的重組能力。生物與數字的融合，就像之前的進化轉變一樣，生物與數字信息之間潛在共生將達到一個臨界點，這種融合的其中一種可能走向，就是將產生一個更高級別的超級有機體——元宇宙。

元宇宙是下一代計算平台。現代科技伴隨着每一次交互的改變，形成平台升級。PC＋互聯網是最早的計算平台，人類拿到了進入數字世界的密鑰。手機＋移動互聯網緊隨其後，形成了第二波信息科技浪潮，打開了人類進入數字世界的大門。新硬件＋元宇宙開啟了數據智能時代，人機協同寄生於元宇宙中，開啟了生物與數字的融合。

第一個大型平台是 PC 上互聯的網頁，它將信息數字化，將知識置於算法的力量之下，Google 是主宰者；第二個大型平台是社交媒體，主要在手機上運行，它將人數字化，將人的行為和關係置

於算法的力量之下，主宰者是 Facebook 與微信；第三個大型平台將世界其他地區數字化，它將人的體驗數字化，在這個平台上，所有的內容都將是機器可讀的，受算法影響，最大限度擴展了物理城市的尺寸與增長空間。（見附錄 4：元宇宙的本質、歷史觀、終局）

元宇宙
全球產
業地圖

05

1. Facebook： All in 元宇宙

2. Apple： 硬件蓄勢待發

3. Microsoft： 搶佔產業優勢地位

4. 騰訊： 發力全真互聯網

5. 以太坊： 元宇宙世界經濟基礎

6. 字節跳動： Facebook 全球最強競爭對手

7. 華為： 搭建基礎設施

8. Nvidia： 元宇宙世界硬件底層

9. Google： AR → VR → XR

10. HTC： 構建閉環生態

11. Sony： 戰略輔助硬件

12. 百度： All in AI

13. Amazon： 底層技術實力深厚

14. 阿里巴巴： 多場景協同發力

15. 高通： 元宇宙世界之「芯」

16. 小米： 強勢切入硬件

17. Unity： 遠不止遊戲引擎

18. Roblox： 元宇宙早期雛形

19. Epic Games： 打破虛擬世界藩籬

20. Valve： 硬件、內容與平台

《三體》並不是一種幻想，在人類的面前有兩條路：一條向外，通往星辰大海；一條對內，通往虛擬現實。

——劉慈欣

劉慈欣認為，人類的未來在於前一條路，後一條將會帶來內捲。然而，元宇宙的火爆正引發科學圈、哲學界新的思考。或許，這兩條路可以合二為一——元宇宙！

第一節
全球巨頭跑步入場

的確，我們有了互聯網，有了 Apple、特斯拉、Facebook，進入了信息時代，生活更加方便，物質更加豐富。然而人類社會的科技發展已然進入停滯期，絕大多數「低垂的果實」早已被摘完。如果以能源利用方式帶來的生產力躍升來標識工業革命成果，那麼第一次工業革命（蒸汽技術革命）是人類利用化石能源的革命；第二次工業革命（電力技術革命）是人類利用電力能源的革命。前兩次工業革命均帶來生產力的極大躍升，而第三次工業革命（計算機及信息技術革命）的意義在於互聯網普及，重塑了生產及生活方式。以能源利用方式為衡量標準，計算機及信息技術革命僅僅是更有效地配置現有資源，但並沒有帶來生產力的明顯躍升，或許真正的第三次工業革命應當是人類利用核能源的革命。近 60 年以來，人類自

然科學研究進步緩慢，有漸進式的改良，而無顛覆式的創新；人類生產力發展也漸漸停滯，仍停留在第二次工業革命後利用化石與電力能源的階段。

在此背景下，全球陷入存量博弈，內捲化趨勢加劇，國家與國家之間、國家內部、企業與企業之間等對存量資源的爭奪越來越激烈。「內捲化」一詞多見於學術界基於制度、文化等層面的社會現象進行的一種討論。從制度變遷角度看[①]，變遷被概括為演化、革命和內捲三種典型形態：演化是指一種連續性的、增進性的、發散性的或沿革式的社會變遷；革命是一種間斷性的、突發式的或者說劇烈的社會制度的改變與更替，是從一種社會制度跳躍式地變為另一種社會制度；而內捲則是一個社會體系或一種制度在一定歷史時期中、在同一個層面上的內纏、自我維繫和自我複製。與演化相比，內捲表現為自我重複而沒有增進。一言以蔽之，內捲化就是指社會發展停滯不前之後，對存量資源爭奪越來越激烈的一種社會現象。

那麼，我們應該向外拓展邊界，擁抱星際探索的星辰大海，還是向內尋求增量，獲取虛擬世界的替代方案？事實上，人類航天事業在登上月球時達到高峰，卻在美蘇爭霸結束後迅速凋敝。1966年美國阿波羅登月工程發射的「土星五號」依然保持着人類歷史上使用過的最高、最重、運載能力最強的運載火箭紀錄（127噸）。1998年美、歐、日、俄等16個國家建設的國際太空站到2024年（後延期到2028年）就要「退役」，且此後沒有建設新太空站的計劃，而中國於2021年新建的太空站或將是2028年之後人類唯一的太空站。

---

① 人民論壇網。內捲、打工人……這些流行語暴露了甚麼？[Z/OL]，(2021-05)，https://xw.qq.com/cmsid/20210606A0169800。

目前人類距離星辰大海仍然遠不可及。同時，我們越來越沉浸在虛擬世界，花費在社交網絡、電子商務、網絡遊戲的時間越來越長，現實世界高度內捲化趨勢下，躺平文化、宅文化、喪文化日益流行，越來越多人轉向虛擬世界，尋找在真實世界無法獲取的滿足感。

元宇宙一方面儘可能地復刻現實世界的底層邏輯，如身份、社會地位、經濟、文化等，讓虛擬世界的沉浸式體驗更加真實；另一方面，也在不斷探索超越現實世界的可能性，以實現在現實世界裏無法做到的事情。從經濟與商業的角度解讀，一方面元宇宙將會賦能所有傳統行業利用新技術、新理念創造出新的商業模式、新的客戶和新的市場；另一方面，元宇宙不受現實條件的限制，要素規模無限大、消費頻率大幅提升、邊際成本趨零化，其經濟規模將數倍於現實世界。元宇宙究竟是通往人類內捲還是星辰大海，這取決於技術如何發展與使用。科技巨頭們跑步入場元宇宙，一方面為應對激烈的存量競爭，需要尋找新的商業增長點；另一方面，為下一代人類科技革命積蓄力量，以爭奪下一個時代的話語權。

一

巨頭們的「陽謀」

我們認為科技巨頭們爭先恐後佈局元宇宙的最直接原因，是為了打造全新的商業增長點。這裏的新增長點不限於可觀的盈利空間，更包括新一代的流量入口，以及龐大的商業版圖。從盈利空間到流量入口再到商業版圖，更是巨頭們野心與訴求的層層遞進、逐步升維……

1. 盈利空間：以遊戲管中窺豹，元宇宙的商業潛力巨大

　　元宇宙是下一代互聯網，它將影響各行各業。每一個時代都會有一個先導行業爆發式增長，再帶動其他要素發展，其他要素的跟進會進一步促進相關行業的發展，從而形成正反饋，產業化的過程助推社會加速進步。新內容之於元宇宙，如棉花之於工業革命。首先回顧工業時代的先導行業以及工業革命發生的順序：英國的工業革命首先從棉紡行業開始，具有高收入彈性需求的紡織品市場刺激並維持了機械化大規模生產，促進英國貿易量與商品配送需求大規模增長，進而帶動了其他領域的工業革命，產生了煤炭、蒸汽機、電報、公路、鐵路、輪船等。

　　遊戲具備元宇宙的部分特徵，是元宇宙的先行者，展現出廣闊的盈利空間。UGC 遊戲 *Roblox* 已成為全球最大的多人在線創作遊戲平台，截至 2020 年年底，*Roblox* 擁有超 2 000 萬個遊戲體驗場景，全平台用戶使用時長超過 300 億小時，開發者社區累計收入 3.29 億美元。NFT 遊戲 *Axie Infinity* 穩居鏈遊 TOP 1，碾壓頭部傳統遊戲《王者榮耀》。AxieWorld 數據顯示，2021 年 8 月，*Axie Infinity* 收入達 3.64 億美元，較 7 月收入環比增長 85%，其 8 月收入僅次於以太坊（收入 6.7 億美元）。作為對照，全球移動遊戲收入榜第一的《王者榮耀》7 月全球收入為 2.31 億美元。目前普遍認為遊戲是元宇宙的雛形之一，遊戲將會融合藝術、文化、技術形成探索元宇宙的內容大潮。遊戲等內容將擔負起先行者、引領者的角色，推動上下游產業逐次進入元宇宙時代。

2. 流量入口： 從互聯網到元宇宙或是人類最近一次大遷徙

根據互聯網世界統計數據，截至 2020 年 5 月，全球互聯網用戶數量達到 46.48 億人，佔據世界人口的 59.6%，過去十年的年均複合增速達 8.3%。這部分互聯網用戶，既是互聯網時代的「舊遺民」，也將是元宇宙時代的「新移民」，辭舊迎新的遷徙必然將在未來的某一時點爆發。流量紅利殆盡的當下，連接全球的元宇宙成為最新的「流量密碼」。流量遷徙將會帶來巨大的財富機遇，互聯網科技巨頭們一旦掌握了這一流量密碼，自然也就將其轉化成了巨額財富。

更不必說，當前的 M 世代本就是互聯網的原住民，相比之前世代擁有更強的虛擬內容消費能力。這代人伴隨着互聯網一起成長，受互聯網、即時通信、短信、MP3、智能手機和平板電腦等科技產物影響較深。他們通常不畏權威、追求社交認同、注重自我實現、願意為知識及喜歡的一切付費。根據 QuestMobile 統計數據，截至 2020 年 11 月，「95 後」、「00 後」活躍用戶規模已經達到 32 億，佔全體移動網民的 28.1%，其線上消費能力和意願均遠高於全網用戶的平均水平。同時，M 世代也是技術迭代的早期消費者，是移動互聯網中的重度用戶。他們興趣愛好極其廣泛，是社交、娛樂、購物等方面的生力軍。

3. 商業版圖： 以元宇宙為支點撬動前沿科技成果

元宇宙吸納了信息革命（5G / 6G）、互聯網革命（Web3.0）、人

工智能革命、以及 XR 技術革命等前沿科技成果 [1]，向人類展現出構建與傳統物理世界平行的全息數字世界的可能性；引發了信息科學、量子科學、數學和生命科學的共同進步，改變了科學範式；推動了傳統哲學、社會學甚至人文科學體系的突破；囊括了所有的數字技術，包括區塊鏈技術；豐富了數字經濟轉型模式，融合了 DeFi、IFS、NFT 等數字金融成果。元宇宙這一個概念涉及了 5G、VR、遊戲、社交、內容、消費等多個領域，因此攀登元宇宙這座大山，對巨頭們拓展自身的商業版圖也至關重要。

正如互聯網經濟是架構在 IT 及其相關技術基礎之上，元宇宙的崛起同樣離不開龐大技術體系的支撐。《元宇宙》研究了業界對元宇宙技術體系的各種分析和論述，總結提煉出支撐元宇宙的六大技術支柱 BIGANT，包括區塊鏈技術、交互技術、電子遊戲技術、人工智能技術、網絡及運算技術、物聯網技術。可以說，元宇宙的每一細分技術體系都蘊藏着巨大的商業潛力。

二

巨頭們的「籌謀」

電影《頭號玩家》中有一句台詞 —— "It is a war to control the future"（這是一場控制未來的戰爭）。在這場未來之戰的終局到來

---

[1] 品途商業評論。從創作者變現範式轉移談起，NFT 的元宇宙基礎構建角色與價值捕獲 邏 輯 [Z/OL]，（2021-09-02），https://www.beekuaibao.com/article/882945307624837120。

之前，沒有人可以停下腳步。我們認為科技巨頭爭先恐後佈局元宇宙的最根本原因是搶灘下一代超級巨頭。

　　每一輪工業革命都會誕生全新的主導力量，人們普遍關心的是「下一時代，誰主沉浮」。第一次工業革命 —— 蒸汽技術革命最終確立了資產階級對世界的統治地位，率先完成了工業革命的英國，很快成為世界霸主。第二次工業革命 —— 電力技術革命最終形成了西方先進、東方落後的局面，資本主義逐步確立起對世界的統治。第三次工業革命 —— 計算機及信息技術革命使得美國強勢崛起成為唯一的超級大國，美元通過石油、強大經濟、軍事實力成為全球貨幣，捆綁全球經濟，成為世界警察。第四次工業革命 —— 人工智能、虛擬現實、量子通信等技術革命將進一步深刻改變世界，重塑世界格局，是發展中國家、後發國家彎道超車的重要機遇。以中國為例，中國缺席前兩次工業革命因落後而捱打，導致了近百年的近現代民族屈辱。中國在第三次工業革命中大力投入，對原先領先的歐洲、日本、韓國等實現了超越，並且和美國一起成為世界上互聯網技術最發達的兩個國家，確立了互聯網領域全球領先的地位。同時，第三次工業革命過程中，中國成就了阿里巴巴、騰訊等估值超過 5 000 億美元的互聯網巨頭，也出現了京東、美團、滴滴出行等公司，創造出豐富多樣的商業模式以及巨量的就業機會。第四次工業革命必然是世界各國舉國力重點投入，來謀求國家綜合實力與國際競爭力提升的終局之戰。

　　成為下一代巨頭的核心訴求是謀求下一代行業主導話語權。掌

握了行業主導權，等於掌握了資源與分配^①，未來就能夠站在整個產業鏈的頂層，獲取最大的話語權、價值和主導權。具體來看，作為核心的芯片，VR 專用的 AMOLED 屏幕市場中，三星佔據該領域 95% 以上的份額。開發引擎方面暫時沒有任何一款國產的達到世界級標準的引擎。Epic Games 的 Unreal Engine 4，佔有全球商用遊戲引擎 80% 的市場份額。Unity 的遊戲引擎，基本佔據了大部分手遊開發市場。Unity 和虛幻引擎目前是開發 VR 應用最佳的工具，AR 開發也離不開 OpenXR 的技術標準和規範。

三

為何非要跑步入場

回顧復盤操作系統變遷史 —— 即 PC 互聯網到移動互聯網時代，操作巨頭的切換，以及再難有「後來者居上」，是為了解釋科技巨頭的急切。那麼為甚麼元宇宙在如此早期的發展階段，卻能吸引眾多科技巨頭蜂擁而至，甚至 All in 元宇宙。

PC 互聯網時代，Microsoft Windows 佔據絕對的霸主地位，Apple Mac OS 位居次席。2010 年第 4 季度，Windows 和 Mac OS 在 PC 操作系統的市佔率分別是 92.55% 和 6.17%，合計達到 98% 以上，並且二者在過往十年內一直保持壟斷地位。2021 年第 3 季度，

---

① 品途商業評論。從創作者變現範式轉移談起，NFT 的元宇宙基礎構建角色與價值捕獲邏輯[Z/OL]，(2021-09-02)，https://www.beekuaibao.com/article/882945307624837120。

Windows 和 Mac OS 市佔率分別為 75.4% 和 15.93%，合計佔比依舊維持在 90% 以上[①]。

移動互聯網時代，操作系統的主導力量發生轉變，Microsoft 式微而 Google 崛起。一方面，Google 接過 Microsoft 操作系統大旗，安卓在智能手機操作系統中的份額不斷攀升。2016 年第 4 季度，在全球智能手機出貨量達到歷史最高值的同時，安卓在智能手機操作系統中的市佔率也首次突破 70%，達到 71.61%。另一方面，Apple 則依靠在手機市場新推出的 iOS 操作系統拿下 18.95% 的份額，二者合計達到 90% 以上。此後，移動互聯網操作系統的競爭格局幾乎定型，2021 年第 3 季度，安卓和 iOS 的市佔率分別為 72.44%、26.75%，二者合計達到 99% 以上。

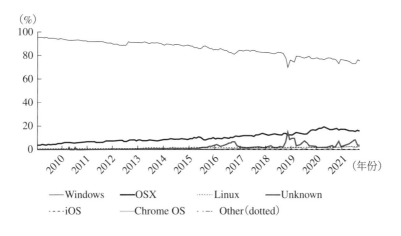

圖 5-1　2009—2021 年 PC 操作系統市場份額

資料來源：Stacounter。

---

① 人民網。鴻蒙登場！它的征途是萬物互聯[Z/OL]，（2021-06-03），https://baijiahao.baidu.com/s?id=1701528922564514528&wfr=spider&for=pc。

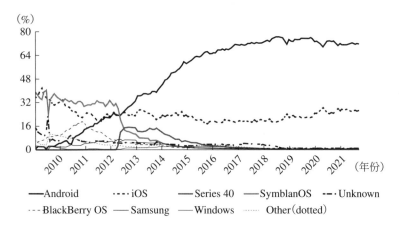

圖 5-2　手機操作系統市場份額

資料來源：Stacounter。

通過復盤操作系統競爭格局的演變，我們可以得出一條定律──「後來者難居上」。一旦某一賽道操作系統的市場格局確定之後，後來者幾乎沒有翻盤的可能性[①]。具體來看，安卓在手機端先入為主，但還是無法挑戰 PC 端 Windows 的統治地位。Microsoft 錯失手機端的佈局先機，儘管後續發力，但是 Microsoft Windows Mobile 最終沒能重續 PC 端的輝煌。「後來者難居上」是因為操作系統不僅僅是操作系統本身，還包括生長於操作系統之上的整個產業生態，後來者想要逆襲，需要承擔整個產業生態的遷移成本，而這幾乎沒有可能。僅僅從產業生態中的開發者角度看，目前全球範圍內安卓的開發者數量約 2 000 萬，iOS 開發者數量約 2 400 萬，後來者操作系統想要完成幾千萬開發者的遷移，其難度可想而知。因

---

① 春公子。在美國三輪限制之下，鴻蒙提前亮相，你們真的看懂華為鴻蒙了嗎[Z/OL]，（2021-06-17），https://baijiahao.baidu.com/s?id=17028126364481462631&wfr=spider&for=pc。

此，Microsoft Windows Mobile 佈局手機端、Google 安卓逆襲 PC 端的失敗是不可避免的。

展望未來，「後來者難居上」定律在元宇宙時代將更加鮮明。全球智能手機出貨量在 2016 年觸頂後連續四年下滑，爆款 App 自 2015 年的拼多多、2017 年的抖音後再無接棒者，硬件、軟件的疲軟均表明通信技術變革帶來的移動互聯網紅利已經達到頂點[①]。隨着互聯網向元宇宙的方向進化，產業發展的大趨勢從硬件和軟件兩個維度來推演，硬件層大概率會走向所有設備的智能化、互聯化，也就是萬物互聯的 IoT 時代。軟件層的全新操作系統必須把握住萬物互聯的機遇，能夠降低軟硬件結合的門檻，從而把握住新時代的行業主導地位。元宇宙時代的產業生態相比於 PC 互聯網、移動互聯網將更加複雜，後來者顛覆前者的難度將進一步增加。故此，巨頭們均跑步入場。

第二節
搶灘元宇宙：20個案例

元宇宙尚在發展早期階段，當前科技巨頭主要着力於四大領域尋求突破：一是硬件設備，二是平台與生態，三是算力迭代，四是

---

① 崑崙策。關於華為鴻蒙的三個核心問題[Z/OL]，（2021-06-04），http://www.kunlunce.com/e/wap/show2021.php?classid=176&id=152725。

算法創新。XR 設備等新硬件是元宇宙的入口，直接決定用戶規模。平台和生態的健全程度決定誰能夠在未來的元宇宙市場中佔據優勢份額，內容也將成為搶奪用戶注意力的利器。算力、算法、人工智能也將成為元宇宙時代重要的生產要素。海內外科技巨頭爭相佈局元宇宙，綜合來看，Facebook、Apple、Google 同時佔據硬件、平台與生態、算力算法優勢；騰訊、字節跳動擁有全球化、多層次的流量優勢並持續補足元宇宙細分版圖；以太坊、Nvidia 構建元宇宙的經濟系統與硬件底層；Microsoft、華為、百度、阿里巴巴基於科技積累從底層基礎建設出發；Roblox 兼具 UGC 與經濟系統特徵，頗具元宇宙雛形；Epic Games、Valve 等遊戲製作公司也基於自身資源稟賦積極佈局……

科技巨頭們圍繞四大競爭方向，利用自身優勢搶灘元宇宙。我們將全球科技巨頭按照元宇宙的投資版圖（硬件及操作系統、後端基建、底層架構、人工智能、內容與場景、協同方）劃分為若干類：硬件主導型、平台與生態主導型、算力先進型、算法創新型，共 20 個案例。（見附錄 5 ：全球視野的排兵佈陣圖）

表 5-1 科技巨頭按照投資版圖劃分元宇宙佈局

	硬件及操作系統	後端基建	底層架構	人工智能	內容與場景	協同方
Facebook	√	√	√	√	√	
Apple	√		√	√	√	
Microsoft	√	√	√			√
騰訊		√	√		√	
以太坊		√	√	√		
字節跳動	√	√			√	
華為	√	√	√			
Nvidia	√		√			
Google		√	√		√	
HTC	√		√		√	
Sony	√				√	
百度		√		√	√	
Amazon		√			√	
阿里巴巴		√	√			
高通	√		√		√	
小米	√	√		√		
Unity			√		√	
Roblox		√	√		√	
Epic Games			√		√	
Valve		√		√		

一

Facebook：All in 元宇宙

Facebook 目前是國內外元宇宙佈局最為激進的科技巨頭，其計劃是五年內轉型為一家元宇宙公司，並於 2021 年 10 月 28 日，正式更名為 "Meta"。Facebook 的優勢在於數量龐大的用戶與流量基礎，全球化的陌生人社交基因，後來通過收購 Oculus 補齊硬件短板（Oculus VR 出貨量佔據全球 3/4 份額）。Facebook 的目標是連接世界上的每一個人，給他們「與任何人分享任何東西」所需要的工具。扎克伯格曾說：「我們真正的目標是建立社區，很多時候，推進技術的最好方法就是將其在社區中使用。」2021 年 9 月，Facebook 承諾投資 5 000 萬美元用於構建元宇宙；10 月，Facebook 官網發文表示，計劃在未來五年內在歐盟招聘 10 000 名員工以幫助建設元宇宙。站在 Facebook 的角度來看，元宇宙是個更大的社交平台，相比如今的社交模式，元宇宙能夠帶來更多、更好的社交體驗。成為元宇宙時代巨頭符合 Facebook 的核心使命與價值觀（Facebook 元宇宙佈局詳見表 5-2）。

1. 硬件及操作系統

（1）VR 頭顯

按時間順序：Oculus DK1/DK2、PC VR Oculus Rift CV1、PC VR Oculus Rift S、Oculus Go VR 一體機、Oculus Quest VR 一體機、Oculus Quest 2 VR 一體機。

除了在頭顯 VR 設備上的佈局，Facebook 還與雷朋合作推出

表 5-2　Facebook 元宇宙佈局

硬件及操作系統	後端基建	底層架構	內容與場景	人工智能	協同方
Oculus VR 頭顯／一體機 自研操作系統		數字貨幣 Diem　電子錢包 Novi　技術諸備 收購西雅圖 Xbox 360 手柄設計團隊 Carbon Design 收購 3D 建模 VR 公司 13th Lab 收購遊戲開發引擎 RakNet 收購計算機視覺公司 Nimble VR 收購計算機視覺團隊 Surreal Vision 收購以色列深度感測技術與計算機視覺團隊 Pebbles Interfaces 收購蘇格蘭空間音頻公司 Two Big Ears 收購原型製作公司 Nascent Objects 收購愛爾蘭 MicroLED 公司 InfiniLED 收購面部識別技術創企 FacioMetrics 收購瑞士計算機視覺公司 Zurich Eye 收購丹麥眼動追蹤創企 The Eye Tride 收購德國計算機視覺公司 Fayteq	Facebook Horizon World Facebook Horizon Workrooms 社交平台 遊戲平台 投資與收購 投資 360 度視頻與 VR 內容製作平台 Blend Media		

硬件及操作系統	後端基建	底層架構	內容與場景	人工智能	協同方
		收購虛擬購物與人工智能創企 Grostyle 收購腦計算（神經接口）創企 CTRL-lab 收購倫敦計算機視覺創企 Scape Technologies 收購瑞典街道地圖數據庫 Mapillary 收購新加坡 VR/AR 變焦技術公司 Lemmis	收購 VR 遊戲, Beat Saber 開發商 Beat Games 收購雲遊戲公司 Play Giga 收購遊戲開發商 Sanzaru Games 收購 VR 遊戲 Lone Echo 的開發商 Ready At Dawn 收購 VR 遊戲 Onward 的開發商 Downpour Interactive 收購 VR 遊戲 Population: one 的開發商 BigBox		

了智能眼鏡 Ray-Ban Stories，這標誌着智能穿戴從手腕向頭戴方向的轉變。雖然這款眼鏡沒有 AR 顯示的功能，但已經可以看作是一個小型的頭戴計算中心，用戶通過眼鏡拍照，在手機 App 上完成分享，又能通過內置的開放式揚聲器來打電話、聽音樂。預計在 2023年，Facebook 將發佈代號為 "Orion" 的 AR 眼鏡，這款眼鏡將是對 AR 智能眼鏡的一次新嘗試。Facebook 希望智能眼鏡能夠讓人們直接接電話，並在鏡片上獲取信息，還可以分享位置信息。

（2）自研操作系統

Facebook 正在開發自己的操作系統，用於取代安卓。Facebook 發佈的硬件產品 Portal 智能顯示器、Oculus VR 頭戴設備目前雖然都是運行定製版安卓，但是 Facebook 希望用自研操作系統取代它。Facebook 內部已經開始着手研發新系統，以消除對安卓的依賴。該項目的負責人之一是曾參與過 Windows NT 開發的 Microsoft 前員工馬克·盧科夫斯基（Mark Lucovsky）。Facebook 希望能打造類似 Apple 一樣的閉環生態。具體來說，Facebook 希望能控制整個生態系統，包括硬件設計、芯片、操作系統等各個環節。

2019 年 10 月，三星還和 Facebook 合作，為其代工生產即將推出的 AR 眼鏡上面所裝置的芯片。該芯片預計將採用內含 EUV 技術的 7 納米制程來生產。

2. 內容與場景

（1）遊戲與全景

2017 年 9 月，Facebook 投資 360 度視頻與 VR 內容製作平台 Blend Media。Blend Media 團隊建立了全球最大的 360 度視頻和

VR 影片庫，並廣泛應用於多家社交媒體，這次投資帶給 Facebook 的不僅是在其社交平台上更豐富的沉浸式視頻，更是 Facebook 對於涉足 VR 行業的一次嘗試。

2019 年 11 月，Facebook 收購 VR 遊戲 *Beat Saber* 的開發商 Beat Games。*Beat Saber* 這款遊戲使得 VR 遊戲首次廣泛進入公眾視野，通過這次收購，Facebook 成功吸引了一批 VR 開發人員，為後續的 VR 行業發展奠定了基礎。

2019 年 12 月，Facebook 收購雲遊戲公司 Play Giga。該公司成立於 2013 年，是一家西班牙的本土遊戲公司，Facebook 這次收購擴大了其在全球範圍內 VR 遊戲行業的影響力，表明其進一步進軍視頻遊戲市場的意圖。

2020 年 2 月，Facebook 收購遊戲開發商 Sanzaru Games。該公司近 100 名員工加入 Facebook 公司 VR 部門，該遊戲開發商開發的 VR 遊戲 *Asgard's Wrath* 曾獲得玩家高度評價，這次收購將使得 Facebook 在構建 VR 遊戲生態上獲得更大的助力。

2020 年 6 月，Facebook 收購 VR 遊戲 *Lone Echo* 的開發商 Ready At Dawn。Ready At Dawn 一直是 VR 生態和 Oculus 平台的大力倡導者，在 Facebook 收購 Oculus 時，該遊戲開發商就已經準備踏足 VR 領域。Facebook 對於 *Lone Echo* 所展現出的 VR 敘事冒險情節也表現出極大興趣，認為其將為虛擬現實中冒險類遊戲制定標準。

2021 年 5 月，Facebook 收購 VR 遊戲 *Onward* 的開發商 Downpour Interactive。該遊戲近年來一直是比較賣座的 VR 遊戲之一，目前已經在 Rift 以及 Quest 平台上線。Facebook 的這次收購是其一直以 VR 遊戲為切入點的佈局策略的延續。

2021 年 6 月，Facebook 收購 VR 遊戲 *Population: One* 的開發商 BigBox。Facebook 在一份官方聲明中評價 *Population: One* 一直是 Oculus 平台上表現最好的遊戲之一，並稱 Facebook 願意幫助 BigBox VR 發展並加速其對 *Population: One* 的願景的實現。

（2）社交平台

Faecbook Workplace：在新冠肺炎疫情大流行的背景下，Facebook 嘗試為企業和員工提供更多的居家辦公和視頻互動的解決方案，提供了名為 Workplace 的企業社交網絡，允許用戶直播以及實現多人聊天功能。

3D 全景視頻：針對更豐富、更真實的視頻互動需求，Facebook 將 VR 技術視為下一個解決居家辦公的新方案。作為對 VR 視頻的嘗試，用戶可以從 Facebook 新聞流中看到 3D 全景視頻，用戶可以在視頻中移動鼠標，不斷改變視角。Facebook 的 3D 全景視頻也將在其頭戴 VR 設備 Oculus Rift 上呈現。

Messenger：Facebook 旗下的 Messenger 將整合第三方工具，使用戶可以通過第三方工具在 Messenger 平台上進行社交分享，包括對圖片進行動畫編輯，實現動態圖像，讓照片與語音結合等功能。早在 2020 年下半年，Oculus 就開始強制要求用戶使用 Facebook 賬戶進行登錄，預計在 2023 年用戶可在戴着 Quest 頭顯的情況下，使用內置的鍵盤輸入或語音轉文本功能，與 Messenger 好友進行聊天互動。

Facebook Horizon：2021 年 8 月，Facebook 推出遠程辦公應用程式 Horizon（VR 社交），利用 VR 設備可以實現在虛擬現實中進行會議。在此前 Facebook 副總裁透露 Facebook 內部已經使用該程

式近一年，並認為推出 Horizon 將會是 Facebook 邁向元宇宙的重要一步。

Instagram：Facebook 旗下社交媒體平台之一。Instagram 在新冠肺炎疫情流行期間利用 VR/AR 技術與博物館合作，在社交媒體應用程式中提供虛擬博物館之旅服務。參與 Instagram 業務的博物館包括凡爾賽宮、大皇宮和史密森尼學會，後者有十多家博物館與之相關，包括美國國家歷史博物館、史密森尼美國博物館和史密森尼學會大樓。

（3）遊戲平台

Oculus Quest Store：2014 年 3 月，Facebook 以 20 億美元現金及股票收購 Oculus 公司，這次收購奠定了 Facebook 之後在 VR 行業的一系列佈局的基石，與之相對應的 Oculus Quest Store 是 Facebook 為 VR 軟件所打造的一個開發者平台，在這上面 VR 開發者可以發佈新的 VR 軟件產品。Facebook 通過這一平台鼓勵更多更廣泛的 VR 開發者加入 VR 生態圈從而實現 VR 行業的發展。

App Lab：由於許多備受玩家喜歡的 VR 遊戲初期都是由小型團隊開發的，為了刺激更多開發人員的創造力，Quest 正式推出 App Lab。App Lab 可以允許開發人員不再需要應用商城的批准，就可以在一個安全環境中直接和 Quest 用戶共享其創作。App Lab 作為一個以社區為中心的平台，未來會在 Quest 中發揮更大作用。

Oculus Home：如果說 Oculus Quest Store 和 App Lab 建立了 VR 軟件開發商與用戶之間的關係，那麼 Oculus Home 則肩負着建立 VR 設備與用戶之間的關係的任務。Oculus Home 的開發者利用 Facebook 的兩個開源軟件工具 React 和 Flux 來創建 Home 的用

戶界面，並為 Home 界面增加了新的特性和功能，使得用戶在接觸 VR 設備這一新鮮事物時也能很快熟悉。

3. 底層架構

（1）數字貨幣與電子錢包

Diem（原名 Libra）是 Facebook 開發的數字貨幣，是一種由美元支撐的穩定貨幣。同時，Facebook 正在打造 NFT 產品和功能，數字錢包 Novi 將可用於存放 NFT。

（2）支持技術

2014 年 6 月，Facebook 收購西雅圖 Xbox 360 手柄的設計團隊 Carbon Design。Carbon Design 團隊在設計一流的消費電子產品方面有着豐富經驗。

2014 年 8 月，Facebook 收購遊戲開發引擎 RakNet。Oculus 收購了 RakNet 並將其技術轉為開源，這將為 Oculus 及其關鍵合作夥伴提供更多的工具，也為即將到來的虛擬現實平台開發軟件。

2014 年 12 月，Facebook 收購 3D 建模 VR 公司 13th Lab 虛擬現實技術公司。13th Lab 的 3D 建模技術和 Nimble VR 公司的低延遲專人跟蹤技術相結合，研發出了一種 3D 建模技術可用於 VR/AR 平台。

2014 年 12 月，Facebook 收購計算機視覺公司 Nimble VR。Nimble VR 公司擁有優秀的手勢操控技術，該技術可以利用 110 度廣角的攝像頭跟蹤、識別用戶的手勢。

2015 年 2 月，Facebook 收購計算機視覺團隊 Surreal Vision。Surreal Vision 利用「3D 場景重構算法」重塑基於虛擬現實的世界，

使沉浸於 VR 世界的用戶與周圍的現實環境互動。

2015 年 7 月，Facebook 收購以色列深度感測技術與計算機視覺團隊 Pebbles Interfaces。Pebbles Interfaces 的技術可用於精準探測和追蹤手部運動。在完成收購後，Pebble Interfaces 將該公司的技術與 Oculus 的 VR 設備進行了整合，可以通過 VR 頭顯上的攝像頭將手指運動轉換成虛擬運動。

2016 年 5 月，Facebook 收購蘇格蘭空間音頻公司 Two Big Ears。Two Big Ears 是一家位於蘇格蘭的初創型公司，專門為虛擬現實和 360 度全景視頻等內容打造空間音效。應用 Two Big Ears 的技術將使得 360 度視頻內容配音的音效更加逼真。

2016 年 9 月，Facebook 收購原型製作公司 Nascent Objects。該公司開發的模塊化消費電子平台能夠利用小型電路板、3D 打印以及模塊化設計迅速製作出產品的原型。這次關於 VR 硬件設備的收購使得 Facebook 可以圍繞 Oculus Rift、Open Compute Project，以及互聯網項目等打造開發者工具。此外，Nascent Objects 的技術還可以用於內部開發，例如用於製作原型或產品測試。

2016 年 10 月，Facebook 收購愛爾蘭 MicroLED 公司 InfiniLED。InfiniLED 擁有一項能耗減少技術，該技術可以把 VR 設備的能耗減少 20—40 倍，在 VR 頭顯中運用這項技術將使得其能耗大大降低。

2016 年 11 月，Facebook 收購面部識別技術初創公司 FacioMetrics。該公司主要利用機器學習算法來實時分析面部行為以及開發 VR/AR 應用。

2016 年 11 月，Facebook 收購瑞士計算機視覺公司 Zurich Eye。Zurich Eye 的解決方案可以用於內置場景追蹤，這對於當前

虛擬現實行業來說是一項非常重要的技術。Zurich Eye 的這項技術使得 Oculus 的追蹤技術更加先進。

2016 年 11 月，Facebook 收購丹麥眼動追蹤初創公司 The Eye Tride。該公司開發了一套用於計算機的眼動追蹤設備開發套件，可以為智能手機和潛在的虛擬現實頭顯帶來基於注視追蹤界面的軟件。The Eye Tride 還開發了視網膜凹式渲染技術，VR 系統可以通過用戶看到的畫面生成完美的圖形，從而節約計算能力。

2017 年 8 月，Facebook 收購德國計算機視覺初創公司 Fayteq。Fayteq 的獨特技術，是在現有的視頻中追蹤、添加或刪除物體。Facebook 可能希望借助 Fayteq 的技術為其直播應用和增加實時物體添加功能。

2019 年 2 月，Facebook 收購虛擬購物與人工智能初創公司 Grostyle。該公司精通於人工智能技術，通過識別照片就可以實現購物。

2019 年 9 月，Facebook 收購腦計算（神經接口）初創公司 CTRL-lab。該公司專門從事人類使用大腦控制計算機，其生產的腕帶能夠將大腦的電信號傳輸到計算機中。

2020 年 2 月，Facebook 收購倫敦計算機視覺初創公司 Scape Technologies。Scape Technologies 致力於開發基於計算機視覺的 "Visual Positioning Service"（視覺定位服務），目標是幫助開發者構建具備超出 GPS 的定位精度的應用程式。

2020 年 6 月，Facebook 收購瑞典街道地圖數據庫 Mapillary。Mapillary 致力於建立一個全球性的街道級圖像平台，目前已有的全球性圖像平台精度不夠，該公司的技術可運用在 VR 設備上使得獲得的圖像更為精確。

2020 年 9 月，Facebook 收購新加坡 VR/AR 變焦技術公司 Lemnis。已有的 VR 頭顯設備都面臨着視覺不適和暈動症等問題，這些問題影響了 VR 技術的廣泛採用。而 Lemnis 公司的技術可以有效解決這些困擾現代 VR 頭顯已久的問題。

二

Apple：硬件蓄勢待發

Apple 追求極致的產品體驗，極富創新精神。Apple AR 眼鏡或許會重新定義虛擬交互設備，就像 iPhone 重新定義了手機一樣。Apple 硬件的強勢，配合它的閉環生態，繼續追求在元宇宙時代的主導地位（Apple 元宇宙佈局詳見表 5-3）。

1. 硬件及操作系統

（1）AR 眼鏡

Apple 暫未發佈 VR/AR 硬件，預期 Apple 旗下的首款 AR 眼鏡將於 2022 年發佈。

據《電子時報》（*Digitimes*）報導，目前 Apple 首款 AR 設備已完成其 P2 原型機測試，或將於 2022 年第二季度投入量產，並於 2022 年下半年正式上市。據稱 Apple AR 頭顯將規劃兩款產品，一款為高端產品，內含攝像頭與激光雷達傳感器，重量為 100 至 110 克，採用 5 納米制程晶片，仍需通過藍牙連接至 iPhone 搭配使用，鏡框部分將採用高強度輕量化含有微量稀土元素的鎂合金材料。另一款是針對大眾的 AR 產品，目前設計尚未定案，預估量產上市時

表 5-3　Apple 元宇宙佈局

硬件及操作系統	後端基建	底層架構	內容與場景	人工智能	協同方
收購加拿大 AR 頭盔初創企業 Vrvana AI 仿生芯片  ARKit 操作系統	收購與投資 圖像傳感器創企 InVisage Technologies 激光傳感器公司 Finisar 以色列計算機視覺公司 Camerai 音樂內容識別公司 Shazam 丹麥計算機視覺公司 Spektral 英國動作捕捉公司 Ikinema 瑞典面部識別技術公司 Polar Rose 定位技術公司 WifiSLAM 芬蘭室內定位公司 Indoor.io 德國 AR 公司 Metaio 瑞典面部捕捉技術公司 Faceshift AI 創業公司 Emotient 空間感知與計算公司 Flyby Media 德國眼球追蹤公司 SensoMotoric Instruments 以色列面部識別公司 RealFace 法國圖像識別公司 Regaind LiDAR 傳感器公司 II-VI MicroLED 公司 LuxVue Technology 以色列 3D 傳感器製造商 PrimeSense AR 光波導公司 Akonia	專利技術儲備	NEXTVR 收購 VR 直播公司 NextVR 收購 VR 虛擬會議公司 Spaces App Store		

間將會在 2023 年以後。

2017 年 11 月，Apple 收購加拿大 AR 初創公司 Vrvana。Vrvana 的主要產品是一款 AR 頭顯——Totem。Totem 被稱作是一款「擴展現實」設備，它同時具備 AR 和 VR 的技術，讓用戶通過一款頭顯可以感受兩種不同的體驗。這使得頭盔可以在 VR 和 AR 環境之間進行轉換。

（2）自研仿生芯片

A11 Bionic：A11 是全球首款具有神經網絡引擎（NPU）的處理器，A11 也是首款 Apple 使用自主研發 GPU 的處理器，顯示性能比上一代提升 30% 的同時能耗降低 50%，極大提升了 AR 程式的性能，解決了 AR 程式嚴重發熱的問題。這也是 Apple 第一款支持人工智能加速的處理器，A11 擁有超高速仿生學習方式。這些全新的技術讓 A11 支持快速面部識別，速度高達每秒 6 000 億次。

A12 Bionic：A12 處理器是全球首款 7 納米制程，集成了 69 億晶體管的處理器。A12 在 GPU 性能上有極大提升。另外，A12 的神經網絡引擎在運算速度上由 6 000 億次提升到了 50 000 億次，運算速度的提升使得搭載 A12 芯片的設備可以支持全新的智能 HDR 光影捕捉等需要強大運算性能的功能。

A13 Bionic：A13 使用了更加成熟的第二代 7 納米制程，擁有 85 億晶體管。A13 降低了能耗的同時推出了全新的 ISP 圖像算法，可以讓四顆攝像頭同時錄製 4K、60fps 的視頻，每秒的運算速度可以達到 10 000 億次。

（3）操作系統：ARKit（已到第五代）

ARKit 主要提供了兩種 AR 技術：一是基於 3D 場景（SceneKit）

實現的增強現實，二是基於 2D 場景（SpritKit）實現的增強現實。
ARKit 整合了設備運動跟蹤、攝像頭圖像採集、圖像視覺處理、
場景渲染等技術，提供了簡單易用的應用程式接口（Application
Programming Interface, API）以方便開發人員開發 AR 應用。開發人
員不需要再關注底層的技術實現細節，從而大大降低了 AR 應用的
開發難度。

2. 內容與場景

2016 年 3 月，Apple 在 Apple Store 上架了 View-Master VR 虛
擬現實頭戴設備。此外，隨着 iOS11 的正式推出，第一批 AR 應用
也同步上線了 App Store。

2020 年 5 月，Apple 收購 VR 直播公司 NextVR。NextVR 成
立於 2009 年，提供了一些虛擬現實與體育、音樂和娛樂融合在一
起的 VR 內容，這些 VR 內容可以在 PlayStation、HTC、Oculus、
Google、Microsoft 等多家製造商的 VR 頭顯上觀看。此外，
NextVR 還擁有包括拍攝、壓縮、傳輸和內容顯示等在內的 40 多項
VR 專利技術。

2020 年 8 月，Apple 收購虛擬會議公司 Spaces。該公司不僅
提供虛擬現實體驗，還提供一種將虛擬形象帶入 Zoom 會議的方
式。在 Spaces 初創時，其以提供自由漫遊 VR 體驗為主要業務。它
利用面部追蹤技術，使得自己的遊戲更具身臨其境感。

3. 後端基建

2010 年 9 月，Apple 收購瑞典面部識別技術公司 Polar Rose。
Polar Rose 是一家從事面部識別技術的廠商。基於其技術，Polar

Rose 提供了許多產品，其中包括針對網絡服務的面部識別技術 FaceCloud，以及為手機添加功能性的 FaceLib。

2013 年 3 月，Apple 收購定位技術公司 WifiSLAM。WifiSLAM 可以讓手機應用通過 Wi-Fi 信號，偵測用戶在建築物內的位置，據稱其精度可達到 2.5 米，廣泛應用於室內地圖、新型的零售和社交。

2013 年 11 月，Apple 收購以色列 3D 傳感器製造商 PrimeSense。PrimeSense 一直是 Microsoft Kinect 體感控制器的合作夥伴。Kinect 使用攝像頭和景深傳感器來捕捉用戶的運動，並將其應用於 Xbox 遊戲。在被收購前，PrimeSense 的業務在逐漸從大尺寸固定傳感器向便攜式設備中的小尺寸傳感器發展。PrimeSense 的技術可被用於 Apple 公司的一系列設備上，包括 Apple 電視機和智能手錶。

2014 年 5 月，Apple 收購 MicroLED（微米發光二極管）公司 LuxVue Technology。LuxVue 主要業務以研發低功耗、高亮度 LED 屏為主。在被收購前，LuxVue 已經申請了多項 MicroLED 技術。

2015 年，Apple 收購芬蘭室內定位公司 Indoor.io。該公司是一家基於室內場景的定位服務及數據服務提供商，此次收購旨在促進 Apple 的室內定位項目。

2015 年 5 月，Apple 收購德國 AR 公司 Metaio。Metaio 是一家增強現實和 AI 視覺的公司，它開發了一套增強現實創作工具 —— Metaio Creator，用戶可用 Creator 在短時間內創建增強現實場景。

2015 年 9 月，Apple 收購瑞典面部捕捉技術公司 Faceshift。Faceshift 是一家專注於實時動作捕捉技術的公司，專利是無標記

（Markerless）面部動畫捕捉技術，該技術可以通過 3D 傳感器實現快速、準確的面部表情捕捉。該公司專門為 Maya、Unity 等動畫軟件推出過一款名為 Faceshift Studio 的產品，該產品通過分析演員的面部動作、表情，將這些動作、表情賦予動畫虛擬人物。

2016 年 1 月，Apple 收購人工智能創業公司 Emotient。該公司可以利用人工智能技術對人們的面部表情進行分析以解讀其情緒。在醫療領域，醫生可以通過該技術解讀那些無法自我表達的病人心理情緒。在銷售領域，零售商則可以利用該技術監控購物者在店內過道裏的面部表情。

2016 年 1 月，Apple 收購空間感知與計算公司 Flyby Media。Apple 收購 Flyby Media 旨在強化其 VR 和 AR 團隊。Flyby Media 的技術與計算機視覺關係密切，該技術可幫助系統監測和繪製其周圍環境地圖。

2017 年 2 月，Apple 收購以色列面部識別公司 RealFace。RealFace 由 Adi Eckhouse Barzilai 和 Aviv Mader 在 2014 年創立，開發了一款面部識別軟件可提供生物識別登錄服務，使用戶在登錄移動設備或 PC 時無需輸入密碼。

2017 年 6 月，Apple 收購德國眼球追蹤公司 SensoMotoric Instruments（SMI）。SensoMotoric Instruments 公司創立於 1991 年，開發了一系列眼球追蹤硬件和軟件，應用領域包括虛擬和增強顯示、車載系統、臨床研究、認知訓練、語言學、神經科學、身體訓練和生物力學以及心理學。此外，該公司開發的眼球追蹤眼鏡，能夠以 120Hz 的採樣率實時實地記錄用戶的自然注視行為。SMI 還為 Oculus Rift 等虛擬現實頭戴設備開發了眼動跟蹤技術，該技術通過分析佩戴者的目光幫助用戶減少佩戴設備時的眩暈感。

2017 年 9 月，Apple 收購法國圖像識別公司 Regaind 。 Regaind
具有先進的照片和面部分析技術。此外，該公司還開發了一種計算
機視覺 API，可以從圖像中提取更微小的細節。

2017 年 11 月，Apple 收購圖像傳感器初創公司 InVisage
Technologies，以提高智能手機等空間受限設備的成像能力。量子
薄膜是 InVisage Technologies 的主要產品，它是一種結合軟件技術
與材料科學的材質，可以用於創建出更小的成像，從而在各種條件
下獲得品質更高的圖片。此外，它的吸光能力可媲美矽，但薄膜層
的厚度只有後者的十分之一，可吸收全光譜，從而提升效能。

2017 年 12 月，Apple 投資激光傳感器公司 Finisar 。 2017 年之
前，Finisar 一直是 Apple iPhoneX 手機的激光芯片供應商。 Finisar
生產的 VCSEL（垂直腔面發射激光器）用於 iPhoneX 和 AirPods 距
離傳感器。這種芯片可以增強深度和近距感測功能，為 Apple 設
備的一些新技術提供如面容 ID（FaceID）、動畫表情（Animoji）、
ARKit 等功能。

2017 年 12 月，Apple 收購音樂內容識別公司 Shazam 。
Shazam 成立於 1999 年，憑藉極強的音樂識別能力受到投資者和用
戶的青睞。除了音樂，Shazam 還可以進行對電影、書籍、海報等
聲音和圖像內容的識別，同時，該公司也試圖利用 AR 技術將用戶
與內容聯結。

2018 年，Apple 收購以色列計算機視覺公司 Camerai 。 Apple 對
Camerai 的收購旨在加強在 AR 和計算機視覺的能力。而且該公司
的技術已經成為「每台 Apple 設備相機的重要組成部分」。

2018 年 9 月，Apple 收購 AR 光波導公司 Akonia 。 Akonia 的
顯示技術可以應用在輕薄透明的智能鏡片上，顯示出彩色的完整視

場角圖像。該公司在 2018 年時就已經獲得了與全息系統和材料相關的 200 多項專利。

2018 年 10 月，Apple 以 3 000 萬美元收購丹麥計算機視覺公司 Spektral。該次收購將有助於增強 iPhone 的 Memoji 或 FaceTime 上的 AR 功能，Apple 也可將此技術用於 AR 眼鏡。Spektral 以前名為 CloudCutout，運用機器學習和計算機視覺技術在智能手機上實時分離視頻背景中的人物，並疊加新背景。

2019 年 10 月，Apple 收購英國動作捕捉公司 IKinema。該公司開發的動作捕捉技術，可以將人的視頻素材變形為動畫角色。應用 IKinema 動作捕捉技術的電影包括《雷神 3：諸神黃昏》和《銀翼殺手：2049》。

2021 年 5 月，Apple 投資 LiDAR 傳感器公司 II-VI。該公司在被收購前主要向 Apple 公司提供 iPhone 和 iPad 配件，幫助 Apple 實現先進的 AR 體驗。II-VI 為 Apple 提供了 LiDAR 傳感器，該傳感器嵌入在 iPhone Pro 和 iPad Pro 設備中，能夠實現快速深度感應，提供更逼真的 AR 體驗，並很可能被運用在 Apple 的 VR/AR 頭顯中。

三

Microsoft：搶佔產業優勢地位

Microsoft 首先提出企業元宇宙解決方案。通過 Microsoft HoloLens、Mesh、Azure、Azure Digital Twins 等幫助企業客戶實現數字世界與現實世界融為一體（Microsoft 元宇宙佈局詳見表 5-4）。

表 5-4　Microsoft 元宇宙佈局

硬件及操作系統	後端基建	底層架構	內容與場景	人工智能	協同方
HoloLens（一代）	企業元宇宙解決方案　Azure　Azure 雲服務　Microsoft Dynamics 365　Dynamics 365　Windows Holographic　聯合 Unity 推出 MRTK 開發工具				
HoloLens 2					
VR 控制器 X-Rings					

1. 硬件及操作系統

（1）AR 眼鏡

Microsoft 先後推出 HoloLens 1 、 HoloLens 2，其中 HoloLens 2 相對上一代 CPU 性能有顯著提升，與 Microsoft Azure 、 Dynamics 365 等遠程方案可以很好地結合使用。Microsoft HoloLens（第一代）通過全息體驗重新定義個人計算。HoloLens 融合了切削邊緣光纖和傳感器，可以提供固定到現實世界各地的 3D 全息影像。Microsoft HoloLens 2 是完全不受束縛的全息計算機。它可以改進由 HoloLens（第一代）開啟的全息計算功能，通過搭配更多用於在混合現實中協作的選項，提供更舒適的沉浸式體驗。HoloLens 2 在 Windows 全息版 OS 上運行，它基於 Windows 10 的「風格」，為用戶、管理員和開發人員提供可靠、性能高且安全的平台。

（2）VR 配件

VR 控制器 X-Rings：X-Rings 是一個專門為 VR 設計的手持 360 度觸覺控制器。它能夠對物體進行 3D 渲染，並對用戶的觸摸和抓握力做出反應。從本質上講，該設備可以複製 VR 環境中的形狀，使用戶能夠抓住該形狀對象。

2. 後端基建

（1）企業元宇宙解決方案

Microsoft 董事長兼 CEO 薩提亞·納德拉在全球合作夥伴大會 Microsoft Inspire 2021 上官方宣佈了企業元宇宙解決方案。納德拉表示，「隨着數字世界和物理世界融合，企業元宇宙將創建基礎架

構堆棧的新層。該平台層將物聯網、數字孿生和混合現實結合在一起。使用元宇宙堆棧，可以從數字孿生開始，構建任何物理或邏輯事物的豐富數字模型，無論是資產、產品還是跨越人、地點、事物及其交互的複雜環境」。

Microsoft 的企業元宇宙技術堆棧，通過數字孿生、混合現實和元宇宙應用程式（數字技術基礎設施的新層次）實現物理和數字的真實融合。從物理世界到元宇宙技術堆棧具體包括：Azure IoT、Azure 數字孿生、 Azure 地圖、 Azure Synapse、 Azure 人工智能 & 自動化系統、 Microsoft Power 平台、 Microsoft Mesh & 全息鏡頭。

（2）Azure 雲服務

Azure 雲服務是靈活的企業級公有雲平台，提供數據庫、雲服務、雲存儲、人工智能互聯網、CDN 等高效、穩定、可擴展的雲端服務，Azure 雲計算平台還為企業提供一站式解決方案，快速精準定位用戶需求，並了解適合企業的各種方案和相關的服務。

（3）Dynamics 365

利用 Dynamics 365，用戶將擁有唯一的智能業務應用程式產品組合，該產品組合可以助力每個人提供卓越的運營並創造更富吸引力的客戶體驗。

（4）Windows Mixed Reality

Windows Mixed Reality 平台能夠提供全息影像框架、交互模型、感知 API 和 XboxLive 服務。這意味着所有應用在三維的世界中都將像真實存在的物體，而其他如 Envelop 等應用使用的都是扁平化設計。

（5）聯合 Unity 推出 MRTK 開發工具

一款面向混合現實應用程式的開源跨平台開發工具包。MRTK-Unity 是由 Microsoft 驅動的項目，它提供了一系列組件和功能來加速 Unity 中的跨平台 MR 應用開發。其功能包括：一是為空間交互和 UI 提供跨平台輸入系統和構建基塊；二是通過編輯器內模擬實現快速原型製作等。MRTK 旨在加快面向 Microsoft HoloLens、Windows Mixed Reality 沉浸式（VR）頭戴顯示設備和 OpenVR 平台的應用程式開發。

四

騰訊：發力全真互聯網

騰訊在消費互聯網的遊戲、社交媒體等方面已經佔據較大優勢，未來需要持續補足去中心化、分佈式與協作技術等。從騰訊自身的技術儲備看，騰訊的元宇宙佈局主要集中於數據處理、區塊鏈、服務器、人工智能、圖像處理、虛擬場景等專業技術領域。從組織架構看，騰訊進行了第五次組織架構調整。騰訊視頻、微視、應用寶被合併到新成立的在線視頻事業部；原 QQ 負責人梁柱調任騰訊音樂 CEO，而天美工作室負責人姚曉光將兼任 PCG 社交平台業務負責人主管 QQ，目標是「希望探索遊戲領域所積累的計算機圖形技術和能力應用於社交和視頻領域的想像空間」（騰訊元宇宙佈局詳見表 5-5）。

表 5-5　騰訊元宇宙佈局

硬件及操作系統	後端基建	底層架構	內容與場景	人工智能	協同方
投資 AR 眼鏡 Meta	Tencent VR 自研 VR/AR SDK		QQ、微信		
投資 AR 眼鏡 Innovega	元象 XVERSE 投資元象唯思		沙盒 MMO 遊戲《我的起源》		
投資 Snap 公司	EPIC GAMES 投資虛幻引擎公司 Epic Games		與樂高合作開發《樂高無限》遊戲內容		
投資手部追蹤公司 Ultraleap	收購與投資 投資 AI 與計算機視覺公司 UiPath 投資邊緣 AI 視覺整體方案輕量視覺 投資三維 BIM 公司飛渡科技投資 3D 建模公司 ObEN 技術儲備		投資 UGC 遊戲《羅布樂思》		

硬件及操作系統	後端基建	底層架構	內容與場景	人工智能	協同方
			Snapchat　　　Wave VR Altspace VR　　虛擬音樂會 　　　　　　　Discord 社交平台 投資 投資 VR 內容開發商柳葉刀科技 投資尚季活娛樂工作室 Skydance Media 投資 IP 全產業鏈運營商靈龍文化 投資 VR 遊戲研發商鈦核網絡		

1. 硬件及操作系統

（1）投資 AR 眼鏡公司 Meta

2016 年 6 月，騰訊投資增強現實公司 Meta。該公司在 2016 年發佈了增強現實設備 Meta 2。Meta 組建了一支世界級的技術團隊，Meta 可能是在 AR 領域唯一一家有能力與 Microsoft Hololens 和 Magic Leap 等背靠巨頭的大公司展開正面競爭的創業公司。

（2）投資 AR 眼鏡公司 Innovega

2017 年 2 月，騰訊以 300 萬美元投資 AR 眼鏡廠商 Innovega。該公司通過旗下的增強現實眼鏡和隱形眼鏡系統 eMacula（原稱為 iOptik）而廣受關注。

（3）投資 Snap 公司（旗下產品包括 WaveOptics 光機、Snap AR 眼鏡）

2017 年 11 月，騰訊以 20 億美元購入 Snapchat 母公司 Snap 1.46 億股股份。2021 年 5 月，Snap 擬斥資超過 5 億美元收購 AR 光波導公司 WaveOptics。WaveOptics 成立於 2014 年，其技術主要用於工業、企業和消費者市場的沉浸式 AR 體驗。WaveOptics 作為全球領先的基於 SRG 表面浮雕光柵光波導的 AR 頭戴式設備的光學模組供應商，擁有領先 AR 硬件企業的市場地位，處於快速發展的 AR 生態系統的核心。2021 年 5 月，Snap 公司首發最新的 Spectacles 智能 AR 眼鏡。與該公司早期推出的智能眼鏡不同，這款新的 AR 眼鏡有內置攝像頭，但不會對圖像做任何全息處理，而是直接將虛擬圖像投射到佩戴者面前的世界。Spectacles 可提供 2000 尼特的亮度，並具有 26.3 英吋的對角線視場和雙波導顯示器。該設備使用「快速空間引擎」，並具有手動跟蹤功能，可以以 6DOM

技術跟蹤，並且僅重 134 克。該眼鏡可以啟動 AR 相機，並可以用來玩 AR 遊戲。眼鏡還可以使用兩台 RGB 攝像機以 115 度的視野，每秒 1920×1440 像素和 30 幀的速度捕獲視頻。

（4）投資手部追蹤公司 Ultraleap（原 Ultrahaptics）

2021 年 6 月，騰訊子公司 Image Frame Investment 向手勢識別公司 Ultraleap 投資 3 500 萬英鎊。Ultraleap 利用超聲波在空氣中構造用戶能感覺到的三維物體，以滿足 VR/AR 行業需求。2010—2020 年，Ultraleap 的手勢識別技術已廣泛應用於多個行業，包括汽車、遊戲娛樂、餐飲、購物、醫療、工業等。

2. 內容與場景

（1）遊戲內容

2018 年 9 月，樂高聯合騰訊宣佈推出沙盒遊戲《樂高無限》。遊戲元素採用樂高小人仔以及其他樂高標識，遊戲世界提供全新的探索生存、生產建造以及戰鬥冒險體驗。《樂高無限》契合於元宇宙概念中的社交及創造元素，或將成為元宇宙遊戲的先驅者。

2019 年 11 月，騰訊遊戲發行沙盒 MMO 遊戲《我的起源》；MMO（Massive Multiplayer Online Game），即大型多人在線的遊戲。《我的起源》遊戲世界建立在萬人交互的聯網基礎上，支持多人在線合作競爭。通過收集資源，玩家在感受擬真生存壓力的同時，可以進行一系列的合成建造，打造獨特的家園並與他人分享。此外，地圖上的一切動物均可進行捕獲與養成，成為玩家的得力夥伴，還可以通過基因提取的方式，孵化專屬自己的獨一無二的寵物。

2021 年 7 月，騰訊代理的 Roblox 國服版《羅布樂思》上線。騰

訊於 2019 年與 Roblox 合資成立了羅布樂思數碼科技有限公司進行本地化和推廣。《羅布樂思》國服版由騰訊代理，在大陸地區發行。《羅布樂思》是一款集體驗、開發於一體的多人在線 3D 創意社區，玩家可以在《羅布樂思》註冊一個虛擬身份，體驗社區裏的各種小遊戲。

（2）VR 內容

2018 年 1 月，騰訊投資 IP 全產業鏈運營商靈龍文化。靈龍文化創始人為百度文學的前身縱橫中文網的創始人之一、曾位列中國作家富豪榜榜首的作家江南。公司規劃業務涉及暢銷作品的創作、劇本改編、影視研發和遊戲授權以及 VR 內容開發。公司基於小說《龍族》開發的《龍族世界手遊》已於 2017 年上線。旗下電影《上海堡壘》於 2017 年殺青。VR 方面，靈龍文化和奧飛娛樂進行戰略合作，將 VR 技術植入影視製作、主題公園體驗等不同的領域。而奧飛娛樂目前已在 VR 上有諸多佈局，包括投資 VR 支撐領域的動作捕捉公司諾亦騰、VR 硬件製造商大朋 VR、VR 遊戲製作公司時光機、全景視覺服務商互動視界等。

2020 年 2 月，騰訊投資荷李活娛樂工作室 Skydance Media。Skydance Media 旗下作品包括《終結者 5》和虛擬現實遊戲 *Archangel* 等。Skydance Media 旗下設立遊戲工作室 Skydance Interactive 正式進軍 VR 遊戲領域。

2020 年 12 月，騰訊投資 VR 遊戲研發商鈦核網絡。鈦核網絡成立於 2016 年 3 月，團隊核心成員來自騰訊、育碧、Epic Games 等知名遊戲公司，有着多年 Unreal Engine 的項目使用經驗，專注於用 Unreal Engine 4 引擎開發高質量的 VR 與單機遊戲。公司的首款

遊戲《奇境守衛》於 2017 年 6 月在 PSVR 平台全球上線，上線 4 天即獲得 PSVR 北美 6 月下載榜第 8 的成績。

2021 年 6 月，騰訊投資 VR 內容開發商柳葉刀科技。該公司是一家面向中國和世界市場研發高品質主機與 VR 遊戲的公司。

（3）社交平台

微信：儘管微信從未對外宣稱要進入元宇宙，但一直以來，微信都是騰訊戰略創新業務的入口和助推器。因此，在元宇宙賽道上，微信也被視作是具備強大競爭力的選手。微信之於其他產品的比較優勢是用戶在平台上積累了太多的社會資源和現有的社交關係，這也是微信將用戶「錨定」在平台上的核心競爭力。熟人社交、與現實身份的強綁定是微信稱霸社交軟件的基礎，也是入局元宇宙最大的掣肘。

Snapchat：2017 年 11 月，騰訊入股 Snapchat，佔股 10%。Snapchat 是一款「閱後即焚」照片分享應用，該應用主要的功能是所有照片都只有 1-10 秒的生命期，用戶拍了照片發送給好友後，照片會根據用戶所預先設定的時間自動銷毀。如果接收方在此期間試圖進行截圖的話，用戶也會得到通知。

Altspace VR：2015 年 7 月，騰訊入股 AltspaceVR。AltspaceVR 的目標是把人們在現實世界中的社交體驗搬到虛擬現實環境中。AltspaceVR 本身不研發 VR 設備，而是利用 VR 設備將不同的人組織到共同的虛擬環境中，讓一羣人在虛擬的影院、健身房、會議室裏一起看電影、練瑜伽或者開會等。

Wave VR 虛擬音樂會：2020 年 11 月，騰訊音樂宣佈與 VR 演出服務商 Wave 達成戰略合作，將對其進行股權形式投資。根據合

作協議，雙方將共同探索 VR 演唱會藍海市場，騰訊音樂將在 QQ 音樂、酷狗音樂、酷我音樂和全民 K 歌等旗下全平台提供 Wave Show 的中國區獨家轉播。同時，雙方將共同為 TME Live 開發高質量的沉浸式演唱會內容，提供全球優質音樂內容和創新的交互式虛擬音樂娛樂體驗。

Discord：2015 年 2 月，騰訊投資 Discord。Discord 從遊戲語音、IM 工具服務起家，隨後轉向直播平台，進而開設遊戲商店的社區平台，成為遊戲玩家在遊戲中溝通協作的首選工具。Discord 還吸引了許多非玩家用戶，被學習小組、舞蹈班、讀書俱樂部和其他虛擬聚會團隊廣泛使用。2021 年 6 月，Discord 宣佈收購 AR 初創公司 Ubiquity6。Ubiquity6 專注於以 AR 革新人類社交聯結方式，並正在打造一個包含掃描、編輯和共享功能的消費者平台。

3. 後端基建

（1）自研 VR/AR SDK

2015 年 12 月，騰訊公佈了 VR SDK 1.0。這款 SDK 主要由 5 個功能組件所組成：一是用於頭部姿態定位以及圖像輸出的渲染組件；二是用於解決多場景用戶交互的輸入組件；三是解決用戶在虛擬現實世界中音視頻感受的音視頻組件；四是用於用戶登錄、用戶信息的 VR 賬號組件；五是解決虛擬現實環境中支付問題的支付組件。

（2）投資元象唯思（原騰訊副總裁、AI Lab 院長姚星創立）

元象唯思致力於打造互聯網與現實世界相融合的無縫生態，將雲渲染、人工智能、視頻編解碼及系統工程等技術引入數字孿生應用場景中，實現線上線下一體化交互體驗。這與當下全球流行的

元宇宙概念十分貼合，也與馬化騰曾經提出的「全真互聯網」構想不謀而合。元象唯思的目標是成為全真互聯網的操作系統之一和重要的內容提供商之一。這個去中心化的生態連接了硬件、軟件和用戶，能讓創作者從想法到設計的中間過程為零，讓用戶與虛擬世界的距離幾乎為零。

（3）虛幻引擎（Unreal Engine）

Epic Games 是最負盛名的遊戲製作團隊，同時其旗下的 Unreal Engine 是全球最開放、最先進的實時 3D 創作平台。2021 年 5 月，最新一代 Unreal Engine 5 預覽版發佈。該引擎是 Unreal Engine 的一個重要里程碑，是 Epic Games 專為次世代的遊戲、實時可視化項目以及沉浸式交互體驗準備的開發工具。它將使得各行業開發者在開發遊戲時擁有更大的自由度、真實度和靈活性，幫助更新各種實時 3D 內容。

（4）投資人工智能與計算機視覺公司 UiPath

2020 年 7 月，騰訊入股人工智能獨角獸 UiPath。UiPath 創立於 2005 年，公司創立的初衷是為企業提供機器人流程自動化解決方案，幫助企業自動化多個重複性的業務流程。在 2015 年獲得第一筆融資後，公司開發了一款企業級 RPA 平台，正式改名為"UiPath"。RPA 機器人主要通過模擬、錄屏、腳本等形式模擬人類工作方式，從而將那些基於規則、重複業務流程實現自動化，為組織節省時間、提高工作效率。

（5）投資邊緣人工智能視覺整體方案輕蜓視覺

2020 年 4 月，人工智能視覺服務提供商輕蜓視覺科技獲得騰訊

戰略投資。輕蜓視覺是一家專注於邊緣人工智能視覺整體方案的高新技術公司，圍繞「AI+邊緣智能」戰略，輕蜓視覺針對工業檢測和安防識別等垂直領域提供算法、產品、方案與服務。

（6）投資三維 BIM 公司飛渡科技

2020 年 2 月 12 日，騰訊投資三維 BIM 互聯網創新型公司飛渡科技，持股比例為 20%。飛渡科技主要提供公路、綜合管廊、軌道交通、BIM 數據服務等解決方案，核心產品則包括基於 WebGL 技術實現的三維應用開發平台 Holo3D for Web、針對 BIM/GIS 的三維工程和地理空間數據集成軟件 Holo3D Data Hub、雲服務端軟件 Holo3D Server，以及主打雲端數據融合、清洗、轉換和分發的 iFreedo 產品。

（7）投資 3D 建模公司 ObEN

2017 年 7 月，騰訊領投人工智能創企 ObEN。ObEN 是一家人工智能公司，致力於為消費者和明星打造完整的個人人工智能，為用戶帶來虛擬社交體驗。ObEN 通過構建個性化的虛擬聲音、形象和個性來創造用戶的人工智能虛擬形象，並幫助用戶在新興數字世界中存儲、管理、運營他們的虛擬形象。

五

以太坊：元宇宙世界的經濟基礎

以太坊是一個開源的、有智能合約功能的公共區塊鏈平台，通過其專用加密貨幣以太幣（Ether, ETH）提供去中心化的以太虛擬

機（Ethereum Virtual Machine）來處理點對點合約。以太坊的概念首次在 2013—2014 年由維塔利克・布特林（Vitalik Buterin）受比特幣啟發後提出，大意為「下一代加密貨幣與去中心化應用平台」，在 2014 年通過 ICO 眾籌開始得以發展。截至目前，以太幣是市值第二大的加密貨幣，僅次於比特幣（以太坊元宇宙佈局詳見表 5-6）。

比特幣開創了去中心化密碼貨幣的先河，充分檢驗了區塊鏈技術的可行性和安全性。比特幣的區塊鏈事實上是一套分佈式的數據庫，如果再在其中加進一個符號 —— 比特幣，並規定一套協議使得這個符號可以在數據庫上安全地轉移，無須信任第三方，這些特徵的組合完美地構造了一個貨幣傳輸體系 —— 比特幣網絡。如果將比特幣網絡看作是一套分佈式的數據庫，則以太坊可以看作是一台分佈式的計算機：區塊鏈是計算機的 ROM，合約是程式，而以太坊的礦工們則負責計算，擔任 CPU 的角色。

1. 底層架構

元宇宙不僅是對現實世界的映射，還應該具備經濟體系、治理和活動三大要素，而以太坊從誕生至今，確實圍繞這三大要素形成了一系列要素生態。以太坊創始人布特林希望以太坊在未來 5—10 年後能運行元宇宙。

（1）經濟體系

在經濟體系方面，當前的以太坊已經形成以 ETH 作為結算貨幣的底層經濟體。在整個以以太坊為基礎的經濟體系中，ETH 首先作為底層結算資產，用於交易、支付 Gas 費用，在應用層作為基礎抵押品流向借貸市場。

表 5-6　以太坊元宇宙佈局

硬件及操作系統	後端基建	底層架構	內容與場景	人工智能	協同方
		以太幣 ETH 去中心化自治組織	（1）去中心化創業投資：DAO、The Rudimental （2）社會經濟平台：Backfeed （3）去中心化預測市場：Augur （4）物聯網：Ethcore、Chronicled、Slock.It 智能鎖 （5）虛擬寶物交易平台：FreeMyVunk （6）版權授權：Ujo Music 平台 （7）智能電網：TransActive Grid （8）去中心化期權市場：Etheropt （9）釘住匯率的代幣：DigixDAO、Decentralized Capital （10）移動支付：Everex 去中心化應用 （1）德勤和 ConsenSys 在 2016 年宣佈成立數字銀行 Project ConsenSys （2）R3 公司在 Microsoft Azure 上運行私人以太坊區塊鏈，將 11 間銀行連接至一本分佈式賬簿（distributed ledger） （3）Microsoft Visual Studio 提供程式開發者使用 Solidity 編程語言 （4）英國 Innovate UK 提供近 25 萬英鎊給 Tramonex 用以太坊發展跨國支付系統 企業服務		

（2）治理與活動體系

在治理和活動方面，玩家在區塊鏈世界中構建元宇宙，同時也構成了以太坊元宇宙的個體存在，不僅在經濟體中進行價值交換，還參與治理和生活。以太坊出現後，去中心化自製組織DAO被提出。這種模式不僅使得核心開發者參與項目的提案、投票、決策，其利益相關者也可以參與其中，並獲得激勵（上層應用項目），同時在治理中形成經濟體。在以太坊生態中，每一個資產持有者、利益相關者，都可以通過參與提案、投票、決策參與治理。

2. 內容與場景

（1）去中心化應用

以太坊可以用來創建去中心化的程式、自治組織和智能合約，應用目標涵蓋金融、物聯網、農田到餐桌（Farm-to-table）、智能電網、體育賭博等。去中心化自治組織有潛力讓許多原本無法運行或成本過高的營運模型成為可能。

較知名的應用有：

- **去中心化創業投資**：DAO用以太幣資金創立，目標是為商業企業和非營利機構創建新的去中心化營業模式、The Rudimental讓獨立藝術家在區塊鏈上進行羣眾募資；
- **社會經濟平台**：Backfeed；
- **去中心化預測市場**：Augur；
- **物聯網**：Ethcore、Chronicled、Slock.It智能鎖；
- **虛擬寶物交易平台**：FreeMyVunk；
- **版權授權**：Ujo Music平台讓創作人用智能合約發佈音樂，消費者可以直接付費給創作人；
- **智能電網**：TransActive Grid讓用戶可以和鄰居買賣能源；

- **去中心化期權市場**：Etheropt；
- **釘住匯率的代幣**：DigixDAO 提供與黃金掛鉤的代幣，Decentralized Capital 提供和各種貨幣掛鉤的代幣；
- **移動支付**：Everex。

（2）企業服務

企業軟件公司正在測試用以太坊作為各種用途。已知有興趣的公司包括 Microsoft、IBM、摩根大通。除此之外，德勤和 ConsenSys 在 2016 年宣佈成立數字銀行 Project ConsenSys。R3 公司在 Microsoft Azure 上運行私人以太坊區塊鏈，將 11 間銀行連接至一本分佈式賬簿（Distributed Ledger）。Microsoft Visual Studio 提供程式開發者使用 Solidity 編程語言。英國政府中負責推動創新的機構 Innovate UK 提供了近 25 萬英鎊給 Tramonex 用以太坊發展跨國支付系統。

六

字節跳動：Facebook 全球最強競爭對手

字節跳動以社交與娛樂為切入口，借助短視頻內容與流量優勢在海內外市場同時發力，收購頭部 VR 創業公司 Pico（小鳥看看）補足硬件短板。字節跳動收購 Pico 強勢介入 VR 硬件領域後有望打破「App 工廠」的邊界（字節跳動元宇宙佈局詳見表 5-7）。

表 5-7　字節跳動元宇宙佈局

硬件及操作系統	後端基建	底層架構	內容與場景	人工智能	協同方
Pico Neo 投資 AI 芯片設計公司希姆計算 投資 GPU 芯片設計獨角獸摩爾線程 投資泛半導體公司潤石科技 投資 RISC-V 初創企業睿思芯科 投資芯片研發商雲脈芯聯 投資微納半導體材料開發團隊光舟半導體 芯片技術儲備		《重啟世界》物理引擎	頭條　懂車帝　資訊 西瓜視頻　火山小視頻 TikTok　短視頻平台 OHAYOO　PIXMAIN 遊戲平台 投資與收購 投資影視製作及內容創作公司吾里文化 入股秀聞科技、鼎甜文化、塔讀文學、九庫文學網等多家中腰部網文平台 入股第二大網文閱讀平台掌閱科技 投資脈搏遊戲 MYBO 收購北京止於至善科技 入股《仙境傳說 RO》開發商蓋姆艾爾 收購《無盡對決》開發商冰瞳科技	投資 & 收購 投資機器人研發商松智智能 投資語音智能交互平台零犀科技 投資機器視覺解決方案提供商燗智科技 投資平台型機器人研發商盈合機器人 技術儲備	

1. 硬件及操作系統

（1）收購頭部 VR 設備生產商 Pico

2021 年 9 月，字節跳動以 90 多億元收購 VR 廠商 Pico。從市場佔有率看，Pico 是國內 VR 領域的領頭羊。根據 IDC 發佈的 2020 年第 4 季度中國 VR/AR 市場跟蹤報告，Pico 在當年位居中國 VR 市場份額第一，其中第 4 季度市場份額高達 37.8%。

（2）投資 AI 芯片設計公司希姆計算

希姆計算致力於研發以 RISC-V 指令集架構為基礎的人工智能領域專用架構處理器（DSA Processor）。公司自主研發的 NeuralScale NPC 核心架構世界領先。以 RISC-V 指令集為基礎進行擴展、面向神經網絡領域的專用計算核心，具有世界領先水平的能效比（Power Efficiency）和極致的可編程性，能夠滿足雲端多樣化的人工智能算法與應用的需求。

（3）投資 GPU 芯片設計獨角獸摩爾線程

摩爾線程致力於構建中國視覺計算及人工智能領域計算平台，研發全球領先的自主創新 GPU 知識產權，並助力中國建立本土化的高性能計算生態系統。

（4）投資泛半導體公司潤石科技

潤石科技是一家集研發、生產、銷售為一體的芯片設計公司，提供「芯片標準產品及芯片設計、芯片解決方案」等一站式專業服務，已經形成了較為成熟的國內外市場銷售體系和健全完善的售前、售中、售後技術服務體系。

(5) 投資 RISC-V 初創企業睿思芯科

睿思芯科提供 RISC-V 高端核心處理器解決方案。RISC-V 全稱為第五代精簡指令集，是一種開源的芯片架構，可以用於開發更適應特定產品和需求的獨特芯片。

(6) 投資芯片研發商雲脈芯聯

雲脈芯聯是一家數據中心網絡芯片和雲網絡解決方案提供商，專注於數據中心網絡芯片和雲網絡解決方案，致力於重新定義和構建面向雲原生的數據中心網絡基礎設施，為雲計算和數據中心運行客戶提供從網卡到交換機，涵蓋底層芯片、軟硬件系統、上層 IaaS 服務的完整數據中心網絡解決方案。

(7) 投資微納半導體材料開發團隊光舟半導體

光舟半導體聚焦於衍射光學和半導體微納加工技術，設計並量產了 AR 顯示光芯片及模組，旗下還擁有半導體 AR 眼鏡硬件產品。

2. 內容與場景

(1) 產品矩陣

字節跳動旗下產品如今日頭條、抖音、西瓜視頻、激萌（Faceu）、飛書、圖蟲、火山小視頻、懂車帝等，已經覆蓋全球超過 150 個國家和地區，月活用戶高達 19 億，內容和流量優勢突出。

字節在海外上線了一款名為 Pixsoul 的 App，主打 AI 捏臉、與好友分享，由 Faceu 團隊開發。

(2) 文娛內容

2019 年，字節戰略投資影視製作及內容創作公司吾里文化。吾

里文化集內容創作、IP 開發、影視、遊戲、動漫、新媒體娛樂等多板塊業務佈局於一體。字節通過入股吾里文化進入免費閱讀市場。

2020 年，字節陸續入股秀聞科技、鼎甜文化、塔讀文學、九庫文學網等多家中腰部網文平台。其中，九庫文學網曾與毒舌電影合作拍片；秀聞科技的磨鐵集團在出版、影視領域有過多個成功的 IP 孵化案例，包括小說《明朝那些事兒》、《誅仙》、《盜墓筆記》以及電影《少年的你》；鼎甜文化 IP 資源儲備豐富，業務範圍涵蓋有聲劇、漫畫、影視等多個領域。

2020 年 11 月，字節入股掌閱科技。掌閱科技是國內僅次於閱文的第二大網文平台，旗下主要業務包括掌閱 App、掌閱文學、掌閱精選、掌閱課外書、掌閱 iReader 國際版、掌閱公版、掌閱有聲、iReader 電子書閱讀器等。

（3）遊戲內容與平台

自有遊戲平台：字節遊戲業務已形成 *Ohayoo*、朝夕光年和 *Pixmain* 這三大品牌。字節遊戲從休閒遊戲切入佈局遊戲領域，*Ohayoo* 在休閒遊戲領域已成為頭部廠牌。字節的中重度遊戲研發以朝夕光年為主體進行發行，自研中重度遊戲正在陸續上線。*Pixmain* 則是字節針對獨立遊戲而創建的發行平台。

2019 年 8 月，字節入股麥博遊戲（MYBO）。該公司專注於休閒手遊開發，主打歐美市場，旗下休閒遊戲曾多次獲得 Apple 和 Google 全球推薦。

2020 年 10 月，字節收購北京止於至善科技。該公司全資子公司有愛互娛的代表產品《紅警 OL》手遊和長居日本暢銷榜首的《放置少女》。在 App Annie 9 月出海廠商榜單上，有愛互娛位於第

18 位。

　　2021 年 1 月 8 日，字節入股《仙境傳說 RO：新世代的誕生》的開發商蓋姆艾爾。該遊戲自 2020 年 10 月在中國港澳台地區上線後，持續一個月排名當地暢銷榜、下載榜第一。

　　2021 年 3 月 22 日，字節收購《無盡對決》開發商沐瞳科技。《無盡對決》是一款在線戰術競技類（MOBA）手機遊戲。該遊戲於 2016 年 7 月 14 日在安卓平台全球發佈，2016 年 11 月 9 日在 iOS 平台發佈。

3. 底層架構

（1）物理引擎

　　2021 年 4 月，字節跳動以 1 億元戰略投資代碼乾坤。代碼乾坤旗下產品《重啟世界》（*Reworld*）被稱為「中國版 Roblox」，是目前中國第一的全物理開發工具與 UGC 平台。《重啟世界》是代碼乾坤基於自主研發的互動物理引擎技術系統而開發的，由具備高自由度的創造平台及高參與度的年輕人社交平台兩部分組成。其中，《重啟世界》編輯器是一個永久免費且具備強大 3D 物理引擎功能的設計平台，允許普通玩家以所見即所得的編輯模式，使用符合現實物理世界的「簡單思維」進行創作。在《重啟世界》手機端中，玩家設計出的內容可以發佈在互動平台，供給其他玩家觀賞與遊戲。在互動平台上，還允許玩家同一個角色通用，即進入到所有已上線的產品中的遊戲。

（2）人工智能

　　2020 年初，字節入股崧智智能。崧智智能是一家協作機器人研

發生產商，可為字節提供通向 B 端的可能性。

2020 年 6 月，字節加碼投資零犀科技。該公司致力於語音智能交互平台的研發，全機器人客服技術在業內領先。

2020 年 7 月，字節入股熵智科技。該公司是一家機器視覺解決方案提供商，基於人工智能為機器人提供 3D 視覺解決方案，典型應用場景是機器人的視覺分揀。

2021 年 1 月，字節與美團聯手入股平台型機器人研發商盈合機器人。盈合機器人致力研發應用於國家應急管理、城市治理領域的機器人產品集羣。

七

華為：搭建基礎設施

華為從底層技術出發佈局元宇宙，不僅發佈 XR 專用芯片、遊戲控制器和 VR 頭顯相關專利，更是圍繞「1+8+N」戰略集結了 5G、雲服務、人工智能、VR/AR 等一系列前沿技術。同時，華為也通過自研、扶持開發者、與遊戲廠商合作等多種形式，不斷豐富 HMS 內容生態（華為元宇宙佈局詳見表 5-8）。

1. 硬件及操作系統

（1）分體式 VR 頭顯華為 VR

2019 年 9 月，華為在 Mate 30 系列手機國行發佈會上正式發佈華為 VR Glass。VR Glass 重量為 166 克，屏幕分辨率為 3 200 × 1 600，支持 3.5mm 耳機和藍牙耳機。

表 5-8　華為元宇宙佈局

硬件及操作系統	後端基建	底層架構	內容與場景	人工智能	協同方
華為 VR Glass 　一體機 MateStation X 　鴻蒙系統 HarmonyOS 　海思 XR 專用芯片　VR/AR 技術諸備	華為 Cloud VR 　鯤游光電　投資 AR 光波導公司鯤游光電　華為 5G	華為河圖 　通用 AR 引擎「華為 AR Engine」 　XR 內容開發工具 Reality Studio　自研 VR/AR SDK	華為應用商店 　華為 VR 音視頻生態平台　3D 內容平台		

（2）華為一體機 MateStation X

華為在智慧辦公新品發佈會上推出了旗下首款旗艦一體機 MateStation X。這款產品搭載了國產編程教育品牌點貓科技的 Box3 平台。Box3 平台是一個基於網頁的多人聯機 3D 創作平台，能夠讓用戶在 3D 沉浸環境下理解代碼邏輯。

（3）VR/AR 技術儲備

在 VR/AR 技術方面，華為已經佈局多年。從技術儲備角度看，華為及其關聯公司在全球 126 個國家／地區中，共有 1.4 萬餘件 XR/AR/VR/MR 領域的專利申請。其中，有效專利有 2 400 餘件，授權發明專利有 2 300 餘件。

（4）鴻蒙系統

鴻蒙不是一款單純的手機操作系統，而是面向萬物互聯時代的全場景分佈式操作系統。華為提出「1+8+N」的戰略，這裏「1」是指智能手機這個主入口，「8」是指 4 個大屏入口 —— 平板／車機 /PC/ 智慧屏，以及 4 個非大屏入口 —— 手錶／耳機 /AI 音箱 /VR/AR 眼鏡，"N" 則是泛 IoT 硬件構成的華為 HiLink 生態，通過 HuaweiShare 實現各類設備互聯互通。華為培育鴻蒙原生的應用生態，需要先切入其他 IoT 硬件設備市場，引導開發者開發基於鴻蒙原生的 IoT 應用生態，最後反哺手機鴻蒙原生生態，用「農村包圍城市」的方式幫助鴻蒙實現全場景覆蓋。

（5）海思 XR 專用芯片

首款可支持 8K 解碼能力，集成 GPU、NPU 的 XR 芯片，首款基於該平台的 AR 眼鏡為 Rokid Vision。除了支持 8K 硬解碼能

力之外，該芯片可以支持到單眼 42.7 PPD[①]。海思 XR 芯片具有一流的解碼能力，可以提供更加清晰的內容呈現效果，它使用了海思半導體專有架構 NPU，最高可以提供 9TOPS 的 NPU 算力。

2. 內容與場景

（1）華為 VR 音視頻生態平台

華為 VR 音視頻生態平台提供了技術平台和內容製作方案，包括前端播放能力、視頻點播 VOD 服務、音樂開發工具及 VR 內容的製作與發行等，為開發者提供從製作到發行的端到端一站式生態服務。華為依託完整的端到端 VR 技術解決方案，讓開發者以最低的成本、最高的質量、規模化地量產優質 VR 音樂內容，滿足用戶消費與極致的音樂體驗需求。

（2）華為應用商店

華為應用商店未來將提供更多新鮮有趣的 VR 應用，其中包含多種新奇好玩的 VR 遊戲，擁有海量 VR 內容源的 VR 視頻平台以及教育類、工具類等多種應用。

（3）3D 內容平台

3D 內容平台是華為提供的致力於打造為全領域內容聚合的分發服務平台，為開發者搭建一個內容交流的橋樑，從而構建華為 VR/AR 等領域下的優質內容體驗。該平台具備以下幾個功能：

- **創意指導**：合作場景廣泛，如 AR 教育、AR 電商、AR 家居、AR 遊戲等；

---

① PPD（Pixel Per Degree）：每度像素數，用來衡量清晰度。

- **發佈展示**：便捷的流程發佈，優質的模型展示；
- **在線編輯**：場景開發 IDE，高效便捷地完成交互式 3D AR 場景開發。

3. 底層架構

（1）華為河圖

華為河圖已經不是廣義上人們認知的地圖（如 Google 地圖、百度地圖、高德地圖等），它更是華為運用現代科技人工智能算法將虛擬模型與真實點雲合成、建立的更加貼近現實世界的虛擬三維數字地圖。河圖目前共有人工智能強環境理解、直觀信息獲取、精準定位推薦、虛實融合拍照、人性化步行導航等五項核心功能。

（2）自研 VR/AR SDK

華為雲 VR 雲渲遊平台安卓 SDK 集成華為自研音視頻傳輸協議及網絡優化算法，為用戶提供低時延、高可靠性的雲 VR 和雲 3D 體驗。

華為開發者中心提供兩類雲渲遊 SDK：Mobile-SDK 和 VR-SDK，分別面向移動端設備和 VR 設備，可捕獲與預測動作數據，並將其上傳至雲端，待雲端完成渲染、編碼後，將接收到的畫面呈現在對應的設備上。

（3）通用華為 AR 引擎（華為 AR Engine）

華為 AR 引擎是一款用於安卓、構建增強現實應用的引擎。華為 AR 引擎包含 AR Engine 服務、AR Cloud 服務與 XRKit 服務，其中 XRKit 是基於 AR Engine 提供場景化、組件化的極簡 AR 解決方案，二者均可實現虛擬世界與現實世界的融合，帶來全新的交互

體驗。

（4）XR 內容開發工具 Reality Studio

華為 Reality Studio 是多功能 3D 編輯器，它提供了 3D 場景編輯、動畫製作和事件交互等功能，幫助用戶快速打造 3D 可交互場景，可廣泛用於教育培訓、電商購物、娛樂等諸多行業的 XR 內容開發。華為 Reality Studio 目前只支持對模型進行基本的編輯，建模需要使用專業的建模軟件完成。這套開發工具的價值在於不需要深入掌握 3D 技術就可以非常簡單地開發 3D 互動場景。

4. 後端基建

（1）華為 5G

華為是當之無愧的 5G 領導者，率先推出了業界標杆 5G 多模芯片解決方案巴龍 5000，是全球首個提供端到端產品和解決方案的公司。2019 年，華為 Mate 20X 5G 手機、5G CPE Pro 已經獲得了中國 5G 終端電信設備進網許可證，並即將推出 5G MiFi、5G 車載模組、5G 電視等多種形態的 5G 終端，從而加速 5G 規模商用。當前，各行各業正在擁抱 5G，華為提供了一系列模塊化、全系列產品解決方案，包括：

- **華為 5G RAN 全場景解決方案**：以領先的硬件能力和軟件性能實現最佳的網絡體驗，解決運營商在站點部署、頻譜獲取及體驗一致性等方面的挑戰，助力運營商加速 5G 網絡規模部署，提升網絡體驗；
- **華為 5G 綜合承載解決方案**：基於業界領先的端到端產品、SRv6 新協議、網絡雲化引擎 NCE，幫助運營商建設一張大帶寬、高可靠、SLA 可保障、智能運維的極簡承載網，匹配 5G 應用訴求，

釋放 5G 潛能;

- **華為 5G 智簡核心網**：通過提供差異化業務，確定性體驗和極簡運營運維的網絡能力賦能 5G 新商業。

（2）華為 Cloud VR

　　Cloud VR 解決方案包括內容平台、業務平台、網絡方案、終端方案等四個部分，支持巨幕影院、直播、360 度視頻、遊戲、教育五大場景的部署。Cloud VR 業務對時延要求非常高，該方案首次攻克了端到端時延影響體驗的技術難題，實現了 VR 內容聚合上雲、渲染上雲，有效降低了終端成本及保護了內容版權，利用基於 5GHz 頻段的 Wi-Fi 智能組網，全面提升了用戶的 VR 體驗。

（3）投資 AR 光波導公司鯤游光電

　　鯤游光電（North Ocean Photonics）是專注於微光學、光集成領域的高科技公司。鯤游光電為國內外客戶提供設計、定製、生產一站式的晶圓級光學產品及服務。晶圓級光學是消費光子的基石性領域，使得光學可以在精度提高的同時降低成本，進而滿足眾多新興的需求和實現商業價值，包括 3D 深度成像與無人駕駛、AR/MR 顯示、芯片間短距離全光傳輸、醫學影像、航空軍工、自動化安防等。

八

Nvidia：元宇宙世界硬件底層

　　Nvidia 力圖為工程師打造元宇宙（企業元宇宙），積極開發適用 B 端元宇宙場景的技術工具平台。Nvidia Omniverse 是專為虛擬協

作和物理屬性準確的實時模擬打造的開放式平台。隨着用戶和團隊在共享的虛擬空間中連接主要設計工具、資源和項目以協同進行迭代，創作者、設計師和工程師的複雜可視化工作流程也在發生轉變（Nvidia 元宇宙佈局詳見表 5-9）。

1. 底層架構

Omniverse 構成：Nucleus、Connect、Kit、Simulation、RTX。

Omniverse Nucleus：提供一組基本服務，這些服務允許各種客戶端應用程式、渲染器和微服務，共享和修改虛擬世界的呈現形式。

Omniverse Connect 庫：被作為插件分發，使客戶端應用程式可以連接到 Nucleus。當內容需要同步時，DCC 插件將使用 Omniverse Connect 庫來應用外部接收更新，並根據需要發佈內部生成更改。

Omniverse Kit：是用於構建本地 Omniverse 應用程式和微服務的工具包。它建立在一個基本框架上，該框架通過一組輕量級擴展提供了多種功能。這些獨立擴展使用的是 Python 或 C ++ 編寫的插件。

Simulation：Omniverse 中的仿真由 Nvidia 一系列技術作為 Omniverse Kit 的插件或微服務提供。作為 Omniverse 一部分進行分發的首批仿真工具是 Nvidia 的開源物理仿真器 PhysX，該仿真器廣泛用於計算機遊戲中。

RTX Renderer：新的 Omniverse RTX 視口是 Omniverse 支持符合皮克斯 Hydra 架構的渲染器之一，它利用 Turing 和下一代 Nvidia 架構中的硬件 RT 內核進行實時硬件加速的光線跟蹤和路徑跟蹤。

表 5-9　Nvidia 元宇宙佈局

硬件及操作系統	後端基建	底層架構	內容與場景	人工智能	協同方
	Nvidia CloudXR 平台構成包括： （1）Nvidia CloudXR SDK （2）Nvidia RTX 虛擬工作站 （3）Nvidia AI SDK Nvidia CloudXR	Omniverse 構成包括： （1）Omniverse Nucleus （2）Omniverse Connect （3）Omniverse Kit （4）Omniverse Simulation （5）Omniverse RTX	Omniverse Simulation-Isaac Sim Omniverse Simulation-DRIVE Sim		

2. 內容與場景

（1）Omniverse Simulation-Isaac Sim

Isaac Sim 基於 Nvidia Omniverse 平台構建，它是一個機器人模擬應用與合成數據生成工具。機器人專家可使用它更高效地訓練和測試機器人、模擬機器人與指定環境的真實互動，而且這些環境可以超越現實世界。

Isaac Sim 的發佈還增加了經過改進的多攝像頭支持功能、傳感器功能以及一個 PTC OnShape CAD 導入器，讓 3D 素材的導入變得更加輕鬆。從實體機器人的設計和開發、機器人的訓練，再到在「數字孿生」中的部署（數字孿生是一種精確、逼真的機器人模擬和測試虛擬環境），這些新功能將全方位地擴大可以建模和部署的機器人和環境範圍。

寶馬是第一家使用 Omniverse 設計整個工廠的端到端數字孿生的汽車製造商，Omniverse 模擬出完整的工廠模型，包括員工、機器人、建築物、裝配部件等，讓全球生產網絡中數以千計的產品工程師、項目經理、精益專家在虛擬環境中進行協作，在真實生產產品前，完成設計、模擬、優化等一系列複雜的過程。據稱通過 Omniverse，生產效率提高了 30%。此外，沃爾沃利用 Omniverse 進行汽車設計；愛立信通過 Omniverse 模擬 5G 無線網絡；英國建築設計公司 Foster + Partners 利用 Omniverse 實現跨 14 個國家的團隊無縫協作。

（2）Omniverse Simulation-DRIVE Sim

Nvidia 創始人兼首席執行官黃仁勳先生在 GTC 大會開幕主題

演講中宣佈，新一代自動駕駛汽車仿真軟件 Nvidia DRIVE Sim 將基於 Nvidia Omniverse 構建。

DRIVE Sim 通過使用 Nvidia 的核心技術建立起一個強大的雲計算平台，能夠實現高保真。該平台可以生成用於訓練車輛感知系統的數據集，並提供一個虛擬試驗環境來測試車輛的決策流程和其在極端情況下的表現。該平台能以軟件在環或硬件在環配置來連接自動駕駛軟件棧，以進行完整的駕駛體驗測試。

3. 後端基建

Nvidia 發佈的 Nvidia CloudXR 1.0 軟件開發套件將通過 5G、Wi-Fi 和其他高性能網絡，為增強現實、混合現實和虛擬現實內容（統稱擴展現實 XR）帶來重大提升。借助 Nvidia CloudXR 平台，任意終端設備都能充當展現專業級質量圖形的高保真度 XR 顯示器，包括頭戴式顯示器（HMD）和連接的 Windows 和安卓設備。CloudXR 基於 Nvidia RTX GPU 和 CloudXR SDK，支持從任意地方流傳輸沉浸式 AR、 MR 或 VR 體驗。

Nvidia CloudXR 平台構成包括：

- Nvidia CloudXR SDK，支持所有 OpenVR 應用程式，包括對手機、平板電腦和 HMD 的廣泛客戶端支持；
- Nvidia RTX 虛擬工作站以最快的幀速率提供高質量的圖形；
- Nvidia AI SDK 可提高性能並增加身臨其境的體驗。

九

Google：AR → VR → AR

Google 對元宇宙的佈局主要以 Google Glass、安卓為核心。以 AR 眼鏡為入口，配套操作系統，希望延續移動互聯網時代安卓生態的壟斷。此外，還可借助 YouTube 的流量優勢，打破主機和客戶端的限制，推廣操作系統，撬開更多終端渠道，YouTube 視頻業務也可幫助進一步提升玩家沉浸感（Google 元宇宙佈局詳見表 5-10）。

1. 硬件及操作系統

（1）AR 眼鏡

2012 年，Google 推出首款 AR 智能眼鏡 Google Glass。2014 年，Google 擱置 Google Glass 的相關研發，並加入三星之列發售 Cardboard 「手機 VR」，正式進入 VR 領域。2017 年，Google Glass 以企業版本 Glass Enterprise Edition 回歸，主要面向企業客戶，涉及農業機械、製造業、醫療以及物流等領域。2019 年，Google Glass Enterprise Edition 2 問世。

2020 年，Google 收購加拿大眼鏡公司 North 佈局消費級 AR。North 主要研發支持手勢控制操作的臂環設備 Myo，於 2018 年推出智能眼鏡 Focals，並收購 Intel 的 230 多個智能眼鏡專利。

（2）操作系統

2016 年，Google 發佈 Daydream VR 平台，並上市 Daydream View VR。2017 年，Google 對標 Apple ARKit 推出 ARCore 平台。2019 年，

表 5-10　Google 元宇宙佈局

硬件及操作系統	後端基建	底層架構	內容跟場景	人工智能	協同方
 Google Glass 企業版本 Glass Enterprise Edition Google Glass Enterprise Edition 2 Daydream VR 平台　Daydream View VR 收購加拿大眼鏡公司 North 佈局消費級 AR ARCore	 雲遊戲平台 Stadia Project Stream 遊戲流媒體技術				

Google 關閉 Google Jump，不再支持 Daydream VR 平台，戰略重心重回AR。

- **Daydream VR 平台（2019 年關閉）**：由 Daydream-Ready 手機及其操作系統、配合手機使用的頭盔和控制器以及支持 Daydream 平台生態的應用三大部分組成。Daydream 平台主要是依靠安卓系統建立起來的，Daydream 平台的推出以及各項標準的制定很明確地展示出 Google 的 VR 策略——依靠龐大的安卓移動設備的保有量聚焦於移動 VR 設備的發展。
- **ARCore**：Google 推出的搭建增強現實應用程式的軟件平台。ARCore 使用三項關鍵技術來整合虛擬內容和現實世界：一是運動跟蹤技術，讓手機能夠理解並追蹤自身在環境中的相對位置；二是環境理解技術，讓手機可以偵測到扁平的水平面，如地表或咖啡桌；三是光照強度估測技術，可以估量當前環境的光照情況。2017 年 10 月，Google 宣佈與三星合作，將 ARCore 引入三星 Galaxy 智能手機系列。2018 年 5 月，Google 與小米公司合作，在國內推進 ARCore 增強現實套件的功能。

2. 後端基建

（1）遊戲流媒體技術 Project Stream

2018 年 10 月 1 日，Google 宣佈推出 Project Stream（流媒體計劃），該計劃允許 Google 瀏覽器用戶以串流的方式在線玩視頻遊戲，首波進行測試的免費遊戲是《刺客信條》系列的最新作品《刺客信條：奧德賽》。不同於流媒體直播遊戲視頻網絡 "Twitch"，Google Project Stream 的用戶無需將遊戲下載到電腦上，就可以直接在線玩視頻遊戲。

（2）Stadia

Google 雲遊戲自測試遊戲流媒體技術 Project Stream 以後，迅速於 2019 年 11 月確定了雲遊戲平台 Stadia。Stadia 遊戲庫的運行基於一個功能強大的數據中心服務器，允許用戶在沒有遊戲機或個人電腦的情況下，借助電視或移動設備暢玩遊戲。換言之，玩家可以在安卓手機等輕量級硬件上玩到高渲染和高傳輸需求的大型遊戲。同時，Google 在洛杉磯和蒙特利爾均開設了工作室，自研遊戲以豐富 Stadia 內容供給。2021 年 2 月，Google 宣佈關閉第一方工作室，但 Stadia 的服務會繼續提供。

HTC：構建閉環生態

HTC 佈局元宇宙的核心優勢在於其 VR 產品矩陣已經佔據一定的市場份額與用戶心智。HTC 基於硬件優勢，持續加大內容與平台生態建設，形成硬件—內容的良性循環（HTC 元宇宙佈局詳見表 5-11）。

1. 硬件及操作系統

（1）VR 頭顯

HTC 目前擁有的 VR/AR 硬件設備有 PC VR 頭顯 VIVE Pro 系列，PC VR 頭顯 VIVE Cosmos 系列、移動 VR 頭顯 VINE Focus 系列。頭顯硬件是 HTC 佈局 VR 行業的基礎。

表 5-11 HTC 元宇宙佈局

硬件及操作系統	後端基建	底層架構	內容與場景	人工智能	協同方
 VIVE Focus 系列 VIVE Pro 系列 VIVE Cosmos 系列 VIVE 面部追蹤器 VIVE Tracker		 VIVE WAVE VR 開放平台	 VIVE PORT XR Suite VIVE XR 應用解決方案 與萬代南夢宮影業戰略合作 投資與收購 投資 VR 社交公司 投資 VR 會議平台 VRChat Engage VR 投資虛擬會議平台 投資數據可視化平台 VirBELA 3Data Analytics		VIVE X 加速器計劃

（2）追蹤設備

HTC 追蹤器設備通過追蹤使用者的動作進而模擬為虛擬世界中的動作，其中核心產品分別為 VIVE 面部追蹤器和 VIVE Tracker。

- VIVE 面部追蹤器可以精確捕捉面部表情和嘴部動態，實時解讀使用者的意圖和情感。而且其具備超低的延遲率，使得嘴部動態和聲音可以同步。當前該設備已經可以追蹤多達 38 種面部表情動態。
- VIVE Tracker 則是通過追蹤全身運動並將現實世界中的物體融入虛擬世界，實現真實對象和虛擬體驗的無縫連接。

2. 內容與場景

（1）XR 應用解決方案

虛擬應用套裝（VIVE XR Suite）是 HTC 第一款以 XR 生態為核心的產品解決方案，支持 VR、PC、平板電腦和智能手機等多種設備。VIVE XR Suite 能夠借助先進的 XR 技術，消除人與人之間的物理距離。在新冠肺炎疫情流行背景下，它使得人們生活重新正常化、保持生產力，豐富了工作與生活。其主要場景有：

- **教育**：在線學習、遠程校園。生動的虛擬教學、沉浸式的課堂互動和場景轉換、豐富的教師工具，有助於師生互動。同時它可定製和真正教室或校園設計相匹配的虛擬環境。
- **工作**：遠程會議、遠程辦公。它專為企業打造的虛擬現實協作和會議空間，隨時預約或創建團隊討論，提供永久的私人或公共會議室，可從本地或網盤共享複雜的設計方案和媒體文件。
- **活動**：會議、展會、音樂會、演出。它是遠程會議、在線展會、

虛擬演唱會的最佳選擇，支持 VR、PC、平板電腦和智能手機等多設備的互動參與，帶來超現實體驗的同時，又能使用戶像在真實生活中一樣面對面地交流。

- **娛樂**：虛擬主播、節日慶典。它基於社交體驗的虛擬互動社區，輕鬆化身虛擬主播，定製個性化的派對聚會，虛擬商店及主題樂園，並且可以與其他用戶進行交互。

（2）投資 VR 社交公司 VRChat

2019 年 9 月，VR 社交平台 VRChat 宣佈完成了 1 000 萬美元的 C 輪融資，該輪融資由 Makers Fund、HTC、Brightstone VC 和 GFR Fund 共同參投。遊戲 *VRChat* 玩法與《第二人生》相似，玩家可以自行創建服務器，並通過虛構角色彼此交流。與遊戲一起發行的軟件開發工具包使玩家可以創造知名 ACG 系列的重要人物，並將其作為虛擬角色。目前 VR 社交產品主要有三種思路：全體驗型、工具型、UGC 型。全體驗型 VR 社交平台以 Altspace 和 Facebook Spaces 為代表，融入會議、遊戲、聚會等場景，期望完全移植現實生活中的社交；工具型以 VTime 和 Rec Room 為代表，前者是聊天室，後者是體育遊戲，支持簡單場景的 VR 社交，均具備突出的功能屬性；UGC 型以 VRChat 和 High Fidelity 為代表，理念是讓用戶自己創造內容，分享體驗。

（3）投資 VR 會議平台 Engage VR

2020 年 5 月，Immersive VR Education 宣佈獲得 HTC 的 300 萬歐元投資。該公司的 Engage 平台允許教育工作者創建定製的 VR 體驗，在各種設備（包括 Steam VR 頭顯、Oculus Quest、Vive Focus Plus 和 Pico 頭顯等）上支持多達 50 個用戶同時使用。

Immersive VR Education 表示，HTC 的投資將用於進一步開發和增強 Engage 平台，建立其銷售和營銷能力，以及為 Engage 平台提供更多展示體驗。

（4）投資虛擬會議平台 VirBELA

VirBELA 是一款基於雲的企業應用程式平台，該平台支持定製虛擬辦公室環境、會議場地以及學校空間，為遠程工作、在線學習和虛擬活動 / 事件構建沉浸式 3D 世界。在 VirBELA 中，用戶可以創建一個自己的虛擬形象，在虛擬空間中參加會議、在線活動、開展協作，使用多媒體界面顯示文檔或網站。2020 年 7 月，HTC VIVE 與 VirBELA 的合作為 XR Suite 提供了定製的虛擬辦公室和教學環境，能舉辦最多容納 2 500 人的大型在線會議。該軟件能夠幫助企業突破空間的限制，節省旅行成本的同時提高工作效率。

（5）投資 3D 數據可視化平台 3Data Analytics

2020 年 8 月，3D 數據可視化平台 3Data Analytics 宣佈獲得 130 萬美元種子輪融資，本輪融資分別來自馬克・庫班公司、HTC VIVE 等投資方。同時，3Data Analytics 也是 HTC VIVE X 孵化器投資的初創公司之一。該公司專注於開發跨平台的實時 3D 數據可視化工具，可通過 WebXR 應用展示各項 IoT 傳感器的數據、日誌以及數據流，兼容 VR/AR、電腦、手機等設備。3Data Analytics 還可幫助企業構建內部運營管理中心，提供一個可供員工查看的安全、規模化虛擬數據庫。

（6）VIVEPORT 遊戲平台

HTC VIVEPORT 是 HTC 提供虛擬現實內容和體驗的應用程式

商店。在 VIVEPORT 中，用戶可以自行在虛擬現實中探索、創造、聯繫、觀看以及購物。同時，VIVEPORT 與萬代南夢宮影業戰略合作，將其旗下動畫 IP VR 化。萬代南夢宮影業以製作具有強大銷售潛質的原創動畫系列而聞名，如《偶像學園 Aikatsu！》系列、*Battle Spirits* 系列和 *Tiger &Bunny* 系列等。HTC VIVEPORT 團隊與萬代南夢宮影業緊密合作，共同建立和發展 VR 生態系統，力求為消費者提供廣泛的虛擬體驗。根據雙方合作計劃，用戶未來可以通過 VIVEPORT 享受全新的沉浸式萬代南夢宮動畫內容，還可與動漫偶像進行虛擬互動。

3. 底層架構

VIVE Wave VR 開放平台集開發工具與配套服務於一身，旨在助力第三方合作夥伴簡化移動 VR 內容開發流程，優化高性能設備的使用體驗。VIVE Wave 的推出使得開發者們得以基於統一的開發平台和應用商店進行跨硬件的內容開發和發行，旨在解決長期困擾國內移動 VR 市場的高度碎片化問題。Wave VR 平台希望成為像 Unity 一樣實現多平台支持，使得開發者可以不需要考慮不同設備間的兼容問題，自由地創造豐富的 VR 內容。

4. 協同方

VIVE X 加速器計劃是一項為開發者和初創團隊提供各種工具和專業指導的項目，目的是支持 VR 開發者們創造更多的 VR 應用，共同建設完善 VIVE 生態系統。在該計劃中，HTC 與合作夥伴為 VIVE X 加速器計劃共同投入總值超過 1 億美元的基金支持，用以扶持具有創造力、技術能力和遠見的團隊，並通過 VIVE 平台推

動團隊取得商業成功，最終為 VIVE 平台乃至整個虛擬現實生態圈輸送優質內容。

十一

Sony：戰略輔助硬件

Sony 在 VR 領域已建立較強的先發優勢，致力於構建最佳的元宇宙入口。Sony 致力於帶給用戶最優質的遊戲體驗，從未停止打磨硬件，一直在等待硬件技術相對成熟時，打造硬件、內容齊優的產品（Sony 元宇宙佈局詳見表 5-12）。

1. 硬件及操作系統

PS VR：PS VR2

Sony 平台規劃與管理高級副總裁西野秀明表示，「Sony 正在利用在 PS4 上推出 PS VR 以來所學到的東西來開發全新 VR 系統，下一代 VR 系統將全面加強在分辨率、視野、追蹤和輸入等各方面的表現」。在分辨率方面，PS VR2 將支持 4K 的分辨率以保障高度擬真體驗。追蹤方面，PS VR2 將包括能夠實現凹點渲染的凝視跟蹤、鏡頭分離調整刻度盤，以及允許開發人員提供直接觸覺反饋的振動馬達。市場普遍預期，PS VR2，代號 "NGVR"（尚未正式命名）大概率將於 2022 年推出。

表 5-12　Sony 元宇宙佈局

硬件及操作系統	後端基建	底層架構	內容與場景	人工智能	協同方
PS VR PS VR2（待發佈）			PSN Dreams 投資與收購 投資虛幻引擎公司 Epic Games 投資虛擬拍攝公司 Sliver.tv 聯合 Microsoft Azure 構建多媒體體雲端遊戲 服務解決方案 技術儲備		

2. 內容與場景

（1）投資 Epic Games

2020 年 7 月，Sony 通過其全資子公司收購 Epic Games 的少數股權。Epic Games 在圖形領域、虛幻引擎以及其他創新性的遊戲開發方面處於領先地位。Sony 和 Epic Games 希望通過實時 3D 社交體驗將遊戲、電影和音樂融合，共同致力於為所有消費者和內容創作者建立一個更加開放和便捷的數字生態系統。這項投資合作有望在科技、娛樂和在線社交服務等技術前沿推動突破。

（2）投資虛擬拍攝公司 Sliver.tv

Sliver.tv 主營業務為提供 360 度全景觀看電競比賽的服務。Sliver.tv 團隊將虛擬相機嵌入虛擬世界，通過實時捕捉 360 度全景生成 VR 視頻流。該技術能夠帶給觀眾俯瞰整個賽事的沉浸式體驗，並實現 360 度的視頻回放。此外，該團隊還在賽事畫面內加入一個虛擬 LED 大屏，為第一視角 2D 的直播視頻流作補充。該技術不僅能提升觀眾的觀賽體驗，同時對職業戰隊戰術策略研究與復盤幫助巨大。

（3）合作 Microsoft Azure 構建雲服務解決方案

Sony 在 Microsoft Azure 中構建雲服務解決方案，以支持其遊戲和內容流媒體服務。此外，Sony 和 Microsoft 還在人工智能領域進行合作，雙方聯合開發圖像傳感器方案，將 Microsoft 的人工智能技術和 Sony 優勢的圖像傳感器進行結合以改善用戶體驗。

（4）遊戲平台

PSN（PlayStation Network）：2006 年 11 月，Sony 在 PS3 發售的同時開始正式提供 PS3 的網絡服務 PlayStation Network。玩家通過 PlayStation Network 可以進行玩家之間的文字聊天、視頻聊天、網絡遊戲等基本服務以及遊戲、遊戲追加數據等內容下載服務。

UGC 平台 Dreams：Dreams 是一個集創作與遊玩於一體的社交平台，提供了一整套可視化的遊戲創作工具，從音樂、音效到角色建模、場景再到 CG 電影、事件觸發器。該平台可以被當作一個無須從外界導入素材、無須任何編程語言的遊戲開發引擎，同時還是一個開放分享的社交平台，用戶可以將他人上傳的素材納為己用，也可以把它當成一個純粹的遊戲平台或藝術品鑒平台，只消費不生產。

十二

百度：All in AI

百度近幾年來在元宇宙相關的前沿硬科技，包括人工智能、自動駕駛、量子計算、區塊鏈、芯片等，也已逐步完善在 VR 核心技術、內容與服務平台、行業解決方案等方面的佈局，是國內率先將元宇宙投入應用的科技公司之一。百度在元宇宙的佈局偏向企業元宇宙，而非消費元宇宙，發展方向主要是向企業輸出成熟的元宇宙解決方案（百度元宇宙佈局詳見表 5-13）。

表 5-13　百度元宇宙佈局

硬件及操作系統	後端基建	底層架構	內容與場景	人工智能	協同方
 奇遇 VR 一體機			悦 享 品 質 **iQIYI 愛奇藝** VR 視頻 VR 社區 Bai百度 VR 瀏覽器	**DUER◎S** 对话式人工智能操作系统 DuerOS **apollo** 阿波羅	

1. 人工智能

百度 DuerOS、阿波羅（Apollo）兩大開放平台、百度大腦、百度智能雲將為金融、教育、醫療、出行等多個行業，提供一流的開發工具和有效的人工智能行業解決方案。

- **DuerOS**：整合了百度的信息與服務生態優勢，精心打造了十大類目、200 多項能力，用戶可以在不同場景下實現指令控制、信息查詢、知識應用、尋址導航、日常聊天、智能提醒和多種 O2O 生活服務，同時支持第三方開發者的能力接入。它與市面上的人工智能系統不同的是，除了通過自然語言進行對硬件的操作與對話交流，DuerOS 借助百度強大的服務生態體系，能夠為用戶提供完整的服務鏈條。
- **阿波羅**：是一套完整的軟硬件和服務系統，包括車輛平台、硬件平台、軟件平台、雲端數據服務等四大部分。百度還開放環境感知、路徑規劃、車輛控制、車載操作系統等功能的代碼或能力，並且提供完整的開發測試工具，同時會在車輛和傳感器等領域選擇協同度和兼容性最好的合作夥伴，推薦給接入阿波羅平台的第三方合作夥伴使用，進一步降低無人車的研發門檻。百度開放此項計劃旨在建立一個以合作為中心的生態體系，發揮百度在人工智能領域的技術優勢，促進自動駕駛技術的發展和普及。

2. 硬件及操作系統

愛奇藝奇遇 VR 系列，搭載足夠豐富的 VR 內容生態。其中，愛奇藝 4KVR 奇遇一體機由愛奇藝自主研發設計，是全球首款 4K 分辨率移動 VR 設備，也是首款擁有 6DoF Inside-Out 位置追蹤系統的消費級 VR 一體機。此外，愛奇藝 4KVR 奇遇一體機配備突破延

時技術的空鼠手柄，延時低於 50 毫秒，可極速響應操作。

3. 內容與場景

（1）VR 視頻

百度視頻推出的 VR 頻道聚集了目前市場上最優質的 VR 內容鏈接，不僅為 VR 發燒友和潛在用戶羣體提供了豐富的 VR 視頻、遊戲、資訊等海量內容資源，還將率先舉辦諸多 VR 線下體驗活動。

（2）VR 社區

VR 社區──百度 VR+，集 VR 遊戲、視頻、諮詢、開發者和論壇為一體。VR+ 將集合 VR、AR、MR、CR 等廣義虛擬／增強現實領域內容。

（3）VR 瀏覽器

百度推出國內首款 VR 瀏覽器。主要讓用戶體驗 VR 環境下的網頁瀏覽，帶領用戶走入 VR 世界。當然，VR 瀏覽器也提供海量 VR 視頻電影以及眾多 VR 遊戲。百度瀏覽器本身支持絕大多數 VR 眼鏡。

十三

Amazon：底層技術實力深厚

Amazon 佈局元宇宙的優勢在於擁有多種底層技術，能夠實現協同效應，包括雲服務基礎設施、遊戲引擎 Amazon Lumberyard、Twitch 直播平台以及低門檻的 VR/AR 開發平台 Sumerian（Amazon

元宇宙佈局詳見表 5-14）。

1. 底層架構

（1）雲計算服務能力（AWS 雲）

Amazon 擁有強大的雲計算服務能力，是一家優質的雲服務提供商。目前全球 90% 以上大型遊戲公司依託 Amazon 雲在線託管。

（2）遊戲引擎 Amazon Lumberyard

Amazon Lumberyard 是唯一一款融合了功能豐富的開發技術、對 AWS 雲的原生集成以及對 Twitch 功能的原生集成的 AAA 遊戲引擎。Lumberyard 的可視化技術方便用戶創建近乎照片般逼真的、高動態範圍環境和極其出色的實時效果。Lumberyard 擁有強大的渲染技術和創作工具包括：基於物理的着色器、動態全局光照、粒子特效系統、植被工具、實時動態水流、體積霧和電影特寫（如色彩分級、運動模糊、景深以及鏡頭光暈）。Lumberyard 的組件實體系統提供了一種現代方式，來從比較簡單的實體創建複雜實體。開發者可以拖放組件來構建所需的行為、在編輯器中編輯組件設置，以及在 Script Canvas 或 Lua 中創建腳本以快速更改或擴展實體的行為。

（3）VR/AR 開發平台 Sumerian

Sumerian 讓開發者以簡單的程式構建出一個能夠在 VR/AR 現實應用中使用的 3D 模型。Sumerian 開發平台的界面與 Adobe Photoshop 等傳統圖片編輯器的界面相似，打開主頁之後便可以開始創建新的文件。在編輯器中，開發者可以設計任意的 3D 動畫形象，並且將其置於選好或已經設計好的數字場景中。Sumerian 還支

表 5-14　Amazon 元宇宙佈局

硬件及操作系統	後端基建	底層架構	內容與場景	人工智能	協同方
		雲計算服務能力（AWS 雲） 遊戲引擎 Amazon Lumberyard VR/AR 開發平台 Sumerian	Twitch 直播平台		

持 FBX 、 OBJ 多種模型並兼容 Unity 、 Unreal 等視頻遊戲引擎。

2. 內容與場景

Twitch 直播平台是面向視頻遊戲的實時流媒體視頻平台，所覆蓋的遊戲種類非常廣泛，包括實時戰略遊戲（RTS）、格鬥遊戲、賽車遊戲、第一人稱射擊遊戲等。Twitch 平台上的知名遊戲包括《英雄聯盟》、《星際爭霸 2》、《蟲族之心》、《魔獸爭霸》、《我的世界》、《坦克世界》和《暗黑破壞神 3》等。Twitch 每月的訪問量超過 3 800 萬，有超過 2 000 萬個遊戲玩家匯聚到這個平台，每個訪問用戶在網站的日平均停留時間為 1.5 小時。

十四

阿里巴巴：多場景協同發力

阿里巴巴的元宇宙戰略核心在於利用自有的電商平台、龐大的用戶基礎，乃至相關的產業鏈公司帶動相關內容、硬件、商業模式的發展與成熟（阿里巴巴元宇宙佈局詳見表 5-15）。

1. 硬件及操作系統

2016 年 2 月，阿里巴巴投資明星 AR 創業公司 Magic Leap。該公司於 2018 年推出首款 AR 硬件 Magic Leap One。

2017 年 1 月，阿里巴巴投資以色列 AR 眼鏡公司 Lumus。Lumus 從軍工硬件起家，現今專注 B2B AR 市場，生產 AR 眼鏡和頭盔的關鍵部分 —— 光學引擎。

表 5-15　阿里巴巴元宇宙佈局

硬件及操作系統	後端基建	底層架構	內容與場景	人工智能	協同方
Magic Leap One Nreal Light AR 眼鏡 投資以色列 AR 眼鏡公司 Lumus 投資瑞士 AR 汽車 導航公司 WayRay	阿里達摩院 XG 實驗室 阿里雲 飛天操作系統		衣食住行 超寫實數字人 AYAYI		

2017 年 3 月，阿里巴巴投資瑞士 AR 汽車導航公司 WayRay。WayRay 於 2012 年成立，主要有全息 AR 汽車導航儀 Navion 和行車習慣記錄儀 Element 兩款產品。

2020 年 5 月，阿里釘釘發佈 DingTalk Work Space（釘釘平行協同空間）。同時，首款內置 DingTalk Work Space 的產品「Nreal Light AR 眼鏡套裝專業版」也正式發佈，這款產品基於 Nreal 原本的硬件進行擴容，並且搭載了釘釘系統的 MR 環境，為企業用戶打造了更直觀、簡單、高效的線上視頻會議和協同辦公環境。

2. 後端基建

（1）XG 實驗室

阿里達摩院成立 XG 實驗室，為 VR/AR 等場景研究符合 5G 時代的視頻編解碼技術、網絡傳輸協議等且制定相關標準。

（2）阿里雲

阿里雲服務是全球領先的雲計算及人工智能科技，致力於以在線公共服務的方式，提供安全、可靠的計算和數據處理能力，讓計算和人工智能成為普惠科技。

（3）飛天操作系統

飛天（Apsara）由阿里雲自主研發、服務全球的超大規模通用計算操作系統，為全球 200 多個國家和地區的創新創業企業、政府、機構等提供服務。飛天希望解決人類計算的規模、效率和安全問題。它可以將遍佈全球的百萬級服務器連成一台超級計算機，以在線公共服務的方式為社會提供計算能力。飛天的革命性在於將雲計算的三個方向：提供足夠強大的計算能力、提供通用的計算能

力、提供普惠的計算能力整合起來。

3. 內容與場景

（1）淘寶 VR 場景

淘寶 BUY+ 利用 VR 技術，還原購物場景，讓用戶有機會在家造訪美國 Target、梅西百貨、Costoco、澳洲牧場、Chemist Warehouse、日本松本清和東京宅等 7 個商場。

（2）數字人營銷

阿里巴巴推出國內首個超寫實數字人 AYAYI 佈局元宇宙營銷。AYAYI 任職成為天貓超級品牌日的數字主理人，未來她將與天貓解鎖多個身份，如 NFT 藝術家、數字策展人、潮牌主理人、頂流數字人等。

十五

高通：元宇宙世界之「芯」

XR 是目前通往元宇宙的最佳入口，構造三維虛擬空間需要巨大的算力支持，這往往通過 PC 機的高性能 CPU 與顯示卡才能勉強實現。然而，這類高性能計算設備往往難以做到小型便攜化，採用線纜連接方式造成的行動區域受限大幅削弱了 XR 的發展空間。高通 XR 芯片提供了優異的算力解決方案，使得 VR 一體機成為了主流方案。高通在 XR 的上游核心環節 —— 芯片已經佔據了舉足輕重的地位，是 XR 行業的重要參與者和技術賦能者之一（高通元宇宙佈局詳見表 5-16）。

表 5-16　高通元宇宙佈局

硬件及操作系統	後端基建	底層架構	內容與場景	人工智能	協同方
Qualcomm snapdragon 推出首款扩展实（XR）专用平台 驍龍 XR1 XR2 Qualcomm snapdragon 驍龍 XR2			以 XR 核心平台、軟件與算法、參考設計、合作項目為主的 XR 四大戰略 **XR 行業生態** 第一批成員企業決定加入該聯盟，包括達晨財智、國投招商、歌爾戰略與火山資投部、高瓴資本、紅杉資本、火山石資本、金石投資、藍馳創投、聯想創投等 **XR 產業投資聯盟**		

1. 硬件及操作系統

XR 芯片

　　最早應用到 VR/AR 設備的芯片是高通針對手機的 SOC 方案 821、835、845，其中 835、845 均針對 VR/AR 設備做了相應優化。2018 年 5 月，高通推出 VR 專用芯片驍龍 XR1，其性能與驍龍手機芯片 660 相近。2019 年 12 月，高通發佈基於驍龍 865 衍生的 XR2，結合了高通的 5G、人工智能及 XR 技術。XR2 相對 XR1 其性能得到顯著提升，目前新一代 VR 一體機 Oculus Quest 2、VIVE Focus 3、Pico Neo 3 系列等均採用 XR2 平台。XR2 芯片性能有：

- 在視覺體驗方面，XR2 平台的 GPU 可以達到 1.5 倍像素填充率、3 倍紋理速率，從而實現高效高品質的圖形渲染；支持眼球追蹤的視覺聚焦渲染；支持更高刷新率的可變速率着色，可以在渲染重負載工作的同時保持低功耗；XR2 的顯示單元可以支持高達 90fps 的 3K × 3K 單眼分辨率；在流傳輸與本地播放中支持 60fps 的 8K 360 度視頻。

- 在交互體驗方面，XR2 平台引入 7 路並行的攝像頭支持及定製化的計算機視覺處理器；可以高度精確地實時追蹤用戶的頭部、嘴唇及眼球；支持 26 點手部骨骼追蹤。

- 在音頻方面，XR2 平台在豐富的 3D 空間音效中提供全新水平的音頻層以及非常清晰的語音交互；集成定製的始終開啟的、低功耗的 Hexagon DSP；支持語音激活、情境偵測等硬件加速特性。

- 除硬件平台外，高通還提供包括平台 API 在內的軟件與技術套裝以及關鍵組件選擇、產品、硬件設計資料的參考設計。

2. 內容與場景

（1）XR 行業生態

　　基於 XR 平台，高通也在不斷進行功能調優。在軟件算法端加入了如 SLAM、3D 音頻、眼球 / 手勢追蹤、場景理解等功能應用，同時也聯合產業合作夥伴推出了有關 XR 平台的設備參考設計，並逐漸形成了以 XR 核心平台、軟件與算法、參考設計、合作項目為主的 XR 四大戰略，加速其在 XR 行業落地。

（2）XR 產業投資聯盟

　　2021 年 9 月，在 2021 高通 XR 生態合作夥伴大會上，高通創投宣佈成立 XR 產業投資聯盟，旨在加速 XR 領域的創新、規模化及成熟。XR 產業投資聯盟將關注具有高度發展性及潛力的 XR 生態領域創新創業項目，並為聯盟成員提供信息交流平台，幫助提升成員公司在 XR 領域的投資效率，促進成員之間的聯合投資。

十六

小米：強勢切入硬件

　　小米圍繞雲遊戲、VR/AR 硬件佈局元宇宙。雲遊戲是小米佈局元宇宙必不可少的第一步，同時也已成為小米創新業務中的重點戰略方向。同時，小米持續加碼硬件，基於可穿戴設備的長期積累，推出小米智能眼鏡（小米元宇宙佈局詳見表 5-17）。

表 5-17 小米元宇宙佈局

硬件及操作系統	後端基建	底層架構	內容與場景	人工智能	協同方
智能穿戴設備 智能眼鏡			小米遊戲 投資當紅齊天集團 XR 主題樂園		

1. 硬件及操作系統

小米智能眼鏡：小米智能眼鏡在目前硬件的支持下，在外觀方面做得更加合理，符合用戶使用體驗，而且還是一個完全獨立的智能終端。小米智能眼鏡在鏡片方面使用了最新的 MicroLED 光波導顯像技術，可以讓信息直接在鏡片上顯示，實現通話、導航、拍照以及翻譯等全部功能。

2. 內容與場景

（1）小米雲遊戲

小米從優勢大屏端切入雲遊戲，發佈「立方米」計劃，進一步樹立雲遊戲行業標杆、培養用戶使用習慣，打造雲遊戲平台全新商業模式。

（2）戶外 XR 主題樂園

標杆性大型 XR 主題樂園的當紅齊天集團宣佈近期將完成數億元 B 輪融資，小米戰投、建銀國際領投、野草創投、老股東聯想創投跟投。本輪融資將用於推動 5G+XR 賽道更廣泛的場景化應用落地，促進 5G+XR 產品的深度研發，打造線上線下聯動的閉環 XR 生態鏈路，引領 XR 行業 2.0 時代的到來。

十七

Unity：遠不止遊戲引擎

Unity 具有較強的圖像處理能力，為創建和操作交互式、實時

2D 和 3D 內容提供領先平台，可用於多種應用，如移動遊戲或電影製作，也可用於增強和虛擬現實設備（Unity 元宇宙佈局詳見表 5-18）。

1. 底層架構

（1）Unity 遊戲引擎

Unity 遊戲引擎平台由兩組解決方案組成，即創建解決方案（Create）和運營解決方案（Operate）。創建解決方案中，內容創作者使用 Unity 的軟件開發 2D 和 3D 內容，通過每月訂閱產生收入。運營解決方案中，Unity 為客戶提供了將其內容貨幣化的能力，而 Unity 從收入分成和使用的模型中獲得收入。

（2）Unity VR

Unity 可用於開發 Windows、MacOS 及 Linux 平台及各類遊戲主機平台、移動端平台等近 27 種平台的單機遊戲。自 Unity5.x 版本後，Unity 開啟了對 Oculus Rift、HTC VIVE 和 Gear VR 等主流 VR 產品的支持之路。

2. 後端基建

Unity 雲端分佈式算力方案

Unity 雲端分佈式算力方案由雲烘焙（Cloud Bake）、Unity 雲端分佈式資源導入與打包、大模型數據雲端輕量化三大方案組成。三大方案充分利用了高迸發的雲計算資源，幫助創作者大大提高開發效率，加快項目迭代。

表 5-18 Unity 元宇宙佈局

硬件及操作系統	後端基建	底層架構	內容與場景	人工智能	協同方
	Unity 雲端分佈式算力方案： （1）雲烘焙（Cloud Bake） （2）Unity 雲端分佈式資源導入與打包 （3）大模型數據雲端輕量化	Unity 遊戲引擎 Unity VR	遊戲 汽車、運輸與製造 電影與動畫 建築、工程與施工		

3. 內容與場景

作為實時 3D 開發平台，Unity 為眾多行業提供解決方案，包括遊戲、汽車、運輸與製造、電影與動畫、建築、工程與施工。

十八

Roblox：元宇宙早期雛形

Roblox 通過 UGC 平台＋沉浸社交屬性＋獨立經濟系統確立元宇宙概念。Roblox 提出平台通向元宇宙的 8 個關鍵特徵：身份、朋友、沉浸感、隨地、多樣性、低延時、經濟以及文明。而 Roblox 創立平台的主要特徵與元宇宙的關鍵因素相對應：UGC 平台對應多樣性，虛擬世界擁有超越現實的自由與多元性；沉浸式社交屬性對應社交，用戶通過虛擬世界交友；獨立經濟系統對應經濟，虛擬世界中創造的價值與現實經濟打通（Roblox 元宇宙佈局詳見表 5-19）。

Roblox 的構建有三大底層元素：用戶端（Roblox Client）、開發端（Roblox Studio）以及雲端（Roblox Cloud）。其中 Roblox Client 為面向普通用戶的 3D 應用程式，構建超過 2 000 萬個 3D 數字世界並支持 iOS、安卓、PC、Mac、Xbox 以及 VR 的遊戲體驗；Roblox Studio 為允許開發者及創造者構建、發行以及運行 3D 內容的工具集，通過實時社交體驗開發環境降低編程門檻；Roblox Cloud 負責遊戲虛擬主機、數據儲存以及虛擬貨幣等業務，同時為玩家、開發者及內容創作者提供平台服務及基礎架構。

表 5-19　Roblox 元宇宙佈局

硬件及操作系統	後端基建	底層架構	內容與場景	人工智能	協同方
	Roblox Cloud（雲端）	Roblox Studio（開發端）	UGC 遊戲 社交 Robux 經濟體系		

1. Roblox Studio

　　Roblox Studio 提供 UGC 生產工具，降低創作門檻、提高自由度。當前主流的遊戲開發模式為 PGC，以 Roblox 為代表的 UGC 平台為遊戲行業的內容創作方式帶來全新想像空間。Roblox 通過遊戲引擎與遊戲雲為開發者提供實用且易用的創作工具，協助產出新穎的內容及場景。相較 MOD 類遊戲創作，Roblox Studio 提供了豐富的素材選擇和自由的創作空間，降低了創作門檻，提高了創作自由度。此外，作者對遊戲作品擁有一定所有權。

　　UGC 內容生產模式的本質是由玩家自行開發玩法模式以及遊戲世界，降低遊戲開發門檻並豐富遊戲內容與生態。截至 2020 年年底，Roblox 已擁有來自全球 170 個國家或地區、超過 800 萬的開發者與內容創作者；運行超過 4 000 萬款遊戲，包括 *Adopt Me*、*Royale High*、*Welcome to Bloxburg* 等熱門遊戲，Roblox 已成為全球最大的多人在線創作遊戲平台。

2. 虛擬貨幣 Robux

　　虛擬貨幣 Robux 構建經濟系統，高激勵政策構築活躍創作生態。Roblox 內設有一套「虛擬經濟系統」體系，玩家花費真實貨幣購買虛擬貨幣 Robux，並在遊戲中通過氪金（pay to win）、UGC 社區（pay to cool）等體驗皮膚、物品等場景，而平台收到 Robux 後會按一定比例分成給創作者及開發者。Robux 可以與現實貨幣兌換，買入比例約為 R$1=$0.01，換出比例為 R$1=$0.0035。最終開發者將獲得 20% 的分成，平台則獲得 55% 的分成。截至 2020 年底，Roblox 擁有超 2 000 萬個遊戲體驗場景，全平台用戶使用時長超過

300 億小時，開發者社區累計收入 3.29 億美元。Roblox 向開發者支付的費用呈現逐年上漲態勢，2021 年第 1 季度、第 2 季度開發者收益分別為 1.2 億美元、1.3 億美元，2021 年上半年開發者總收益達 2.5 億美元，賺取收入的開發者超過 125 萬人。收入超過 1 萬美元的開發者有 1 287 人，收入超過 10 萬美元的開發者有 305 人。

十九

Epic Games：打破虛擬世界藩籬

Epic Games 元宇宙願景的核心是改變人們在互聯網上的社交方式。大逃殺遊戲《堡壘之夜》超越了遊戲的範疇，承載了越來越多的社交、娛樂功能，如演唱會、發佈會、論壇等。Epic Games 同樣非常關注創作者生態，Unreal Engine、Epic Games Store 致力於優化創作者環境與經濟（Epic Games 元宇宙佈局詳見表 5-20）。

1. 底層架構

Unreal Engine（已更新到第五代）：虛幻引擎力求讓內容創作變得更為便利，虛幻引擎 5 從三個維度來作出嘗試：一是提升引擎的表現效果，營造出次世代應有的畫面表現力；二是改善迭代效果，讓製作者得以將編輯工具中做的任何改變都能輕鬆迭代到各種目標設備組織平台上，基本做到「所見即所得」，這也是目前引擎的一個主要優化方向；三是降低門檻，通過提供更豐富、更完善的工具來幫助小團隊甚至是個人去完成高品質的內容。具體來看，虛幻引擎 5 的兩大核心技術為 Nanite 及 Lumen，Nanite 技

表 5-20 Epic Games 元宇宙佈局

硬件反操作系統	後端基建	底層架構	內容與場景	人工智能	協同方
		Ureal Engine Meta Human Creator	堡壘之夜 Robo Recall Epic Games Store		

術讓億計的多邊形組成的影視級美術作品可以被直接導入虛幻引擎，Lumen 則構建了一套全動態全局光照解決方案，去對場景和光照變化做出實時反應。

Meta Human Creator：幫助開發者創建照片逼真的數字人類，並包含完整的綁定、毛髮和服裝，以此滿足像遊戲、影片等內容創作者的需求。

2. 內容與場景

（1）遊戲：《堡壘之夜》

Epic Games 成功說服各個主要的遊戲平台允許《堡壘之夜》跨平台運作，各個版本中的規則、競技功能和畫風沒有差別，手遊端用戶可以與 PC 端或主機玩家一起玩，玩家在另一個平台登錄時還可以使用其他版本中已有的皮膚或道具。《堡壘之夜》的另一個亮點是讓各種現實生活中的 IP 同時、同地上線，進一步模糊遊戲和現實的界限。正如顛覆童話的美劇《童話鎮》，每一個童話故事都不是割裂的，白雪公主、阿拉丁、灰姑娘等生活在一個共同的童話鎮，有相互交織的故事線。遊戲之外，《堡壘之夜》逐漸演變為社交空間，實現遊戲與現實生活的交叉。《堡壘之夜》已經不完全是遊戲了，而是越來越注重社交性，演變為一個人們通過虛擬身份進行互動的社交空間。2019 年 2 月，棉花糖樂隊（Marshmello）舉辦了《堡壘之夜》的第一場現場音樂會。2019 年 4 月，漫威的《復仇者聯盟：終局之戰》在《堡壘之夜》提供一種新的遊戲模式，玩家扮演《復仇者聯盟》成員角色，與薩諾斯（Thanos）作戰。2019 年 12 月，《星球大戰：天行者的崛起》在《堡壘之夜》舉行了電影的觀眾見面會，導演 J・J・艾布拉姆斯（JJ Abrams）接受了現場採訪。2020 年

4月，美國說唱歌手特拉維斯·斯科特（Travis Scott）在全球各大服務器舉辦了一場名為 Asronomical 的沉浸式演唱會，有 1 700 萬人同時觀看，並且引發了社交媒體上的瘋狂傳播。娛樂之外，《堡壘之夜》中的經濟活動更活躍，玩家可以創建數碼服裝或表情出售獲利，還可以創建自己的遊戲或情節，邀請別人來玩。

（2）VR 遊戲：*Robo Recall*

Robo Recall 是 Epic Games 使用 Unreal Engine 4 專門為 Oculus Touch 設計的一款 FPS 類 VR 遊戲。遊戲設計團隊為 *Robo Recall* 設計了多種武器，玩家可以隨身裝備四種武器。除了武器多樣化之外，*Robo Recall* 還滿足了玩家對於武器的個性化定製需求，遊戲中的每種武器都有多種配件，如紅外瞄準、彈夾擴容、後坐力減輕、威力增強等。此外，Unreal Engine 4 的物理效果，包括各種物理擊退、物理破碎等效果也極大提升了玩家的射擊體驗。

（3）平台：Epic 在線服務和 Epic Games Store

Epic 在線服務：開放基礎設施與賬戶體系，讓遊戲可以跨平台運行。2019 年，Epic Games 開始提供 Epic 在線服務（Online Services），並將這一套基礎設施和自己的賬戶體系免費對外開放，允許外部開發者使用並在上面構建自己的多人在線遊戲。這意味着外部開發者可以免費獲得 Epic Games 的龐大用戶，包括登錄系統、好友系統、成就和排行榜。使用 Epic 在線服務可以不用考慮平台差異讓遊戲跨平台運行。

Epic Games Store：服務用戶，更要連接廠商與用戶。2018 年年底，Epic 遊戲商店在 Windows 平台推出，任何公司的遊戲都可以在其中銷售，只收取 12% 的交易費。如果遊戲是使用 Unreal

Engine 開發的，還可以免除 5% 的引擎使用費。Epic Games Store 通過和開發者合作，用免費贈送的形式來為他們獲得更多受眾，進而收穫更多的反饋。對比其他平台，Epic Games Store 背靠的是整個 Epic Games 生態佈局，而它作為整個生態的一環，同樣有着為整個行業構建正向循環的願景。

二十

Valve：硬件、內容與平台

Valve 佈局元宇宙的優勢主要體現在 VR 硬件、遊戲內容以及平台的良好協同。VR 硬件方面與 HTC 合作開發出 HTC VIVE，也自研出 Valve Index，同時 Steam 平台也是創業 VR 遊戲廠商的首選平台（Valve 元宇宙佈局詳見表 5-21）。

1. 硬件及操作系統

Valve Index：Valve Index 頭戴式顯示器以保真度為首要任務，同時兼顧顯示、控制等方面的平衡表現。Valve Index 能在高幀率下保持色彩逼真的高分辨率圖像，鏡片以自定義雙元件設計為特色，位置略傾斜，可使視野達到最大化，且保證全面清晰度。與 Facebook Oculus 系列頭顯不同，Valve Index 的產品定位更傾向於高端 VR 玩家。

表 5-21　Valve 元宇宙佈局

硬件及操作系統	後端基建	底層架構	內容與場景	人工智能	協同方
Valve Index			自研 VR 遊戲： Half-life:Alyx 全球遊戲平台： Steam VR		

2. 內容與場景

（1）自研 VR 遊戲 *Half-life: Alyx*

Half-life: Alyx 是嚴格意義上的第一款專屬於 VR 的 3A 級大作，對 VR 遊戲行業具有里程碑意義。之前市面上流行的 VR 遊戲多是像 *Beat Saber* 類的休閒類遊戲，也有一些較為大型的遊戲如 *Boneworks*、*The Elder Scrolls V: Skyrim*，在細節優化及玩法創新上仍有欠缺，對硬件和內容帶動作用不甚明顯。*Half-life: Alyx* 代表着現階段 VR 遊戲所能達到的最高水準，或奠定了 VR 遊戲未來幾年的基本形態。例如遊戲中加入了遠超以往遊戲設計中使用鍵盤、鼠標和手柄無法達到的遊戲交互場景，簡化和流暢化射擊動作；加入真實場景中的動作如換彈夾、翻找物品等更加貼合真實場景，極大程度上增強玩家的沉浸感。此外，Valve Index 與 *Half-life: Alyx* 捆綁銷售，帶動 Valve Index 在多地區售罄。*Half-life: Alyx* 上線前最後一週，Valve Index 設備再次登頂銷量排行榜。

（2）全球遊戲平台 Steam VR

Steam VR 平台自 2016 年正式啟動以來，VR 遊戲數量基本按照每年新增 1 000 款的速度穩步增長，它現已成為 VR 遊戲最大的內容庫與中心區之一。Steam VR 快速建立起以平台的關鍵競爭要素為內容壁壘。相較其他平台，Steam 在內容上主要有三方面優勢：一是 Steam VR 背靠全球最大的遊戲社區 Steam，通過用戶的評價反饋可以快速篩選出最優質內容；二是 Steam VR 平台對獨立開發商政策友好，VR 遊戲發展初期需要大量獨立開發商作為主要的內容生產動力，目前 Steam VR 平台中近八成 VR 遊戲來自獨立開發商；

三是 Steam 有強大的自研實力，Valve 以端遊研發出身，相較純硬件商轉型做平台，具備更強的第一方內容優勢。根據官方數據，截至 2020 年年底，Steam VR 的會話數量達到 1.04 億次，新增用戶人數達到 170 萬（初次使用 Steam VR 的用戶數量），VR 遊戲時間同比增加 30%。

第三節
全球全方位產業地圖

一

需求端與供給端的雙視角

我們在《元宇宙通證》中，引用了元宇宙產業價值鏈與圖譜詳解 —— 據研發工具商 Beamable 公司創始人喬・拉多夫（Jon Radoff），元宇宙市場的價值鏈可劃分為七層：體驗（Experience）、曝光（Discovery）、創作者經濟（Creator Economy）、空間計算（Spatial Computing）、去中心化（Decentralization）、人機交互（Human Interface）、基礎設施（Infrastructure）。這一價值鏈包含從用戶端（需求端）尋求的體驗到能夠實現這種體驗的科技，並提出由創作者支撐的方法論，以及建立在去中心化基礎上的未來元宇宙願景。

元宇宙入局方按照七層價值鏈[1]，可被劃分到相應的產業圖譜。入局公司現有的投資和未來的決策將決定元宇宙真正的發展方向 —— 是一個提供最豐富體驗、靠它謀生的創作者推動的世界？還是由下一代守門人及抽租者定義的新平台？

圖 5-3　元宇宙產業圖譜（按照價值鏈劃分，基於需求視角）

　　本書將給出投資角度的產業版圖。元宇宙入局方按照六大投資版圖同樣可劃分成為對應的產業圖譜。這一產業圖譜是從供給端出發 —— 硬件入口、後端基建、底層架構、人工智能到內容／場景，以及繁榮整個生態的協同方。

① 　Jon Radoff. The Experiences of the Metaverse[Z/OL],(2021-06-04),
　　https://medium.com/building-the-metaverse.

| 前端硬件 | 後端基建 | 底層架構 | 人工智能 | 內容與場景 |

圖 5-4　元宇宙產業圖譜（按照投資版圖劃分，基於供給視角）

資料來源：安信證券研究中心。

二

全球各區域特色與差異

　　元宇宙的發展現狀，以美國和中國為主佔據優勢，其次是日本和韓國。中、美、日、韓元宇宙發展與佈局各有千秋。美國有超強的技術研發的領先優勢；中國擁有最大的市場和僅次於美國的技術優勢，日本有豐厚的 ACG 產業基礎與 IP 儲備；韓國由政府引領、偶像工業驅動。

表 5-22　中美日韓四國元宇宙發展對比

	技術發展度	資本活躍度	產業健全度	政策支持度	市場規模
美國	★★★★★	★★★★★	★★★★	★★★★★	★★★★
中國	★★★★	★★★★★	★★★★	★★★★★	★★★★
日本	★★	★★	★	★★★★	★★
韓國	★★★	★★	★	★★★★	★★

　　目前世界各國都把 VR/AR 產業上升到國家戰略級高度，目前中國、美國、日本、韓國和歐盟等，都在加大政策扶持力度，引導虛擬現實產業的快速發展，以獲取未來的領先地位。在中國，各級政府積極推動虛擬現實發展，虛擬現實已被列入《「十三五」國家信息化規劃》、《中國製造 2025》等多項國家重大文件中，工信部、發改委、科技部、文化和旅遊部、商務部出台相關政策。

表 5-23　中美日韓四國虛擬（增強）現實政策支持[①]

美國	中國	日本	韓國
（1）2017 年確保美國國會層面對虛擬現實產業發展的支持和鼓勵； （2）提供財政預算、相關的研究項目，並應用； （3）較早期就在軍事訓練中使用 AR/VR 技術	國家級戰略支持，「十三五」規劃和「十四五」規劃裏都作為核心發展的高新科技領域	《創新 25 戰略》、《科學技術創新綜合戰略 2014 —— 為了創造未來的創新之橋》	培育本國虛擬現實產業，重點在於確保原創技術研發和產業生態完善方面

---

① LS 邋邋道人。虛擬現實革命前夕：第四次工業革命的鑰匙之一 —— VR&AR 深度行業研究報告[R/OL]，（2020-08-30），https://zhuanlan.zhihu.com/p/209205925, 2020-08-30。

1. 美國：元宇宙概念的開拓者，着眼於功能性平台[①]

「元宇宙」概念的火熱源於遊戲行業的一次出圈的表演，即《堡壘之夜》中特拉維斯·斯科特（Travis Scott）舉辦的虛擬演唱會，緊接着 Epic Games 創始人蒂姆·斯威尼（Tim Sweeney）正式拋出了「元宇宙」這一概念。Roblox 上市後，首次將 "Metaverse" 一詞寫入招股說明書，一舉吸引了資本市場的高度關注。時隔不久，Facebook 創始人扎克伯格高調宣佈進軍元宇宙，計劃五年內將 Facebook 轉型為一家元宇宙公司，將元宇宙概念送上風口浪尖。

美國對元宇宙的關注點集中於基礎設施與功能性平台，典型案例包括 Facebook 的 VR 設備與社交平台、Roblox 的 UGC 平台、Unity/Epic Games 的遊戲開發引擎、Nvidia 的 Omniverse 硬件底層、Microsoft 的操作系統、Decentraland 的經濟系統等。從投資角度看，美國 Roundhill Ball Metaverse ETF 的成分股將算力、雲計算作為投資核心，同時相比元宇宙概念遊戲更側重於支持遊戲研發的遊戲平台。

2. 中國：元宇宙最大的潛在市場，強調沉浸式應用[②]

中國佔據移動互聯網的最大市場，擁有全球最大的移動網民規模。未來，伴隨互聯網用戶的遷徙慣性，中國也將成為元宇宙最大的市場。元宇宙概念自美國興起後，中國科技企業迅速跟進，以騰

① 程實。元宇宙投資解析[Z/OL]，(2021-09-22)，http://chinacef.cn/index.php/index/article/article_id/8436。

② 清華大學新媒體研究中心。2020—2021 年元宇宙發展研究報告[R/OL]，(2021-09-16)，https://mp.weixin.qq.com/s/CA73cnbBFeD60ABGzd2wlg。

訊、字節跳動、華為、阿里巴巴等為代表的巨頭整合資源優勢，迅速反應佈局；以網易、米哈游、莉莉絲等為代表的遊戲企業升維遊戲場景，靠近虛擬世界；A 股遊戲公司中青寶、寶通科技、湯姆貓等宣佈開發元宇宙概念遊戲……

　　中國落子於元宇宙的沉浸式應用，當前階段關注 "to C" 的體驗與可能的應用場景，典型案例包括騰訊的多元化業務，字節跳動的全球化分發，以及網易、米哈游、莉莉絲等構建的虛擬世界。Wind 最新發佈的 A 股元宇宙指數顯示，遊戲和消費電子（包括但不限於 VR/AR）是當之無愧的投資焦點。

3. 韓國：政府強力引領，偶像工業驅動 [①]

（1）政府成立牽頭「元宇宙聯盟」，配套產業培育支援計劃

　　2021 年 5 月 18 日，韓國信息通信產業振興院聯合 25 個機構（韓國電子通信研究院、韓國移動產業聯合會等）和企業（LG、KBS 等）成立「元宇宙聯盟」，旨在通過政府和企業的合作，在民間主導下構建元宇宙生態系統，在現實和虛擬的多個領域實現開放型元宇宙平台。元宇宙聯盟具有以下特點：

* 共同遵守「元宇宙 Hub」協議；
* 結合旗下企業各自的優勢，共同發掘具有商業前景的元宇宙項目；
* 聯盟內部成員之間共享有關元宇宙趨勢和技術相關的信息；
* 成立諮詢委員會避免道德與文化的問題；

---

① 清華大學新媒體研究中心。2020—2021 年元宇宙發展研究報告[R/OL]，（2021-09-16），https://mp.weixin.qq.com/s/CA73cnbBFeD60ABGzd2wlg。

- 科學和信息通信技術部將提供支持。

同時，韓國數字新政推出數字內容產業培育支援計劃，共投資2 024億韓元（11億16 000萬元）：XR內容開發支援473億韓元（2億7 000萬元）；數字內容開發支援156億韓元（8 900萬元）；XR內容產業基礎建造支援231億韓元（1億3 000萬元）；數字內容企業基礎建造支援186億韓元（1億600萬元）；人才培養支援107億韓元（600萬元）；支持數碼內容進軍海外支援119億韓元（6 800萬元）；數碼內容基金投資支援200億韓元（1億1 000萬元）；公共環境建造支援15億韓元（9 000萬元）。

（2）三星、SK Telecom、NC Soft、ZEPETO等民間企業主導發力

①三星（Samsung）

Relumino Glass：三星為視覺障礙人士開發的VR眼鏡。有角膜混濁症狀的人戴上與Reumino應用程式聯動的VR機器可以看到更清晰的輪廓。該軟件還有折射障礙和高度近視矯正效果。

「人工智人」（Artificial Human）項目NEON：於2020年國際消費類電子產品博覽會（CES 2020）上正式展出，它能像真人一樣快速響應對話、做出真實的表情神態，且每次微笑都不盡相同。它可以構建機器學習模型，在對人物原始聲音、表情等數據進行捕捉並學習之後，形成像人腦一樣的長期記憶。

② SK Telecom

JUMP AR：基於AR的App，可以設計自己的AR形象並放置在現實場景中拍攝照片、視頻，還與眾多K-POP明星聯名推出明星的AR形象，使用體積視頻捕捉技術（Volumetric Video Capture Technology），允許用戶與偶像隨時隨地合影留念。

③ NC Soft

UNIVERSE：遊戲企業 NC Soft 推出的元宇宙平台。特別為 K-POP 粉絲們提供了服務，如 "Private Cal"，用戶可以收到深度學習生成的藝人語音信息。此外還可以自由裝飾偶像成員的 3D 角色、跳舞等動作。

④ ZEPETO

ZEPETO 目前擁有 2 億名使用者，其中 90% 來自海外，80% 的用戶是十多歲的青少年。2020 年 9 月，ZEPETO 上舉行了韓國偶像 BLACKPINK 的虛擬簽名會，超過 4,000 萬人參加。2020 年 10 月、11 月，BigHit 和 YG、JYP Entertainment 等對 NAVER 進行了 170 億韓元的投資，標誌着娛樂業大規模進軍元宇宙。

ZEPETO 還與時尚名牌 GUCCI、NIKE、Supreme 等時尚大牌製作了系列聯名虛擬產品。ZEPETO 開設了首爾創業中心，向世界展示首爾 64 家優秀創業企業和首爾市的創業支持政策。

韓國旅行公司 TRAVOLUTION 在 ZEPETO 上開展的「首爾 PASS」活動，開闢連接虛擬空間和現實生活的營銷方式。

4. 日本：ACG 產業積累深厚，IP 資源豐富 [1]

（1）虛擬世界 + 社交網絡

日本社交網站巨頭 GRE 將以子公司 REALITY 為中心開展元宇宙業務。預計到 2024 年它將投資 100 億日圓（約 5.9 億元），在世界範圍內發展 1 億以上的用戶。該公司認為，並不是只有 3D 畫

---

[1] 清華大學新媒體研究中。2020—2021 年元宇宙發展研究報告[R/OL]，（2021-09-16），https://mp.weixin.qq.com/s/CA73cnbBFeD60ABGzd2wlg。

面才能叫虛擬世界，讓用戶感受到社會性的機制更為重要。好的元宇宙應該向用戶提供有助於構建人際關係、長時間停留在虛擬世界的機制。

（2）發揮日本動漫文化的影響力

① Avex Business Development

2021 年 8 月 5 日，Avex Business Development 跟 Digital Motion 成立 Vitual Avex，計劃促進現有動漫或遊戲角色，舉辦虛擬藝術家活動，以及將真實藝術家演唱會等活動虛擬化。

② Cluster

Cluster 主打 VR 虛擬場景多人聚會，用戶可以自由創作 3D 虛擬分身和虛擬場景，在演出活動中，嘉賓可以在房間內連麥發言、登台演講、播放幻燈片或視頻，而普通觀眾則以發表文字評論、表情和使用虛擬物品來進行互動。

③任天堂《動物之森》

2020 年 3 月，任天堂發佈《動物之森》系列第 7 部作品，與之前的《動物之森》系列相同，每個用戶佔據一座荒島，可以訪問其他用戶的島嶼，也可以設計自己的衣服、招牌等道具。2021 年 9 月，全球頂級 AI 研討會議（Animal Crossing AI Workshop, ACAI）在《動物森友會》上舉行研討會。

（3）日本元宇宙平台 Mechaverse

日本 VR 開發商 Hassilas 公司正式宣佈其最新元宇宙平台——Mechaverse，該平台無須用戶註冊，就可以通過瀏覽器直接訪問，商務用戶可在此平台上快速舉辦產品發佈會，並為參會者提供視頻介紹和 3D 模型體驗。Mechaverse 平台單一場景最多可同時容

納 1 000 名用戶，提供的服務包括虛擬音樂會、虛擬體育場等常見項目。

元宇宙 中國之崛起

06

序號	外國故事	中國故事
1.	《頭號玩家》(*Ready Player One*)	莊生曉夢
2.	《少數派報告》(*Minority Report*)	黃粱一夢
3.	《阿凡達》(*Avatar*)	涼州夢
4.	《鋼鐵俠》(*Iron Man*)	《紅樓夢》
5.	《無敵破壞王》(*Wreck-It Ralph*)	《夏洛特煩惱》
6.	《#恐怖》(*#Horror*)	《你好，李煥英》
7.	《致命錄影帶》(*V/H/S*)	
8.	《智能房屋》(*Smart House*)	
9.	《她》(*Her*)	
10.	《雷神》(*Thor*)	
11.	《黑客帝國》(*The Matrix*)	
12.	《末世紀暴潮》(*Strange Days*)	
13.	《超體》(*Lucy*)	

第一節
中國文化土壤或更適配元宇宙精神

中國版本的元宇宙更值得期待，原因在於中國文化土壤着眼於擴大人的世界觀後，修正價值觀進而改變人生觀，較西方文化更有普世價值。

我們從中國神話與西方魔法之間的對比來看東西方文化的差異。

第一，從目的來看，東方神話追求普度眾生之境，而西方魔法追求自我強大。中國傳統神話故事中，成功的修真者一般具備高尚的品性，通過修行、行善、渡化後成神，然後再去普度眾生，而在西方魔法世界中，人們學習魔法的目的是實現自我力量的強大，進而追求毀滅力、殺傷力，將魔法作為一種達到目的的工具。

第二，從身體素質來看，中國神話中的仙或神壽命極長，且會隨着修煉等級境界的提升而增長，而西方魔法師的壽命往往較為短暫，有時還需借助其他手段或寶物，如魔法石。一般認為東方仙術的力量寄居在修習者體內，不能脫離修習者而發揮作用；而西方魔法的力量多來自外界，如借助水晶球、魔杖等道具，魔法修習者本身具備的力量有限。

第三，從精神境界來看，中國神話傳統上認為修煉應該是一種生命本質的昇華，法力與心境的進步是同步的，是一種感知、思維模式、性情等全方位的進化。中國的神話傳說往往富有浪漫主義色

彩，它們的產生都是伴隨着強烈的民族情緒和時代特徵；而西方魔法則大多數追求自我力量的強大，具備強烈的個人英雄主義色彩。

第四，從術式或介質來看，中國神話中的人施放法術以陰陽五行、八卦為基本，講究變化，各種術式沒有固定的使用限制。西方魔法一般以風、火、地、水為基本元素，各種魔法術式對應單一的魔法屬性，當然不同術式可以排列組合，形成複合型術式，且施法者對介質依賴較強，比如借助魔杖。

綜合來看，西方魔法與中國神話相比，前者與後者不在同一個境界層次。中國神話所呈現的是一個完整的宏大世界觀，具備完備的體系，而西方魔法更像是現實世界的延伸，或者是說人能力的延伸，並不能獨立構成一個體系。中國的莊生曉夢與美國的頭號玩家，即是完備體系與能力延伸的故事呈現。

第二節
元宇宙在中國的投資窪地：高端製造、智力資源

元宇宙的建設是一項系統性的工程，是多方產業、多業態的協同。在本節，我們從較為宏觀的角度，在通往元宇宙最終形態的路上，探討中國企業最契合的發展脈絡或受益方向，也是資本的投資窪地——未來潛在收益空間更大。國內也有眾多企業在六大版圖

上各自發力，其中我們認為真正能夠順應產業和科技發展趨勢而實現彎道超車的細分，大概率與高端製造、智力資源方向相關。

首先，我們需要洞察全球經濟的大格局演變，今天中國創新已經處於不一樣的格局。2020 年是一個分水嶺，人類歷史一定程度上是由黑天鵝事件決定的，小概率事件影響很大。2020 年的全球新冠肺炎疫情加速了諸多產業的進程，使得本來可能是十年後，甚至是二三十年後發生的事情，全部拉近加速了，比如數字化進程、開拓生命科學新前沿、發展可持續能源、全球中心向亞洲轉移。

以上四個大趨勢正在加速，尤其是中國過去 30 年的經濟高速發展，創造了人類歷史上的奇跡，基本上是由開放市場在驅動。那中國的下一個 30 年由甚麼驅動？接下來中國的發展主旋律大概率是靠新技術驅動。可以預見的是，中國未來 15 年內大概率會成為全球 GDP 第一，原因是於中國社會經濟環境中，有獨特於其他國家的優勢。這是歷史上最大的一次市場機會。

相較於美國，中國在社交、"to C" 端應用方面優勢顯著，美團、拼多多、抖音視頻直播、京東物流、滴滴出行、共享單車、移動支付等，這些都是特有的中國式創新。

以上中國式創新得益於國家基礎設施建設的規模化應用普及。經濟繁榮需要擴大教育和生產規模，為此需要進行基礎設施建設，道路、橋樑、港口、機場、碼頭、水利、電力等基礎設施到位後，每個人在社會中生存、發展的交易成本就會降低、交易半徑就會擴大，生產規模就會擴大，進而經濟的規模效應就會出現。

基於以上背景，我們有理由認為，中國式創新還將保持領先，並且有能力輸出到國外。中國式創新溢出到北美之外的地域更容易，如東南亞、非洲、拉美等。目前中國市場環境下，還有新基建、

「十四五」規劃，以及「雙循環」這個大盤。總體來說，中國今天的大盤面從創新的角度來看有非常獨特的機會。

一

高端製造的彎道超車

按照工業核心競爭力，全球經濟呈階梯狀發展：第一層次為美國；第二層次為日本、德國，汽車產業鏈很鮮明；第三層次為韓國，智能手機產業鏈很鮮明；第四層次為中國；第五層次為東南亞，正在形成很鮮明的快消品產業鏈。

縱觀當今世界的國力對比，中國與西方國家之間（主要為美國）的差距正在縮小。從具體的國力指標來看，中美在許多指標上各有勝場。比如在製造業的增加值、商品和服務的總出口量、中等收入羣體規模、互聯網用戶人數、線上經濟 B2C 市場規模、高鐵、5G、數字貨幣技術等方面，中國已經或者正在趕超美國。西方國家也在以下領域領先我們，如品牌消費品、人工智能領域的論文數量和技術水平、藥品和化學工程、高級機床和芯片等高科技產品的設計生產能力等。

圍繞工業核心競爭力的階梯狀發展來看，除了前文所述的中國式創新，中國未來的創新主幹是自主的高端製造或智能製造，我們梳理了三條邏輯線：一是圍繞智能手機或其他可穿戴設備產業鏈；二是圍繞新能源和新能源汽車產業鏈；三是圍繞「國產替代」的高端製造或智能製造行業。

首先，智能手機或其他可穿戴設備為互聯網的流量入口，中國

要成功構建自己自主的產業鏈，以實現對韓國的趕超。目前國內已有領先的公司，如華為、小米。

比照 Apple 產業鏈，在元宇宙產業方向上，我們認為 XR 高端製造的產業鏈受益確定性最強。目前 Apple 是全球市值最高的公司。在移動互聯網初期，Apple 在 2007 年發佈第一代 iPhone，正式開啟了智能手機時代，成為智能手機的領跑者。智能手機換機潮以及可穿戴設備（耳機、手錶）的持續火爆，是 Apple 業績大漲與股價持續創新高的主要原因，最終發展成為全球的消費電子龍頭。

Apple 的崛起很大程度上也帶動了上下游產業鏈的快速發展，即這些年圍繞 Apple 產業鏈的公司受益性非常強。從產業鏈價值分佈來看，Apple 系列（iPhone、MacBook、iPad 等）一直以來是全球代工的經典產品，即 Apple 負責產品設計、核心處理器研發、技術監控和市場銷售，而大部分的生產、加工環節都以委託生產的方式外包給全球各地的製造商。美國也有很多企業屬於 Apple 產業鏈，如 Apple 手機中的攝像頭模組、PCB 線路板、觸控馬達、玻璃蓋板、精密連接器等都由美國供應商供貨。

基於以上邏輯推演，下一個元宇宙時代會帶來 XR 新硬件，就如同智能手機對 PC、傳統手機的替代一樣，新硬件將帶來新機會，圍繞 XR 產業方向的高端製造產業鏈確定性最強。

其次，在汽車產業鏈領域，有兩大變量：一是智能化，二是新能源。歐洲和日本汽車工業走的技術路線是為汽車加入智能輔助駕駛系統；美國特斯拉汽車工業走的思路是，汽車作為一個真正能移動的智能設備，屬於原生的智能新能源汽車，是多產業完美結合的最高度集成的科技結晶。而中國汽車工業的技術路線是新能源汽車，中國的光伏新能源產業鏈全球第一，中國的特高壓電網產業鏈也是

全球第一。中國的土壤孕育出了的寧德時代、比亞迪、北汽新能源等新能源企業。

最後，關於高端製造或智能製造，這是中國未來經濟發展的主旋律。2021 年 7 月 30 日的十九屆中共中央政治局召開會議，強調了要強化科技創新和產業鏈供應鏈韌性，加強基礎研究，推動應用研究，開展補鏈強鏈專項行動，加快解決「卡脖子」難題，發展「專精特新」中小企業。另外，9 月 13 日，工信部在國新辦發佈會上表示，中小企業創業創新十分活躍，專業化水平持續提升，已培育 4 萬多家「專精特新」企業、4 700 多家「專精特新小巨人」企業、近 600 家製造業單項冠軍企業。

短短 2021 年下半年時間以來，高層頻繁強調「專精特新」和中小企業，背後的原因在於，中國製造業「大而不強」一直是亟待解決的問題。雖然中國正在主導新能源領域全球產業鏈，但是在一些更高端的製造領域，比如高級機床、關鍵基礎軟件、關鍵基礎材料等，特別是芯片等「卡脖子」的關鍵技術，中國與歐、美、日、韓的差距還比較大。這有待補短板、鍛長板，加強基礎技術創新。中國經濟發展到當前這個階段，科技創新既是發展問題，更是生存問題。從工信部的評選標準上看，「專精特新」中小企業主要位於國家重點鼓勵發展的重要製造業行業中，從而符合當下的產業投資趨勢。

目前中國在高端製造領域的競爭力進步顯著，國內的一些企業在某些領域中開始 / 已經具備了與國際品牌相抗衡的能力，具體體現是國產替代潮已經開啟。

所謂「國產替代」，就是以國內生產替代進口，一般指的是國內企業生產的產品對國外企業生產的具有一定科技含量的產品的替

代。國產替代大多是發生在具備科技含量的、被國外所壟斷的行業，比如芯片、汽車零部件、醫療器械、特種材料等領域，在替代之前國內企業無法生產同類的產品或只能生產低端的、低附加值的產品。高端製造的國產替代正是當下中國經濟不可逆轉的發展方向和趨勢，也是未來幾年市場非常重要的投資方向。

二

智力資源的彎道超車

生產與消費共同構成了中國的經濟主幹。一方面，要發展高端製造，進行高科技、高附加值的經濟活動，則需相應投入高研發，加強基礎科研、基礎教育，或者加強以工程師資源、知識產權為代表的智力資源；另一方面，中國製造的升級也會推動消費服務的升級，進一步擴大內需消費，中國式創新（如直播電商向農村地區進一步下沉和滲透）及中等收入羣體的規模的擴大，預計會進一步放大國內消費市場規模。

現階段，我們認為中國在智力資源領域有兩大紅利優勢：一是工程師紅利，對應後端基建與核心技術，目前國家政策與資金層面已進一步到位，預計未來中國相對於美國將有更快的技術進步、產業升級；二是創意紅利，對應內容消費端，有望進一步強化中國式創新的優勢，最直觀的感受是近幾年文化自信顯著提升。

中國科技發明正呈現繁榮之勢。翟東升教授在其所著的《平行與競爭》一書中提到，正是因為中國培育出了全球最大的消費市場，在各個製造業領域逐步完成了資本與技術積累，所以近年來國

內的科技發明呈現出繁榮之勢：每年國人發表的科研論文數量超過美國，深圳成為全球硬件創新中心，華為等大公司名列全球創新企業前列。[1]

在互聯網革命時代，中國互聯網或科技行業的快速發展，也孕育出一些具備國際競爭力的頭部企業，吸引了一大批中國頂尖人才留在國內。過去中國地方政府熱衷於招商引資，即搶產業資本，但近幾年出現了轉變，全國各大城市紛紛從搶資本轉向搶人才，尤其是搶高學歷的年輕人。正因如此，最近十多年中國的專利和創新產品才有後來居上之勢。

中國經濟正迎來工程師紅利驅動時代。與此同時，大專院校擴招政策成果顯著，國內每年有 470 萬人左右的理工科畢業生，約等於美國、歐盟、日本、俄羅斯、印度等經濟體理工類畢業生總人數，且國內大專院校的教學質量也在穩步提升。如此巨大規模的年輕工程師和高級技工的供給，將給中國經濟帶來新一輪的工程師紅利，有效提升中國可貿易品的設計品質、產品質量和用戶體驗，也會帶來一大批有品位、挑剔的中產消費者。從各國工程師的橫向比較來看，在存量方面，美國、歐盟、日本仍然有優勢，但在增量方面，中國則佔上風；在工程師技能方面，美國、歐盟、日本仍有優勢，但在數量方面，中國則佔上風。

根據翟東升在其書中所述，我們總結來看，中國受過高等教育或者擁有類似勞動能力的中等收入羣體持續擴容且具備壓倒性的數量優勢，近年來國內的科技發明呈現繁榮之勢，以及巨大規模的年輕工程師和高級技工的供給，帶來了人才資源紅利的底氣。以上都

---

① 翟東升。平行與競爭[M]。北京：東方出版社，2021。

體現了中國智力資源正在發揮巨大的優勢作用，我們也看到了中國式創新正在影響着全球經濟格局。

中國正迎來創意紅利，「國產替代」的不只是技術端，還有消費端。現今國產替代大潮已湧入諸多行業，除了技術領域的國產替代有助於提升中國綜合國力和國際話語權之外，內容消費領域的「國產替代」也越來越受到消費者熱捧。中國正迎來創意紅利，最直觀的體現就是民族文化自信顯著提升，如中國文化與產品出海、中國手遊行業全球領先、國潮興起。

TikTok 火到國外。繼打壓華為、制裁中興之後，2020 年 7 月美國對 TikTok 的打壓力度不斷上升，甚至美國官方政府表示要對 TikTok 進行封殺。在 TikTok 被封殺前，它曾一度躋身全球應用下載榜前十，自 2017 年 9 月 TikTok 出海以來，迅速在美國、泰國、日本等亞洲市場火爆起來，短短三年內 TikTok 就在全球 150 多個國家地區，擁有了超過 20 億次的下載量（不包括中國下載量），TikTok 無疑是近年來中國互聯網出海領域最成功的產品之一。美國所謂的封殺 TikTok 理由是出於「國家安全」考慮，但背後其他原因有可能是因為它作為軟文化的輸出平台，對美國的文化造成了影響，同時也對本土競爭對手企業造成了威脅。其實 Facebook 早已推出同類短視頻應用 Lasso，但投入市場後不敵 TikTok，經營數據表現慘淡。從另一個角度來看，TikTok 在美國被封殺，也正說明了中國公司在內容社交領域的影響力正在增強。

近兩三年，中國遊戲海外發行表現極為耀眼，已成為新型文化輸出載體。近幾年，中國遊戲廠商在全球市場上表現非常突出，過去四年裏中國出海手遊市場份額穩步攀升，至今約佔全球手遊市場份額的四分之一，已躋身為世界第一。預計中國將一直在手遊領域

處於領先地位，中國手遊也會成為中國對外文化輸出的一部分。根據 Sensor Tower 數據顯示，2021 年上半年全球手機遊戲總收入達 447 億美元，全球手遊收入 Top 10 榜單上中國手遊包攬前三位，分別是《王者榮耀》、《絕地求生（手遊版）》、《原神》。2021 年 9 月中國手遊發行商 TOP 100 中的 39 家中國廠商，合計收入為 25.2 億美元，佔全球 TOP 100 手遊發行商收入的 41.5%，收入和佔比均創歷史新高。

泡泡瑪特（POP MART）讓潮流玩具也可以傳播中國文化。過去，在追求創意的玩具行業中，中國製造大多是代工的角色，很少有自己的原創火爆產品。不過現在，這一局面正在被一家新興崛起的中國潮流玩具商所打破，即泡泡瑪特。其所代表的並不是傳統意義上的兒童玩具市場，而是勢頭迅猛的潮流玩具。目前泡泡瑪特已經走向海外，其主推的盲盒已經進駐泰國、新加坡、馬來西亞、日本、韓國、美國等海外市場，以熱門潮玩 IP 逐漸帶領中國潮流玩具在國際市場上嶄露頭角，展現中國創意與文化。正如泡泡瑪特聯合創始人兼副總裁司德所說：「這也是在向海外市場展示，中國產品向海外市場的輸出，不只是相對低端的代工產品，中國也可以做出一些有藝術和設計的潮玩產品。」

從遊戲到泡泡瑪特，我們可以看到中國的創意正在全世界嶄露頭角。目前中國已是全球第二大經濟體，對世界經濟格局影響深遠，但中國在文化領域的影響力遠落後於經濟影響力。我們認為中華文化的復興是不可逆轉的趨勢，近幾年興起的傳統文化熱足以證明，中國傳統文化的存在感越來越強，這些文化正在以各種方式走入大眾的視野和生活，甚至輸出到海外，中國創意紅利才剛剛開始。

第三節
中國元宇宙產業地圖

目前海外互聯網和科技巨頭對於元宇宙的佈局路徑較為清晰，前瞻性佈局上下游產業鏈，如 Facebook 大力押注元宇宙，收購 Oculus 佈局 VR 領域，並推出 Horizon 發力 VR 社交平台；Epic Games 融資 10 億美元發力元宇宙，推進在虛幻引擎領域的發展；計算巨頭 Nvidia 和遊戲平台 Roblox 等均憑藉自身資源稟賦在不同方向上大展身手。

相較於海外大廠，國內對元宇宙佈局的路徑正在形成。我們認為元宇宙在國內機會與空間非常廣闊。在通往元宇宙終局的路上，我們結合當下中國經濟形勢，以及中國產業特徵及所具備的優勢，系統梳理了元宇宙在中國的投資方向，除了關注一些國內巨頭佈局元宇宙（前章節已梳理）之外，重點關注以下四個細分賽道具有資源稟賦及先發優勢的國內公司，同時我們也給出了受益程度的優先順序。（見附錄 6：元宇宙的中國版圖）

—

高端製造領域的 XR 產業鏈受益確定性最強

XR 新硬件之於元宇宙，如同智能手機之於移動互聯網，元宇宙將帶來 XR 新硬件，新硬件將帶來新機會。比照 Apple 產業鏈，

在元宇宙產業方向上，我們認為 XR 高端製造的產業鏈受益確定性最強。圍繞 XR 核心器件及其他硬件方重點關注以下公司：

- **顯示**：京東方、TCL 科技、深天馬 A、鴻利智匯、維信諾等；
- **光學**：舜宇光學、韋爾股份、格科微、藍特光學、聯創電子、水晶光電、高偉電子、玉晶光等；
- **模組**：歌爾股份、長盈精密、利亞德、惠牛科技等；
- **其他**：瑞聲科技、國光電器、藍思科技、領益智造、歐菲光、鵬鼎控股、兆威機電、欣旺達、超圖軟件、影創科技、亮風台、MAD Gaze、光粒科技、影目科技、佳禾智能、萬魔聲學等。

二

工程師紅利視角下，看好人工智能、國產替代芯片、算法與雲方向

智力資源領域的其中一個優勢是中國正迎來工程師紅利，對應後端基建與核心技術，目前國家政策與資金層面已進一步到位，預計未來中國相對於美國將有更快的技術進步、產業升級。在元宇宙的後端基建與底層技術領域，我們看好國內企業在人工智能領域的發展，其次為芯片、算法與雲。

- **人工智能**：百度、小米、商湯科技、曠視科技、雲從科技、依圖科技、科大訊飛等；
- **算力芯片**：全志科技、上海貝嶺、瑞芯微等；
- **算法與雲**：阿里雲、騰訊雲、百度雲、華為雲、優刻得、金山雲等。

三

創意紅利視角下，內容創意型及
新型社交公司有望受益

　　元宇宙作為注意力的終極殺手，從剛出現開始就會一直不斷的嘗試搶奪用戶時長，達到中期階段一定會出現現象級的新內容加速吸引用戶注意力，用戶基數、使用時間、ARPU值大幅增長。相較於其他國家，中國具備領先的5G基建、數字化建設，且在創意紅利背景下，中國 "to C" 端內容消費優勢逐漸突顯。此外，中國互聯網最突出的基因是社交，社交基因有望在元宇宙中進一步強化。

- **遊戲內容**：騰訊、網易、米哈遊、莉莉絲、寶通科技、湯姆貓、中青寶等；
- **視效內容**：愛奇藝、芒果超媒、恆信東方等；
- **社交**：騰訊、抖音、快手、嗶哩嗶哩、赤子城、Soul 等；
- **"to B" 端應用**：視覺中國、絲路視覺、風語築等。

07 全球資下的宇值
投脈絡元價

全球資下的宇值
全投脈絡元價

人性分為三部分:

天性:從生物學或心理學角度來看,人具有天性。

德性:與後天的教育、磨煉、修養相關,使人成為有別於其他生物的存在。

神性:人性中昇華的部分,如大無畏的精神、有擔當的風骨。

在《西遊記》裏,「順風耳」、「千里眼」是神仙的特異功能,但今天科技已經幫助人類實現了「順風耳」、「千里眼」。從這個角度看,技術和宗教在人類歷史上發揮着相似的作用。但這個世界可能有科學發現不了的力量,信奉善惡與因果,科技也應如此。所謂科技向善,根本上取決於人性向善。

第一節
元宇宙是未來最宏大的全球敘事

關於元宇宙，科技領域一致推崇《三體》中描述的人類夢想——星辰大海。元宇宙是星辰大海的一個選項。元宇宙的定義及其在國內外科技圈的共識決定了元宇宙投資是全球最宏大的敘事。

所謂「宇宙」，本身就預示着宏大，這是現有的 VR 場景不可比擬的。人們憧憬的新世界，正是這樣一個容納了全人類的、真實與虛幻場景的、歷史與未來時空的多維宇宙。元宇宙的本質是「體驗」的數字化，元宇宙的終局是「生物與數字的融合」，在本質與終局的牽引下，元宇宙必將集成最多的前沿技術。

關於投資元宇宙，本書給予的六大版圖，背後的「龍骨」在於元宇宙所必須的技術支持[①]：

- 可穿戴設備的技術性支持，源於對 PC、手機等設備的替代——對於沉浸、擬真體驗而言，目前的 PC、手機等設備仍不能完美還原真實世界中的感官體驗，且受硬件所限，擬真度進步的空間很小。若要承擔元宇宙的入口重任，唯有依賴能夠實現 3D 顯示、大視場角、直觀體感交互的 XR 頭顯設備。
- 雲計算的技術性支持，源於雲原生的需求——終端設備的體積約

---

① 秒懂 IT。元宇宙——如何從概念走向產業[Z/OL]，(2021-09-18)，https://baijiahao.baidu.com/s?id=1711229568164598493&wfr=spider&for=pc。

束了它的算力，元宇宙的大量運算必須基於雲設施，如雲端 GPU 渲染優化了算力、改善了畫質，能降低對用戶終端設備的配置要求。元宇宙的運行特質決定了它應該是雲原生的，滿足即點即玩、線上更新、雲上彈性調配算力等。

- 高速通信的技術性支持，源於低延遲的體驗需求——元宇宙為了滿足用戶高實時、低時延的極致體驗，實現用戶隨時、隨地接入高清畫質的傳輸需求，需要高帶寬、低時延、廣連接的技術，這些特性正是 5G 通信所具備的。當下的通信技術走在了用戶需求之前，元宇宙提供了未來廣泛的應用場景。

- 區塊鏈的技術性支持，撐起了元宇宙的經濟系統——區塊鏈的去中心化、不可篡改性、唯一性等特徵，為元宇宙實現虛擬資產變現、跨宇宙流動等需要提供技術保障。

- 數字孿生的技術性支持，將實現高度仿真——數字孿生利用物理模型、傳感器更新、運行歷史等數據，在虛擬空間中完成映射，從而反映相對應的實體裝備的全生命週期，數字孿生技術將為元宇宙提供高度仿真的場景及模型。

- 人工智能的技術性支持，提供了各環節上的部分生產力——正如物理世界我們需要機器人一樣，為了在元宇宙中實現模擬現實世界的即興體驗，需要生成人工智能體（大量鮮活的 AI 人物與場景）。同時元宇宙中兼容無數的故事同時上演，需要 AI 自動生成內容。

- 量子計算的技術性支持，源於海量用戶的迸發需求——元宇宙能不能實現超多用戶在線，最終離不開量子計算的支持。

本書給予的元宇宙投資六大版圖必將同步運行於不同的發展階段，但在不同的發展階段，呈現出來的投資價值，從配置的角度所賦予的權重不同：

- 當下混沌期，爆款內容先行。爆款內容大概率發軔於遊戲，元宇

宙的虛擬性使它天然適合遊戲，同時遊戲也有元宇宙需要的最成熟的用户、盈利模式，當下 *Roblox* 已經邁出了重要一步——世界最大的多人在線創作遊戲，它兼容了虛擬世界、休閒遊戲、自建內容，遊戲中的大多數作品都是用户自行建立的。從 FPS、RPG 到競速、解謎，全由玩家操控那些圓柱、方塊形狀組成的小人們參與、完成，吸引玩家的月活數據超過 1 億。同時在 *Roblox* 中，玩家擁有「幣權」——利用 Roblox Studio 創作的作品獲利，遊戲平台上流通的虛擬貨幣 Robux 是可以直接轉換成現實貨幣的。

- 爆款內容帶來的劇場效應，在下一階段將躍遷到社交。仍以 *Roblox* 為例，它的意義遠遠超出遊戲領域，正在成為朋友聚會的另一個場所，即另一種形式的社交媒體，甚至未來對社交平台產生明顯的競爭效應；Facebook 創始人扎克伯格認為自家的 VR 社交平台——Facebook Horizon，其開發週期比此前預計的要長，但仍對其寄予厚望，這款應用在建立更廣泛的、跨 VR 與 AR 的元宇宙有很大作用。我們此前章節中也提到——元宇宙能最大限度地打破物理空間的界限——這一特性，先天決定了元宇宙能提供高度互動、共享、高參與感的社交體驗，相較線下更多的社交玩法促使諸多社交活動向線上遷移。

- 由社交擴大至企業元宇宙、城市元宇宙。騰訊的社交基因，由 QQ 到微信，一開始的功能都只是社交，但當它的生態足夠大時，就可以用於企業端，如工作交流、開會，可以獲得各種方便的服務，如城市服務——線上、線下支付。元宇宙的大集合，囊括我們的所有需求——與抗戰的早逝英雄對話、參觀遠古文明、認知已滅絕的各類動植物……這些也正是元宇宙巨大的商業價值和社會價值所在。

- 虛擬與真實互通。元宇宙不應該只是當代互聯網的延伸，也不是一個讓人躲避現實壓力的虛擬世界，元宇宙所承載的星辰大海夢想，首先是讓這個物理世界更美好，虛擬世界反向可以影響真實

物理世界——擴大了世界觀後，修正價值觀、改變人生觀。

- 多「元宇宙」融合。元宇宙的定義中，囊括了諸多「子宇宙」，元宇宙是有規模效應的[①]，吸引更多用戶就能吸引更多的內容創作者，更多的內容創作者反過來可以創造更好的內容來吸引用戶。短期來看，元宇宙是各巨頭爭奪下一代話語權的戰場，誕生很多品類的元宇宙產品。未來終究要走向融合，正如 Epic Games CEO 蒂姆・斯威尼所強調的：「我們想要的不是一家公司，而是一個協議，任何人都可以貫徹實施的協議。通過這個建立在區塊鏈上的協議或生態系統，創作者可以通過自由競爭得到合理報酬，消費者也得到足夠的保護。」這如同 http 協議一樣，是無數的公司、平台、開發者共同繁榮了互聯網，把人類整體遷移到互聯網時代。

第二節
推演各版圖未來格局

在第七章第一節中，「龍骨」為投資脈絡，權重決定了不同階段可以下重注的部位，競爭格局則決定了如何下重注——圍獵獨角獸還是廣泛地均等下注？是長期持有還是階段性輪動？

---

① VR 陀螺。黑客帝國，頭號玩家？Meteverse 元宇宙到底應該是啥樣的[Z/OL]，（2021-07-19），https://baijiahao.baidu.com/s?id=1704776129121434808&wfr=spider&for=pc。

一

操作系統比硬件的競爭更慘烈

本書一直強調硬件的重要性，參照智能手機這一全球競爭最慘烈的戰場，元宇宙的硬件入口及操作系統的競爭格局，大概率是寡頭化的 —— 頭部集中、格局穩定。但行業競爭的參與者若要存活下去，就必須擁有敏銳的嗅覺，包括但不限於把握用戶多變的需求、品牌策略調整、捕獲新機遇……看似競爭格局穩定的行業表象之下，變化無處不在。

從近兩年的全球智能手機出貨量數據來看[1]，TOP 5 品牌出貨量佔比均在 70% 以上，且有進一步集中的趨勢。國內智能手機市場的頭部集中現象更為明顯，2020 年國內智能手機出貨量 TOP 5 品牌瓜分了行業 96.5% 的份額。反觀其他品牌，雖然真我（Realme）在 2020 年出貨量大幅增長，甚至超越了部分老牌勁旅，但仍未改變其他品牌的生存現狀，出貨量佔比由 2019 年的 6.5% 被壓縮至 2020 年 3.5%。「小而美」的品牌面臨着更大的競爭壓力，對於現階段手機行業而言，「不美」或許可以，但小體量基本無法生存[2]。

元宇宙的入口級硬件，當下處於多路徑探索階段，可穿戴設備的頭顯、耳機、外骨骼等均可以通往各類「子宇宙」，各技術路徑上的集中度剛開始不會特別高，呈現出欣欣向榮的百舸爭流之勢，後

---

[1] 巨量引擎。巨量引擎 2021 手機行業白皮書 [R/OL]，(2021-05-12)，https://www.oceanengine.com/insight/2021-shouji-baipishu。

[2] 巨量引擎。巨量引擎 2021 手機行業白皮書 [R/OL]，(2021-05-12)，https://www.oceanengine.com/insight/2021-shouji-baipishu。

期集中度有望走高。

操作系統一直都是手機廠商的必爭之地，也一直會是必爭之地，且競爭壁壘遠高於智能手機硬件本身——操作系統的競爭，不僅代表自研能力，更代表用戶體驗之爭、用戶數量之爭、市場份額之爭，甚至直接決定了利潤的基本盤。早在 1996 年，Microsoft 發佈了 Windows CE 操作系統，開始進入手機操作系統，這場爭鬥就已經開始了。2001 年 6 月，塞班公司發佈了 Symbian S60 操作系統，並且以其龐大的客戶羣和終端佔有率稱霸世界智能手機中低端市場。2007 年 6 月，Apple 公司的 iOS 登上了歷史的舞台，手指觸控的概念開始進入人們的生活，iOS 將創新的移動電話、可觸摸寬屏、網頁瀏覽、手機遊戲、手機地圖等幾種功能融合為一體。2008 年 9 月，安卓經由 Google 研發團隊而橫空出世，良好的用戶體驗和開放性的設計，讓安卓很快地打入了智能手機市場。船行至今，智能手機的主流操作系統只剩下 iOS 和安卓（包括基於安卓深度定製的系統），其他的手機系統都因為易用性差而早早被淘汰。能「生存」下來的，都是因為抓住了——用戶體驗：iOS 儘管封閉，但足夠流暢；安卓儘管比前者卡頓，但是足夠開放，能夠提供更豐富的應用體驗和場景。即便如此，近年來 iOS 和安卓的手機在體驗上越來越相似，iPhone 在 iOS 系統的不斷迭代中借鑒不少安卓手機的功能，如 iOS14 上加了來電彈窗、分屏；安卓的手機廠商為了讓手機使用起來更為流暢，率先用上了高刷新率的屏幕。這種相似性的背後，兩家走的是同一個方向——更好的用戶體驗。

相對於手機硬件的前五名壟斷全市場，操作系統的殘酷性在於全球範圍內的安卓和 iOS 雙寡頭競爭格局。在全球範圍內的智能手機市場上，一直都被 iOS、安卓系統所壟斷。雖然在過去幾十

年的發展時間裏，也曾出現過不少出色的手機操作系統，如諾基亞 Maemo 系統、Microsoft 開發的 Windows Phone 系統、三星自研系統 Tizen 等，但這些手機操作系統都未能夠在智能手機市場上取得一席之地[①]。

元宇宙的操作系統，其競爭格局大概率會類似於智能手機的操作系統 —— 元宇宙更注重開發者的創造力與消費者的體驗，這恰恰是智能手機操作系統雙寡頭格局的核心主導力量。智能手機初期的三雄爭霸開始（塞班、iOS、安卓，後來 Windows Phone 加入），手機操作系統就註定了不會一家獨大，尤其是 iOS 的強勢成功，給了很多新來者信心，無論是 Microsoft 雄心勃勃的 Windows Phone，還是三星的 Bada，抑或是華為的鴻蒙，都是在嘗試模仿 iOS 的成功。手機操作系統和電腦操作系統的最大不同，在於手機操作系統的陣營本質上是由開發者和消費者來共同推動的，只有源源不斷的優秀開發者提供體驗優異的軟件，消費者才會買賬，從而推動手機操作系統的發展。iOS 和安卓之外的操作系統難以發展，主要是因為新的操作系統很難對舊有系統實現完美兼容，從而導致開發者需要重新開發新 App，而用戶羣不大，反過來會導致開發者沒有足夠的動力，整個生態難以良性運轉。未來手機操作系統的格局會否生變？基於安卓的定製操作系統是第一步，各大廠商都會在此基礎上設法研發具有自主知識產權的操作系統，如何對開發者實現友好的遷移，以及對開發者提供足夠的利益分成，決定了新的操作系統能

---

① IT 技術資訊。操作系統之爭，非用戶之爭，實乃開發者之爭 [Z/OL]，（2020-05-22），https://baijiahao.baidu.com/s?id=1667381699486701526&wfr=spider&for=pc。

否成功。鴻蒙的羣眾基礎非常龐大，華為的體量以及給開發者的分成，理論上可以做到比安卓生態更好。

二

後端基建在國內的賠率更大

後端基建公司範圍廣、業務多樣化，但共同的特徵是面向企業服務為主、"to B" 為主。國內外的 "to B" 公司，競爭力差異極大、競爭格局完全相反，背後的原因值得深究。我們判斷在互聯網、數據智能、人工智能的加持下，國內的後端基建走向有望優化，從而承載巨量的資本。

首先，我們來剖析，為何中國軟件行業（"to B"）的競爭格局分散化，但國外的軟件市場，競爭格局較優，湧現出大批大市值、有全球影響力的公司？

1. 回溯歷史，中國企業服務的競爭格局，終於在電子商務領域有所改觀 [1]

以軟件即服務（SaaS）為例，1995 年全球互聯網景氣度爆發，電子商務公司 Amazon、資訊門戶類雅虎均成立於 1997 年，同年甲

---

[1] 酷扯兒。中國 SaaS 二十年的回顧[Z/OL]，（2021-10-06），https://baijiahao.baidu.com/s?id=1712833732421950316&wfr=spider&for=pc。

骨文（Oracle）技術副總裁創立了 NetSuite。兩年後 Oracle 銷售副總裁創立了 Salesforce。SaaS 是 Salesforce 在 2004 年首先提出的，Microsoft 在 2006 年開始跟進 SaaS；中國則是 2000 年用友創辦偉庫網。

- 2004 年，Salesforce 上市；中國則是 XTools 於 2004 年成立，定位於複製 Salesforce，但受阻於國內客戶的自我需求認知不清晰。

- 2014 年起，全球資本開始介入。Microsoft CEO 薩提亞·納德拉 2014 年提出 All in Cloud。雲計算在中國則發軔於阿里，2012 年的天貓聚石塔、2013 年支撐對安全極為嚴格的金融保險業眾安保險、2014 年支撐對迸發要求極高的電子商務 12306。2014 年 5 月，成立於 2005 年的今目標公司獲得老虎風險基金的 1 000 萬美元投資，是彼時的轟動性事件；但彼時中國企業的軟件業務都是靠自我回款滾動來發展的：先做一個能賣得出去的初始版本軟件、去賣去回款、根據大客戶要求打磨軟件，中國企業軟件行業本質上並不擅長產品化。這一僵局被互聯網巨頭給打破——2015 年互聯網巨頭入局企業服務行業。

- 2007 年 iPhone 推出，2008 年 iPhone 應用商店推出，2008 年安卓開源推出，開啟了全球移動互聯網時代。2011 年米聊、小米推出，2013 年中國 4G 發佈、微信公眾號向大眾開放，微信朋友圈發佈，微信爆發。微信支付的推出刺激了阿里，阿里在 2014 年年底推出釘釘，釘釘是中國企業服務行業的鯰魚——2017 年、2018 年全力出擊；2019 年、2020 年，釘釘搶佔到了制高點——學習強國、全球新冠肺炎疫情在線直播上課。2019 年，釘釘併入阿里雲，開始作為阿里雲戰略的一部分。2019 年企業微信和微信打通，形成前後台一體：企業人可以通過企業微信在後台和前台的消費者進行直接溝通並順暢對接後續的管理。互聯網公司入局企業服務行業，從 2019 年進入了新的發展階段。

- 除了互聯網巨頭之外，2018 年微盟、有讚上市。微盟是在線營銷

廣告服務＋IT工具、有讚是在線支付服務＋IT工具，兩者均受益於電子商務商家，企業服務在電子商務方向取得的巨大成功是有原因的：電子商務商家，雖然最近幾年也開始發力線下，但是管理方式與系統卻與線上儘量保持一致。2018年開始電子商務商家開展跨境，但管理方式與系統卻和國內線上儘量保持一致，他們真正踐行了中國式創新：線上線下一體化、國際國內一體化。

2. 縱觀海外，為何美國可以誕生眾多的 SaaS 巨頭 [①]

美國企業在過去 200 年成熟的商業發展中，率先進入了市場紅利枯竭的狀態，加之地廣人稀，美國企業不得不尋求自身效率提高和創新突破口，"to B" 市場所提供的生產力工具，對提升效率、降低成本會起到關鍵作用，故美國 "to B" 市場起源很早，也誕生了SAP、Oracle、Salesforce 等一大批赫赫有名的 "to B" 企業。

- 美國的 "to B" 浪潮已有兩波，第一波在 1970 年左右，信息技術從軍用轉移到商用，SAP (1972)、Microsoft (1975)、甲骨文 (1977) 等 B 端巨頭誕生；
- 第二波集中在 2007—2009 年，SaaS 模式在美國爆發，Slac、Tanium、Sprinklr、AppNexus 等主流 "to B" 公司都誕生於這個窗口期。美國的 "to B" 賽道毫不遜色於國內的 "to C" 巨頭，僅 SAP、Oracle、Salesforce 三家公司的市值就已超過 5 000 億美元（ASP 1 740 億美元 [②]、Oracle 2 640 億美元、Salesforce 2 784 億美元）。

---

① 閻志濤。"to B" 市場會迎來春天嗎[Z/OL]，(2021-01-02)，https://weibo.com/ttarticle/p/show?id=2309404590026867474579。
② 市值數據均為 2021 年 10 月 19 日的數據。

美國 "to B" 的巨頭們，持續做對了甚麼？美國市場上近幾年的幾個趨勢（互聯網思維加持、數據智能加持、人工智能加持）值得國內企業借鑒。

（1）Salesforce 市值何以超過 Oracle

Salesforce 是 SaaS 公司的鼻祖，公司創始人馬克・貝尼奧夫（Marc Benioff）曾經是 Oracle 歷史上最年輕的高級副總裁，正是預見到了互聯網的發展將要顛覆傳統的軟件服務模式，他 1999 年從 Oracle 離職並創立了 SaaS 公司 Salesforce。經過 20 多年的發展，Salesforce 終於超越 Oracle，成為企業應用軟件領域最大的 "to B" 軟件公司。對比 Oracle 和 Salesforce，可以說它們分別採用了兩種服務企業客戶的思路，而這兩種不同思路的產生，都是由其成立時所處的 IT 發展水平所決定的。

Oracle 成立於 20 世紀 70 年代，那個年代企業剛剛開始信息化建設，且信息化基礎設施開始從封閉系統的大型機向開放系統的小型機遷移。基於開放系統，開發客戶信息化所需的軟件無疑是當時的最合適的選擇。在互聯網普及之前，所有服務企業的軟件公司所開發的軟件，都是兼容這些開放系統進行發佈，再採用安裝部署的方式部署在客戶的 IDC 當中。伴隨着這種安裝部署的軟件，其銷售模式就是售賣軟件許可證加售賣服務維保的模式。這種售賣模式一般是客戶通過首次付出相對比較高的價格購買終身授權，然後再每年按照授權費用的一定比例（一般不超過 20%）購買售後服務。

由於軟件不像硬件或者傳統家用電器有一定的使用年限，造成了傳統軟件公司只能通過繼續拓展新客戶，或者給老客戶售賣新的其他類型的軟件，才能獲取新的授權費用。這種銷售模式的增長難

度會越來越大，維保收入佔比也會越來越高，企業只能寄希望於開發新的軟件來增加收入，而新軟件的成功又依賴於對客戶業務需求的足夠了解。

由於軟件部署在客戶環境中，想要獲取客戶的反饋，或者通過銷售人員、售後人員、產品經理去客戶那裏採訪和調研，造成了需求採集比較緩慢，產品的迭代速度也因此變得比較緩慢。對於數據庫、操作系統等純基礎層面的軟件來說，這種節奏還可以滿足客戶的要求，但是對於面向業務的應用，由於企業客戶的業務在互聯網時代面臨劇烈的變化，傳統模式緩慢的速度已經很難適應這種變化，此類型的公司就面臨非常巨大的挑戰。另外，由於是一方部署加購買終身授權的方式，對於中小企業來講，這些軟件無論採買還是使用的代價都比較高，中小企業無力承擔。

作為 SaaS 軟件的鼻祖，Salesforce 意識到隨着互聯網的普及，對軟件，尤其是業務應用類型的軟件，未來企業會更多地通過互聯網來獲取服務，故 Salesforce 首先把對於企業應用至關重要的 CRM（客戶關係管理）軟件進行了互聯網實現。在互聯網的早期，用戶都是個人用戶，主要就是獲取信息以及人際間的交互，Salesforce 首先把面向企業的軟件服務互聯網化。對於企業客戶來講，不需要再購買軟件授權、再安裝一套 CRM 系統到自己的 IDC，而是直接在 Salesforce 上開通企業賬戶，然後通過支付使用年費的方式來使用軟件。

這種改變，首先受到了很多中小企業的歡迎。在歐美，由於企業運營的規範性非常高，同時人力成本比較高，業務流程的信息化對於任何企業都能帶來切實的效率提高和成本下降。這種基於使用時間和企業規模付費，且不需要自己去維護的新型企業軟件使用方

式，無疑使得中小企業能夠顯著降低使用成本，並且不會帶來過多的負擔，因此很快就獲得了中小用戶的認可。且由於是基於互聯網的服務方式，可以非常方便地利用互聯網的方式進行銷售，這相比傳統一方部署軟件嚴重依賴銷售人員的線下銷售方式也有了非常大的不同，客戶增長的速度也快得多。Salesforce 成立於 1999 年，在 2004 年上市時，企業客戶就達到了 13 900 家，其發展速度非常互聯網化。

然而，SaaS 軟件在服務大型企業時也有明顯的局限，因為大型企業一般都有自己的業務特點，需要一定的定製化。但是 SaaS 軟件由於是互聯網標準化的服務，針對客戶的定製能力有缺陷。針對這個問題，Salesforce 推出了 PaaS（Platform as a Service）平台 —— Force，從而可以讓合作夥伴針對客戶的需求進行定製化開發，以滿足大型客戶的需求。而正因為有了這樣的 PaaS 平台，很多開發者開始基於這個平台進行應用開發，Salesforce 進而開通了應用交易平台 AppExchange，逐漸地將自己變為了一個企業應用生態廠商，這也是互聯網帶來的力量。

（2）Zoom 市值憑藉甚麼一舉超過百年老店 IBM

Zoom 的模式相較 Salesforce、Oracle 更是大放異彩。2020 年，年輕的 Zoom 市值一舉超過百年老店 IBM。2020 年 10 月 19 日，Zoom 的市值最高達到了 1 749 億美元，而 IBM 的同日市值僅為 1 074 億美元。新冠肺炎疫情爆發後，遠程辦公、遠程上課的需求激增，新冠肺炎疫情為 Zoom 在 2020 年的爆發式發展起了很大的助力作用，但在 2020 年之前，Zoom 就已經是一家明星 SaaS 軟件公司。如果說 Salesforce 開創了 SaaS 服務的商業模式，那麼 Zoom 則是將

很多 C 端的產品設計以及獲客優勢引入到了 SaaS 商業模式中。

作為視頻會議系統，雖然付費的是客戶企業，但終端使用者可能是企業當中的任何普通員工。從產品設計上，Zoom 追求互聯網應用式的操作方式和用戶體驗，一反過去企業應用的煩瑣與門檻。在獲客上，則採用免費轉付費（Free to Pay）的模式，通過「病毒式」傳播獲取更多的終端用戶，然後通過終端用戶影響企業的決策，最後完成企業的付費轉化。當然，Zoom 最終的收費模式還是採用 SaaS 的收費模式，即通過續費來獲取營收，費用則根據企業客戶的賬戶來決定。

Zoom 的成功也給 SaaS 企業帶來了新的啟示。過往企業軟件的核心是技術和業務邏輯的抽象，但是缺乏對產品體驗的重視，但企業軟件的最終用戶還是每個真實的人的個體，更貼近人的使用習慣、提供更好使用體驗的軟件，無疑能夠更有利於完成最終的付費轉化。且由於 SaaS 軟件採用的是互聯網使用方式，可以通過對用戶使用行為數據的採集分析來優化產品和服務，將 C 端產品的設計和運營方式融入 B 端 SaaS 軟件中，是未來的一種趨勢。

（3）新秀迭出：Palantir、Snowflake、C3.ai[①]

新冠肺炎疫情下 2020 年的全球經濟遭受重創，但是我們仍舊可以看到在美國有多個 "to B" 軟件公司完成了自己的 IPO，並且在二級市場表現得非常的出色，如 Snowflake、Palantir 和剛剛上市的 C3.ai。

由彼得·泰爾（Peter Theil）參與創立的大數據智能公司

---

① 閻志濤。從五家領先矽谷公司看中國 "to B" 軟件企業的「危」與「機」[Z/OL]，(2021-01-01)。https://new.qq.com/rain/a/20210101A03RDL00。

Palantir，由於幫助抓捕本・拉登而名聲大噪，又由於其與美國政府機構和知名大型企業的合作而頗顯神秘。作為全球大數據行業的明星公司，已經成立 17 年的 Palantir 於 2020 年 9 月公開上市。

Snowflake 成立於 2012 年，提供的是在線數據分析（Online Analytical Processing, OLAP）的服務，屬於典型的面向企業市場的業務。彼時 OLAP 是企業級市場中非常具有商業價值的領域，傳統軟件時代成就了 Cognos、海波龍、Brio 等成功的公司，但最終都被傳統商業軟件巨頭通過併購納入旗下。

在新的時代，雲作為基礎設施逐漸替代了曾經的小型機和開放系統，以雲為基礎設施的企業軟件服務也才更符合客戶的需求。而 Snowflake 就是順應這一潮流的成功代表之一。Snowflake 完全以主流的雲平台為基礎設施，構建自己的在線分析系統，為客戶提供靈活的計費能力，進一步顛覆了企業軟件的付費模式。

傳統的 SaaS 大部分採用的是年費或者月費方式，Snowflake 由於完全構建在雲上，可以充分利用雲平台的彈性伸縮能力，然後將底層的雲資源進行一定的封裝，配合自身優秀的在線分析引擎，提供非常彈性的使用資源，支持客戶按照資源的使用情況進行付費。

在實踐中，大數據應用經常面臨的是資源的彈性問題，尤其是對中小企業來說，採用公有雲平台作為基礎設施。利用雲平台的彈性來合理規劃計算能力是更具性價比的選擇。Snowflake 的機制就充分利用了雲平台的優勢，疊加其超強的產品設計能力，從而顛覆了傳統 OLAP 軟件的商業模式，最終獲得了巨大的成功，甚至獲得了很少投資科技企業的巴菲特的投資。

另一個初上市就實現超過 100 億美元市值的 C3.ai，是一家為企業提供 AI 賦能的 SaaS 軟件公司。其核心業務是通過低成本的

AI 平台，讓各垂直領域的企業能將 AI 能力整合到自身業務中，使得 AI 對於企業不再是高不可攀。C3.ai 也是基於雲原生的能力，與雲平台做適配，再提供一站式的 AI 能力，使得客戶企業僅需要付出可控的成本，就能夠構建自己的 AI 能力。

3. 國內為何迎來彎道超車的機會 [①]

美國的 "to B" 企業無論從規模到價值再到認知度都取得了巨大成功。但國內的 "to B" 企業，尚未有千億美元市值的公司，上市公司的數量也遠低於美國。

國內 "to B" 企業發展相對困難有以下幾點原因：企業規範性不高；人力資源便宜；大型企業客戶定製化需求太多；中小企業客戶生命週期短；中小企業客戶付費意識不強。

中國改革開放到現在 40 多年的時間，前面幾十年由於人口紅利以及高速的經濟發展，大部分的企業也都是在高速發展過程中，這樣造成了企業無論從管理流程還是規範化程度都不如歐美成熟市場的企業。如果沒有成熟的流程和規範化的管理，給企業提供 "to B" 服務時就很難平衡項目和產品間的關係。"to B" 企業服務經常會淪為定製項目，然後就只能通過控制人力成本來保證項目的盈利，這樣就很難有很高的質量將項目沉澱成產品。雖然有不同的企業做了不同的嘗試，但是項目實施一直是中國服務 "to B" 企業一個繞不開的問題。

另外，無論曾經的 IT 還是現在的 DT，其中非常重要的價值是

[①] 閻志濤。從五家領先矽谷公司看中國 "to B" 軟件企業的「危」與「機」[Z/OL]，(2021-01-01)，https://new.qq.com/rain/a/20210101A03RDL00。

幫助企業提高效率、降低成本。歐美由於人力成本非常高，只要產品能夠顯著降低企業的人力成本，企業就願意花錢買單，但是中國由於人工相對便宜，很多企業寧願養人幹活，也不願意購買產品來提效。另外，過去很多企業員工的電腦使用水平不高，如果產品設計不能讓企業的終端用戶很容易上手使用，企業就更不願花錢給自己戴上「枷鎖」。這也是中國 "to B" 服務發展困難的一個非常重要的原因。

從客戶羣體來講，國內由於商業環境不夠成熟，造成很多中小企業的生命週期短，對於服務於 "to B" 行業的企業來講，把大型企業客戶做標杆、標準產品售賣給大量的中小企業客戶，是典型的營收模式。可是如果中小企業生命週期短，就會存在客戶生命週期價值小於獲客成本的問題，最終使得 "to B" 業務很難盈利。

4. 但國內的 "to B" 行業正發生深刻變化

從宏觀經濟層面來看，中國的人口結構在發生變化，野蠻增長的時代已經過去，越來越多的企業都面臨數字化轉型升級的挑戰，如果跟不上這一趨勢，就很有可能會被淘汰。而各行各業的數字化轉型升級，無疑是需要 "to B" 企業的技術和創新服務來支撐。

另外，隨着移動互聯網發展進入下半場，C 端流量寡頭化已經形成，做 "to C" 創業的機會越來越小、成本越來越大，基本成為資本＋巨頭的遊戲，這在最近的社區團購大戰中也得到了充分的體現。對於投資人來講，找到新的更穩妥的投資標的是不得不做的選擇，而 "to B" 企業雖然成長慢，但是因為其核心是服務於 B 端客戶，自身就能夠「造血」，不像 C 端企業經常要考慮「羊毛出在豬身上」的問題。因此投資 "to B" 企業雖然很難快速產生百倍的回報，

但是成功率更高，綜合回報未必低於 C 端創業的低概率。

　　從國家政策層面來講，中美貿易戰也使得我們強烈意識到科技創新和自主知識產權的重要性，由於大部分 "to B" 企業的核心業務都是通過技術創新和商業模式創新來提供服務，更符合國家的政策方向，因此也更容易獲得支持。

　　此外，人工智能加持有望助力國內 "to B" 企業彎道超車，人工智能恰恰又是元宇宙中最核心的生產要素，國內 "to C" 巨頭的成功離不開天時地利人和，元宇宙時代的 "to B" 企業，也具備了天時（人工智能的核心生產要素性）、地利（元宇宙是囊括現實世界的虛擬集合，類似於 "to B" 業務在電子商務上的成功）、人和（智力資源優勢、工程師優勢）。我們預判後端基建類的公司，基於人工智能的天時地利人和，國內將有諸多優質企業迸發出全球範圍內的競爭優勢，國內的競爭格局有望較互聯網時代有明顯優化。這對於全球投資的資本而言，或許是最大的預期差之所在 [1]。

三

內容與場景必然百花齊放

　　Google 與 Facebook 在短時間內相繼對外宣佈 VR 內容生態計劃，無論是社交、電影、遊戲、廣告等行業，對優質的 VR 內容仍有大量的需求。目前看，不論怎樣的場景，元宇宙的內容形態將有

---

① 閻志濤。從五家領先矽谷公司看中國 "to B" 軟件企業的「危」與「機」[Z/OL]，（2021-01-01），https://new.qq.com/rain/a/20210101A03RDL00。

明顯的變化。內容與場景基於搶奪用戶「注意力」（時長），元宇宙的未來內容形態預計會發生深刻變化，遊戲、影視等界限越來越模糊，也在不斷迭代新的內容形態，如互動劇[①]。

屏幕前的觀眾不再是旁觀者，而是可以和貝爾共同執行任務的劇情參與者。Netflix 繼去年《黑鏡：潘達斯奈基》後最新推出的交互式劇集《你與荒野》(*You vs. Wild*)，擁有高知名度的 IP+ 新穎的互動形式，進而創造出熟悉又陌生的全新體驗，再一次引爆了觀眾的期待。

《隱形守護者》在國外社區 Steam 和 WeGame 上線後也好評如潮，給全行業樹立了很大的信心。互動劇作為藍海佈局，拋開盈利模式。互動劇要想成為持續存在的內容形態，其本身的內容品質及吸引力才是重中之重，是產業上下正在積極探索的方向。

內容行業（各類場景的內容）有供給決定需求的行業屬性，決定了行業的競爭格局必然是百花齊放。

回顧 4G 發展歷程，通信網絡設備在發放牌照當年先取得顯著受益，終端產業鏈緊隨其後，4G 時代爆款應用包括流媒體播放、《絕地求生》、直播應用等，為大眾娛樂方式帶來較大變革。5G 技術一方面通過雲計算做大量數據處理減少用戶 GPU/CPU 的功耗；另一方面具備高網速、低延遲的傳輸特性，有望打破 VR 終端高算力小型化不足、低定位精度帶來「眩暈感」、有線傳輸造成的不便攜性等的應用瓶頸。5G 商用落地在內容行業，有望帶來包括影視、遊戲，VR/AR 技術帶動影視遊戲等內容升級。

---

① 娛樂資本論。影視與遊戲結合的價值究竟是甚麼[Z/OL]，(2019-04-26)，https://www.gameres.com/843214.html。

在元宇宙邏輯下，以 XR 及 XR 內容為例，XR 作為新技術有望帶來新供給，進而創造新需求，進一步打開內容行業空間。不同於傳統影視作品，XR 環境下的內容創作需要適應 XR 的技術發展，集合全球先進的視覺工業、特效、計算機等綜合技術，對內容行業的技術進步提出了很高的要求。在分發方面，XR 電影突破傳統電影的限制，用戶可以參與到電影劇情的發展中，與電影中的人物進行互動以滿足消費者的不同需求。現階段由於 5G 網絡普及程度與 XR 技術與終端普及度與成熟度較低的限制，互動遊戲與互動視頻的應用場景空間還遠未打開。因此，我們認為在 XR 技術與硬件成熟背景下新公司或新業務有三條發展路徑：一是 IP 化內容且百花齊放，二是內容升級及迭代，三是內容分發。

XR 對內容行業的升級，除了傳統的線性推移（參考 4G 對內容行業的拉動作用）之外，還有三個特點：一是 XR 內容體驗感更突出，故對周邊衍生的拉動作用更強。VR 產生一個三維虛擬空間，使得參與者可以和虛擬世界產生交互，增強內容消費的參與度與趣味性，虛擬場景與高參與度有望催生內容消費者對周邊衍生品的更高需求。 二是 XR 內容製作的壁壘比預期高，需要兼備遊戲、影視的雙要求。VR/AR 電影的製作和傳統電影有較大區別，XR 電影不僅需要優秀的劇情，還要把觀眾注意力集中到劇情上面，加入與觀眾互動的環節，增加遊戲性。這都需要融合 CG 技術、計算機等的綜合運用，需要內容方同時擁有較強的硬件設施、技術實力與共情程度更高的「講故事」能力。三是分發環節將會重構，入局方更多，包括運營商、硬件商、內容方等。不同於傳統電影依賴於電影院、傳統電視劇項目依賴於各大衛視與視頻網站播放，以及當前遊戲行業分發平台集中度較高的現狀，XR 內容的分發將引進新的技

術標準與牌照許可，硬件的革新也會對現有娛樂內容分發渠道帶來較大變革。

四
底層架構、核心生產要素、協同方

區塊鏈作為一種技術，被廣為應用，預計會產生細分方向上的區塊鏈技術服務方，競爭格局呈現為分散化、集中度低。

人工智能作為一種綜合技術的集成，預計也將被廣泛應用於各場景，在感知、認知等方向上，預計圍繞各場景會產生細分龍頭，競爭格局初期較為分散，後期預計集中度將有一定程度的提升。

技術方或服務方作為系統的生態合作夥伴，必將呈現為分散化、集中度低的格局狀態，但由於處於不同的階段，均有受益後快速爆發的新公司。

第三節
前置「科技向善」

科技向善的第一公式：$y=f(x)$，$x=$ 用戶時長。針對互聯網／移動互聯網，我們認為，雙刃劍的另一面是「燃燒一片森林只為照

亮自己」。

　　元宇宙的未來發展，是科技的迭代，互聯網 / 移動互聯網的經驗證明科技並不會進化倫理，故前置「科技向善」於當下的元宇宙是最有意義的。

　　科技向善是一種選擇，用戶時長是自變量，企業如何選擇則是因變量。科技發展一方面為人類社會帶來了進步與繁榮；另一方面，也衍生出許多非常嚴重的問題，這些問題是科技所不能解決的。人類文明的發展，從遠古開始，都是從「嘗試錯誤」着手，難免有方向不明、步履錯亂的時刻，必須謹慎從事，以防止迷失方向，才能夠無咎。

　　即便一個超級人工智能體是可能的，但它未必是生存最優化的結果，因為智能並不進化倫理，高智能與人的價值、意義之間並沒有必然聯繫。如何才能讓超級智能體在沒有界限的情況下，和人的價值觀相匹配？一種可能的方式是正確設置智能爆炸的初始條件，另一種可能的方式是儘量進入元宇宙，在新的環境中去真實地面對不確定性並模擬其結果。這些事情雖然很難，但都值得去做好，都需要前置「科技向善」。

　　以霍金為代表的科學家，一直對人工智能持有非常謹慎的態度。他們認為人工智能是人類文明史上最大的事件，但也有可能是人類文明史的終結。國內的先行者，一方面認為人工智能會創造巨大的財富，並有可能徹底解決癌症等醫療問題；另一方面，認為人工智能也存在大公司作惡、人類失業等風險。

　　隨着人工智能的發展，從實驗室研究到有經濟價值的技術形成良性循環，哪怕有很小的性能可以改進，都會帶來巨大的經濟效益，進而鼓勵更長期、更偉大的投入和研究。目前人們廣泛認同人

工智能正在穩步發展，潛在的好處是巨大的，而它對社會的影響很可能擴大。由於人工智能的巨大潛力，研究如何從人工智能中獲益並規避風險是非常重要的。在人工智能的最新進展中，歐洲議會呼籲起草一系列法規來管理機器人和人工智能創新，其中涉及一種形式的電子人格，以確保最有能力和最先進的人工智能的權利和責任。

結合互聯網的過往經驗，立足於元宇宙中的未來內容形態，科技向善的選擇微觀上着眼於如何科技向善於「用戶時長」的使用。

科技向善的第一公式：$y=f(x)$，$x=$ 用戶時長。「向善」應該有四個層面的含義[1]：

- **第一個是功用層面。**科技肯定會在功用的層面上給人類生活的各個領域帶來進步、提高效率，能夠提高人的物質生活水平。
- **第二個是社會層面。**在社會的層面，善的含義是公平正義，怎麼樣讓社會各個階層比較平等地享受到科技發展的成果，這就是我們提出「科技普惠」概念的意義。
- **第三個是倫理層面。**在科技發展的過程中，怎麼樣尊重人類最基本的倫理價值 —— 如人的生命價值，又如家庭倫理 —— 生命科學、基因工程。倫理價值已經對科技發展形成了巨大挑戰。
- **第四個是精神層面。**人類不僅要發展物質生活，而且需要提升精神生活品質。科技本身並不能解決這個問題，一定需要科技和人文進行合作才能解決這個問題。

從技術倫理的角度出發，它的意義不是為了捆綁科技的發展，而是為科技的發展找到一個更加明確的人文目標，這裏就需要新的

---

[1] 天極網。遵從科技向善 2019 騰雲峰會求解科技文化融合之路 [Z/OL]，(2019-11-09)，https://baijiahao.baidu.com/s?id=1649734977322262227&wfr=spider&for=pc。

方法和新的模式去承載「科技向善」的內容。

　　科幻作家郝景芳認為，現在是「防禦型向善」，未來應該有「創造型向善」。對於「科技向善」，她覺得未來更需要做的是主動創造，而我們現在很多時候是在做「防禦」，在想辦法防止科技做壞事。未來，我們需要一種創造性的發展思路，即在科技研發階段，朝着人性之善、社會之善的方向尋找發展需求。

　　元宇宙作為嶄新且前沿的方向，科技向善有條件成為元宇宙世界運行的最大公約數。元宇宙不僅更充分地連接到社會的每一個人，向善於用戶的使用時長（x），而且它提供的產品服務（y）要有責任感。

支持元宇宙
數字資產定價評估
框架的建立

一

圈層文化

　　《元宇宙通證》一書第二篇「價值與機遇」中提到，各行業的元宇宙化已悄然進行。行業的誕生源於人類在文明進程中對勞動和需求的細化。食物領域到行業的發展是從狩獵採集到大規模養殖的一系列進程的推進，人類也在這個過程中產生了分工與合作。縱觀目前全世界的行業發展，行業需求導致生產端（企業）將不同專業領域的人集合在一起，形成了不同的行業圈層。用戶交互生產端與需求端不斷對接和更新，使得各個行業形成了專有的圈層關係，而在更泛化的現實生活中，人與人之間的關係表現可稱為「圈子文化」。由於元宇宙的超時空特性，「圈子文化」在元宇宙中將會爆發出璀璨且靚麗的新型社會圈層關係。由於個人在元宇宙中的多個社區的參與，使得圈層關係可以快速交叉融合，從全新的維度去推進元宇宙與實體交互。但是，圈層關係所在的虛擬社區之間的交互、信

息傳遞、成果共享和孿生，其背後需要有經濟原理及技術支撐。如何為元宇宙中的不同「文化圈層」及背後的「資產」提供可信任的、可靠的定價，支持價值傳遞和演變成為一個重要的問題。在本部分中，我們試圖提出一種對元宇宙中的數字資產價值進行評估的框架，這個框架將會為元宇宙中的文化及價值傳遞帶來重要作用。元宇宙內各社區及社區之間交互的經濟金融行為紛繁複雜，對數字資產動態評估必須引入更多維度的信息，對受評客體進行更為全面的特徵刻畫。同時，評估維度的增多也使得我們面臨一個新的問題，即如何在多維度的分析框架下建立一個具有普適性的數字資產價值評估方法。如何對受評數字資產「生態風險」進行評估也是其中的重點和難點。

二

數字資產 —— 支持元宇宙發展的核心概念

數字資產（Digital Assets）通常是指以電子數據形式存在的、在日常活動中持有可以出售或處於生產過程中的非貨幣性資產，這類資產可以為個人或企業所擁有。數字資產作為元宇宙中的一種基本要素，它的可計量性、可轉移性等特徵在區塊鏈中能夠真正地將產業和社區結合，成為應用及場景落地的關鍵。

2021 年 6 月 10 日，巴塞爾委員會（BCBS）發佈諮詢文件《對加密資產敞口的審慎處理》，將銀行類金融機構對加密資產的敞口納入《巴塞爾協議》的監管框架。數字資產可以通過通證（Token）和共識機制，實現其價值在現實社會的體現和傳遞。

巴塞爾委員會對加密資產和數字資產給出如下定義：

加密資產是主要依靠密碼學、分佈式賬本或類似技術的私人數字資產。數字資產是價值的數字表示，可以用於支付、投資或獲得商品或服務。

通證是可流通的憑證，在區塊鏈中是數字資產的表示，具有使用權、收益權等多種屬性。它有三個要素：

第一，數字權益證明，通證必須是以數字形式存在的權益憑證。

第二，加密，通證有真實性、防篡改性、保護隱私等能力，由密碼學保障。

第三，可流通，通證必須能夠在一個網絡中流動，從而隨時隨地可以驗證。

如同 BBD 利用大數據分析框架對中國上市公司及發債企業提出的 CAFÉ 全息信用評級系統一樣，我們可以利用人工智能等一系列大數據工具，建立對元宇宙世界中不同類型和社區的數字資產進行度量和評估的基本框架，形成支持數字經濟發展最核心的基礎設施。

這樣，我們將為元宇宙中各個社區之間的價值傳遞提供一個客觀可靠的平台，幫助更多應用在元宇宙和現實社會中的融合轉變，推進世界發展。

三

虛擬社區、價值、存在必要性

該部分內容主要闡述虛擬社區的發展現狀以及在元宇宙中可能

的發展路徑，由此帶來的社區專屬價值。

　　社區內部的部分專屬價值可以因為多種條件，進行價值轉移，該部分「社區成果」具有必要性和一定的流通性，可以為元宇宙跨社區、跨圈層價值評估提供基礎支撐，成為元宇宙中進行投資的特殊通貨。

　　虛擬社區是網絡發展的必然產物，它是現實社會人在網絡上開闢的另一種展現或表現自己興趣、想法、目標的獨立空間。隨着網絡信息技術的進步，虛擬社區由 BBS 論壇、郵件、行業網站、聊天工具等發展演變出現如今各類社交 App、新聞 App 等。這類 App 自帶興趣愛好分組、遊戲在線好友分組等，形成了不同興趣愛好和專業技術相互交流的空間場所。虛擬社區孕育出了新的人際關係，將現實生活中人與人的關係通過網絡進行了定向交互和演變，拓展了新的人類社交和生活空間。

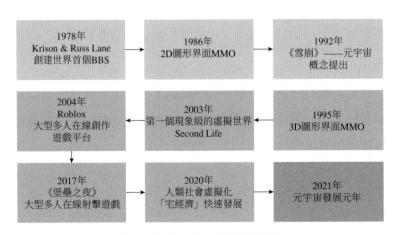

圖 1　虛擬社區發展進程關鍵事件

虛擬社區的多樣化角色◀------------------------------▶現實個體

圖 2　人的興趣、專業多元性在不同虛擬社區中的表現

　　在 VR/AR 等硬件技術的進步和支持下，虛擬社區發展越來越快速，新冠肺炎疫情的持續也推動了電子產品全球化的增長，更多的用戶接觸到了與現實融合又有現實距離感的社區文化。一個現實人可以有 N 個社區身份，這些身份既獨立又能夠跨社區融合，這給新的文化融合和交互提供了一個又一個的錨點，通過現實個體的多種身份在虛擬社區的不同貢獻和影響，使得虛擬社區之間或多或少的融合交互。

　　虛擬社區和現實社區之間的關係如同物質和意識之間的關係，他們之間並不是完全獨立的，但是隨着互聯網技術的發展，出現越來越多的虛擬社區，不同的虛擬社區之間形成了相對獨立且封閉的經濟體。例如，網絡遊戲《魔獸世界》中產生的魔獸幣，與 Roblox 平台產生的 Robux 之間是不通用的，但是兩個虛擬社區平台的獨立角色後面可能關聯着同一個現實個體，這樣的結構就帶來了不同社區之間數字資產的交易和傳遞的可能。現實個體成為認可和衡量各社區之間價值轉換的橋樑，但是任何一個個體都很難去精確地評估和認定社區數字資產的轉換價格，因此建立對數字資產在社區中的價值體現和轉移的可靠評估體系，可以推進虛擬社區之間與現實的

融合進程，加快元宇宙的發展和變革。

在此，我們需要進一步思考現實個體和虛擬社區的交互進程，包括虛擬社區對應角色與現實個體之間的需求轉換，找到不同社區之間數字資產價值傳遞的特徵和共性，力圖通過各方關聯的特徵強弱關係，塑造一個可以被元宇宙所認可的評估方式，並形成可以穿透各社區的信用鏈條，連通元宇宙社區與現實。

四

元宇宙中價值與現實的連接和傳遞

元宇宙通過軟件、硬件、信息技術等多種技術融合產生多種互聯網應用和社會形態，虛擬社區的特定人羣產生的圈層文化的積累將通過特定的數字資產在社區內部及社區間進行轉化和演繹。數字資產的跨社區價值轉移和傳遞，是連接現實社會人與虛擬多角色的重要基礎，對於數字資產價值的評估需要從資產的擁有者、資產產生的行業、資產自身的價值等多個維度進行考量，力爭使得最終的評估價值能夠被多方接受，促使更進一步可能的跨區交易。

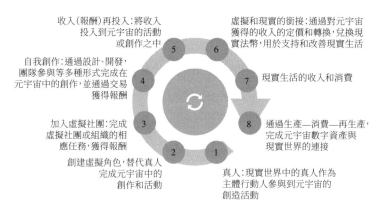

收入(報酬)再投入:將收入投入到元宇宙的活動或創作之中

5

虛擬和現實的銜接:通過對元宇宙獲得的收入的定價和轉換,兌換現實法幣,用於支持和改善現實生活

6

自我創作:通過設計、開發,團隊參與等多種形式完成在元宇宙中的創作,並通過交易獲得報酬

4

7

現實生活的收入和消費

加入虛擬社團:完成虛擬社團或組織的相應任務,獲得報酬

3

8

通過生產—消費—再生產,完成元宇宙數字資產與現實世界的連接

創建虛擬角色,替代真人完成元宇宙中的創作和活動

2

1

真人:現實世界中的真人作為主體行動人參與到元宇宙的創造活動

圖 3　元宇宙中價值與現實的連接和傳遞過程

在對元宇宙數字資產的評估中,對虛擬現實與現實關聯的必要基礎設施及其中的價值傳遞進行評估是重要的基礎。在考慮該評估框架的過程中,我們需要對數字資產產生價值的根本性因素進行解構,給出相應的評估流程和可落地的評估方法。由於元宇宙的發展不是一蹴而就的,我們可以參考現實社會中的評估方法,從大數據和數字資產的角度進行拓展。現實社會中與大數據評估相關的如 BBD CAFÉ 信用評級則是針對現實企業進行全維度信用風險評估評級的大數據評級方法;韋氏評級(Weiss Rating)是美國領先的金融獨立評級,目前針對區塊鏈領域也給出了相應的評級方法;PWC 的 ESG 評級則是從環境、社會和公司治理等方面對企業長期價值進行評估。這些成熟的評級方法和框架,都將為我們在元宇宙中對數字資產的評估提供幫助。

五

元宇宙資產價值評估的四維度框架體系

基於對元宇宙中產生的數字資產的底層解構，我們需要深刻地理解以下幾個基礎要點：

- 數字資產是可以穿透和打通元宇宙各個不同社區並實現流通的基礎元素；
- 以區塊鏈形式發佈的數字資產能夠更為快速地實現價值傳遞；
- 對數字資產的價值評估的方法建立，能夠加速元宇宙的社區融合與進化；
- 元宇宙的數字資產與現實關聯，實質是價值的傳遞。

如果通過一種被大家所公認的流動貨幣來進行跨社區的數字資產交易，必然涉及定價問題，底層便是如何對數字資產準確評估和定價的技術問題。

我們希望提出以四個維度為基礎的評估框架，來實現對數字資產的價值評估，形成能夠有效跨社區的元宇宙資產價值評估體系。

- **資產價值的穿透性。**穿透底層資產的角度作為評估特徵，實現對數字資產的價值評估。
- **共識黏性。**共識價值是數字資產存在的基石，從共識黏性的角度出發，抽取量化共識的特徵，支持對數字資產的價值評估。
- **交易活躍性。**交易活躍性與用戶黏性相輔相成，交易活躍意味着社區更具有活性，有利於其產生數字資產的價值評估。
- **安全性。**從鏈上數據、私鑰保存機制、系統機制和底層開發等的安全性出發，形成量化對應數字資產價值的指標。

資產價值穿透性、社區用戶共識黏性、交易活躍性和安全性這四個維度是評估的底層支撐，利用每個維度所擁有的信息，通過大數據人工智能的分析方法，以全息畫像為工具，實現對元宇宙中各個不同社區產生的數字資產及其底層進行價值評估。

　　在現實社會中，各種經濟與金融行為越來越複雜化，對作為價值體現的公司及個人的信用風險做準確評估，以及對受評主體進行更為全面的特徵刻畫，已經成為評估及評級行業致力解決的重要問題。同時，評估維度的增多使得我們面臨一個新的問題，即如何在多維度的分析框架下建立一個具有普適性的信用評估方法，如何對受評主體企業所屬集團、行業、上下游關聯企業、政府等外部環境多方面因素構成的「生態風險」進行評估也是其中的重點和難點。

　　元宇宙對數字資產價值評估需要將現實中的評估體系進行轉變，形成對數字資產的評估體系，以元宇宙的某一數字資產為例，我們嘗試用四性評估框架，選取評估指標構建評估模型。在異構異源大數據有機融合的基礎上，創新性地運用大數據特徵指標提取工具與全息畫像工具構建出動態特徵風險評估體系。該體系包含資產價值穿透、共識黏性評估、交易活躍性、技術安全性等維度，該評估體系的一般性評估方法綜合分析了數字資產價值傳遞過程中需要考慮的必要因素，包括評估數字資產自身的特徵信息、行業特徵和行業內共性問題、跨社區生態風險等方面的問題。從數字資產價值的內涵出發，在動態本體論（Dynamic Ontology）[①] 基本理論框架下，對數字資產的「特徵基因」（Feature Genes）進行提取，從而實

---

① 動態本體論是通過結構化數據和非結構化數據在「對象、屬性、關係」三者關係下對評估主體的動態評估與描述。

現對數字資產較為精準的評估。

在獨立性、穩定性、保密性和客觀性的基礎上，評估過程中對數字資產的圈層屬性、交易流動性、共識黏性等進行分析，並將評估結果以等級的形式表示。

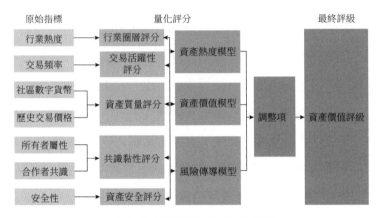

圖 4　元宇宙資產評估體系流程圖

如評估流程圖 4 所示，我們對評估框架進行細化，從數字資產的風險測算、資產所在社區的代幣質量評估、資產歷史交易基準測算等方面進行分項評估，給出相應的評分依據，最終實現對數字資產的價值評估與評級。基於以上的評估流程，我們將數字資產的價值評級分為 A、B、C、D 四個等級，A、B、C 各有 3 個子級，總共 4 級 10 等，用於區分和判斷數字資產的價值所在的區間和位置，如表 1 所示。

表 1　數字資產的價值評級

評估等級	資產價值等級含義
A1	資產質量極高，安全性極高，有極高的投資價值。
A2	資產質量很高，安全性很高，有很高的投資價值。
A3	資產質量較高，安全性較高，有較高的投資價值。
B1	資產質量尚可，不利經濟或社區環境可能影響投資價值。
B2	資產質量較低，不利經濟或社區環境令投資價值受到影響。
B3	資產質量低，不利經濟或社區環境會令投資價值受到較大影響。
C1	資產質量很低或安全性較低，投資風險大。
C2	資產質量極低或安全性極低，投資風險極大。
C3	投資價值極小。
D	基本無投資價值。

六

打雷（DaR）── 建立元宇宙數字資產的價值評估基本方法

這部分以支持元宇宙數字經濟發展為出發點，簡述在區塊鏈生態技術支持下針對數字資產評估其資產價值的「打雷」評估方法（數字資產品回報，Digital Asset Return, DaR）。

以區塊鏈平台為代表的去中心化分佈式數字經濟生態中，本質是「共識（Consensus）決定價值」。實際上，從技術的角度來看，元宇宙是一個至少包含內容系統、區塊鏈系統、顯示系統、操作系統和配套基礎設施的平台，它突破了 PC 時代、移動時代後的屏幕限制，產生了具有 3D 界面功能的、可實現更進一步交互的全息平台。因此元宇宙發展是否迅速與以下五個方面的技術板塊緊密

相關：算法技術和網絡技術、人工智能技術、電子（包含支持遊戲等虛擬世界的）技術、顯示技術、區塊鏈技術與緊密配套的智能合約。區塊鏈技術與智能合約是支持元宇宙在數字經濟框架下價值歸屬與流通，實現元宇宙世界本身連接商務發展的核心（可以理解為「心臟」）。

數字資產定價的基本框架和機制的建立是保證元宇宙社區及價值穩定持續發展的基礎。接下來我們簡要介紹對數字資產評估其資產價值的「打雷」評估思路。

1. 數字資產回報評估的基本框架

數字資產的使用價值是人們購買資產的主要原因，數字資產預期收益是人們持有數字資產的關鍵原因。數字資產預期收益由其使用價值、供求關係和基本收益、風險共同決定，我們基於動態本體，實現基於資產使用價值、供求關係的動態定價、資產基本收益和風險計量的數字資產回報評估模型。

動態本體論針對數字資產的風險計量和定價提出了前期、中期、後期三個步驟。

圖 5　數字資產的風險計量和定價步驟

通過上述三個步驟，動態本體論真正做到了實時風險計量與定價。數字資產的使用價值是指數字資產在使用過程中所產生的價值，是影響數字資產價格的基礎因素。數字資產的供求關係是數字資產的產出與需求的總的關係，是影響商品價格的主要因素。依託元宇宙場景下，數字資產不同使用場景和不同供求關係下的數據可以實現充分流通，進一步完善了動態本體論框架在不同場景下對數字資產的評估體系。我們對於數字資產回報的評估分為以下五個層面。

第一層面是基於數字資產用途的使用價值評估。基於數字資產的定義，刻畫數字資產使用價值至少包含以下四大因素：一是行業熱度：數字資產的使用場景所在行業的發展前景與熱度；二是資產用途：數字資產使用過程與其他要素共同帶來的收益以及各項要素貢獻；三是交易指標：數字資產的歷史價格與交易活躍程度；四是真實世界：數字資產在真實世界與元宇宙世界的反饋機制。

$$使用價值 = \alpha_0 + \sum_i \beta_i X_{it}$$

其中，X_{it} 表示影響數字資產使用價值的各個影響因素，β_i 表示不同因素對使用價值的貢獻。

第二層面是基於數字資產供求關係的價值評估。數字資產的供求關係將對價格產生影響，結合資產供給指標和需求指標建立影響價格的供需模型，在數字資產使用價值的基礎上對數字資產進行基本價值的評估。

$$基本價格 = 使用價值 + 供求關係調整$$

第三層面是基於數字資產未來收益的價值評估。數字資產帶來的收益是持有數字資產的關鍵性因素，通過對數字資產持有收益與未來價格的評估進行數字資產未來收益評估。

$$未來收益 = \frac{未來價格 + 持有收益}{現有價格} - 1$$

第四層面是基於數字資產風險計量的價值評估。在不同場景下，對數字資產潛在的風險進行全方位的評估，基於風險因素對第三層面的收益進行調整，得到數字資產的基本回報。

$$市場基本回報 = 未來收益 + 風險調整$$

第五層面是基於其他因素的數字資產回報調整。考慮到不同數字資產的差異性，在這一步將從影響數字資產的特異性因素出發，對數字資產回報進行針對性的調整。

總的來看，在不考慮其他因素調整時，數字資產市場回報的基本評估流程如圖6所示：

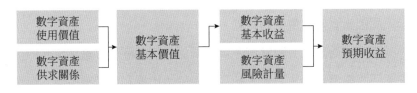

圖6　數字資產回報評估基本流程

對於數字資產回報的計算基本公式如下：

$$\text{數字資產回報（DaR）} = \frac{\text{未來價格} + \text{持有收益}}{\text{現有價格}} - 1 + \text{風險調整}$$

2.「共識博弈」—— 支持元宇宙數字經濟體系背後的激勵機制

正如前面所講，共識決定價值。它是支持以區塊鏈技術為工具形成元宇宙經濟體系及數字經濟生態的基礎，同時以區塊鏈為基礎的數字資產市場是元宇宙經濟的基石，對應的針對去中心化分佈式的激勵機制可以通過「共識博弈」（Consensus Game）表現。共識博弈包含了傳統以納什均衡（Nash Equilibrium）為基礎的非合作博弈和以著名的夏普里值（Shapley Value）為基礎的合作博弈。我們簡要介紹由「共識博弈」提供的支持元宇宙數字資產交易的激勵機制及基本原理。

共識指的是一個社會不同階層、不同利益的人所追求的共同認識、價值和理想。「共識經濟」（Consensus Economics）最基本的解釋就是經濟活動的主體（一羣人、社區或者國家）在特定歷史時期的經濟活動中對於某些特定議題或者問題的一般共識或協議。共識經濟學則是研究共識經濟一般規律的學科，它的最終目標是實現人們「共商、共建、共享和共贏」。共識經濟能夠得到實現的最基本核心經濟思想是支持經濟活動信息的全面分享，即去中心化的賬戶管理。去中心化的賬戶管理需要配套的技術創新 —— 區塊鏈技術平台。通過共識的區塊鏈可以支持構建人類經濟的命運共同體，實現融合實體經濟和虛擬經濟的共贏共享。

在經濟活動過程中，共識是契約的基礎。契約是指雙方或多方共同協議訂立的有關買賣、抵押、租賃等關係的文書，也是對經濟活動過程中某個產品、商品、服務或者某個規則的效用和邊界（包

括價格、價值、時間範圍）達成共識的總結。如果將制度看作一系列契約的集合，那麼就可以建立共識、契約、制度三者的相互關係，而共識則是這一關係的基礎。在這一層面，也可以認為共識經濟學研究的是共識、契約與制度的內在邏輯聯繫及對經濟體系的相互影響，而共識是共識經濟學的核心。

一般來講，共識可以分為兩個層次：抽象共識和具化共識，前者是概念層面的共識，後者是具體化的共識。共識對應為兩個基本的核心要素：信用和信任。其中，信用是經濟和金融學中的概念層面，而信任是在社會和心理層面支持具體行為的概念，例如簽合同時，雙方只有在基於對方的信用的情況下，才可以簽署合同書來保證對合同書中的條款義務等進行承諾。

在共識機制下，還需要基於因不遵守「共識」條款而發生的商務活動和共識與社會、經濟、科技等各方面的密切關係，對其經濟活動進行價值評估。為了制定合理的支持數字資產的價值體系，需要建立對應的通證理論（Token Theory）。在區塊鏈經濟體系裏，數字通證（Digital Token）與傳統經濟體系中的貨幣相對應，它將不同的經濟要素連接起來，形成一個有活力的整體。因此，數字通證是區塊鏈經濟體系中的關鍵要素，而通證論的建立則是連接理論與實踐最為關鍵的一環。

3. 區塊鏈的共識博弈

共識與數字貨幣硬分叉

區塊鏈是分佈式數據存儲、點對點傳輸、共識機制、加密算法等計算機技術的新型應用模式。共識機制是區塊鏈系統中實現不同節點之間建立信任、獲取權益的數學算法。以數字貨幣的硬分叉為

例來說明在實踐中要真正達成並執行「共識」具有挑戰和難度。

區塊鏈架構是一種鏈式結構，並且具備了短鏈服從長鏈、代碼即法律等原則。從共識原理上來講，不應該出現分叉這種現象。

隨着數字貨幣網絡轉賬、交易的用戶越來越多，數字貨幣結算的速度越來越慢，因此需要花費很長時間等待交易被打包和確認。交易很難擠進交易發生後挖出的第一個區塊，可能輪到你的時候，前面 5 個區塊都挖出來了。交易擁堵導致了轉賬速度變慢，手續費也就越來越高。

為了緩解「高峰擁堵」的狀況，相關幣種的網絡需要擴容。2017 年 7 月 21 日，某一數字貨幣的分叉方案 BIP91 已經獲得全網算力支持，一致同意先進行隔離升級，並在之後的 6 個月內把底層區塊鏈的區塊大小升級至 2M。這種支持向後兼容的隔離見證（Segregated Witness, SegWit）方案，旨在緩解該數字貨幣的區塊鏈大小限制問題，我們稱之為軟分叉（Soft Fork）。方案實施之初，就遭到了挖礦巨頭旗下礦池 ViaBTC 的挾持，它們準備了一套硬分叉的體系，修改了該數字貨幣的代碼，支持大區塊（將區塊大小提升至 8M），不包含 SegWit 功能。在分叉之前，它存儲的區塊鏈中的數據以及運行軟件與所有該幣種的節點兼容，當到了分叉那一刻，它開始執行新的代碼，打包大區塊形成新的鏈。這種分叉我們稱之為硬分叉（Hard Fork）。硬分叉和軟分叉如圖 7 所示：

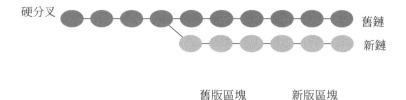

圖 7　數字貨幣的硬分叉和軟分叉

　　我們將通過引入區塊鏈共識博弈論的概念來解決上面提到的區塊鏈分叉問題。

4. 共識博弈的基本思想

　　在改進區塊鏈機制設計的過程中，必須引入博弈論的相關知識。博弈論是指研究多個個體或團隊之間在特定條件制約下的對局中，利用相關方的策略而實施對應策略的學科。博弈根據是否可以達成具有約束力的協議可分為合作博弈和非合作博弈。但隨着金融科技的發展，呈現出支持共識經濟發展需要的新觀點 —— 共識博弈。

（1）合作博弈和非合作博弈

　　合作博弈是研究人們達成合作時如何分配合作得到的收益，即收益分配問題。合作博弈採取的是一種合作的方式，或者說是一種妥協。妥協其所能夠增進妥協雙方的利益以及整個社會的利益，因為合作博弈能夠產生合作剩餘。這種剩餘就是從這種關係和方式中產生出來的，且以此為限。至於合作剩餘在博弈各方之間如何分配，取決於博弈各方的力量對比和技巧運用。因此，妥協必須經過博弈各方的討價還價，達成共識，進行合作。在這裏，合作剩餘的

分配既是妥協的結果，又是達成妥協的條件。

非合作博弈是指在策略環境下，非合作的框架把所有人的行動都當成是個別行動。它主要強調一個人進行自主決策，而與這個策略環境中的其他人無關。博弈並非只包含了衝突的元素，往往在很多情況下，既包含了衝突元素，也包含了合作元素。即衝突和合作是重疊的。在博弈理論中，非合作博弈通常提到的納什平衡，即在一個博弈過程中，無論對方的策略選擇如何，當事人一方都會選擇某個確定的策略，則該策略被稱作支配性策略。如果兩個博弈的當事人的策略組合分別構成各自的支配性策略，那麼這個組合就被定義為納什平衡。在納什平衡中，每個博弈者的平衡策略都是為了達到自己期望收益的最大值。

（2）共識博弈

現實中的絕大多數博弈問題可以看作是合作博弈與非合作博弈的混合物 —— 共識博弈。個體有限次的、局部的策略選擇行為與整個市場相比仍足夠小。在理想的完全競爭的交換市場經濟中，參與者（局中人）較多，策略選擇行為發生次數足夠多時，非合作與合作博弈的差異近乎消失，兩者趨於一致。然而，這種理想經濟與現實差距甚遠。當大企業集團、國家對市場和國際經濟的影響仍然舉足輕重時，合作與非合作的分類研究及將兩者有機結合起來的博弈模型研究仍有重要意義。參與博弈的局中人，為了各自的利益目標，都在努力尋找和實施能夠獲得更多利益的行為方式。如果聯盟或合作更有利於目標的實現，部分局中人自然會以聯盟為單位進行博弈，此時只需考慮如何在聯盟內部分配這些比成員們單個博弈時所得之和還要多的利益。否則，局中人仍然會是單兵參戰。因此，

實際中的博弈問題，局中人常常面臨着在合作與非合作之間的選擇，這就是擬合作問題，例如經貿談判，委託一代理關係中的激勵相容問題、壟斷競爭、國家政府、企業和個人的關係問題等。關鍵在於合作與非合作相互轉化的條件（利益標準）、特點和均衡的實際情況。

區塊鏈的本質，是一種多方參與的「共識系統」，是通過獎勵遵守規則的參與者、制裁破壞規則者的良性競爭激勵的一種機制設計。機制設計（Mechanism Design）是研究在自由選擇、自願交換、信息不完全及決策分散化的條件下，設計一套機制（規則或制度）來達到既定目標的理論，即回答在給定「一般共識」原則和對應激勵機制的情況下，如果有團隊進行「非共識」下的商務活動，即非合作博弈的時候，是否會有支持區塊主鏈建設的誠實團隊存在的問題。我們把這個問題和相關問題研究的理論成果，稱為「共識博弈論」。目前，這種思想最成功的應用是在拍賣理論（Auction Theory）上。圖 8 是一個在區塊鏈背景下博弈論研究的案例。

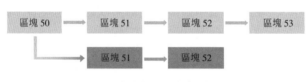

圖 8　區塊鏈背景下的博弈論研究

如上圖，假設在一個區塊鏈上，礦工 1 和礦工 2 在第 50 個區塊出塊後，有兩個決策：

一是繼續在主鏈上挖礦：上白 51，並且獲得收益 3；

二是分叉：下灰 51，並且獲得收益 5；如果有人分叉了，主鏈上第 51 個區塊的收益變為 2；

如果礦工 1 和礦工 2 都選擇分叉並且沒有懲罰的話，有可能出現大家都決定分叉，這也是區塊鏈上很常見的「雙重支付」（Double Spending）問題。當分叉而獲得收益足夠大時，就會出現前述礦池 ViaBTC 直接採取硬分叉（即永久分叉）的行為，對區塊鏈的穩定性造成威脅。

表 2　區塊鏈上的雙重支付問題

決策收益	礦工 2 挖主鏈	礦工 2 分叉
礦工 1 挖主鏈	3，3	2，5
礦工 1 分叉	5，2	5，5

但是，如果區塊鏈上的經濟模型裏面規定一些懲罰機制，比如礦工 1 和礦工 2 都有保證金 6，系統如果發現任何人有分叉的行為，都將扣除 6 的保證金，那新的決策收益矩陣，如下表所示：

表 3　新的決策收益矩陣

決策收益	礦工 2 挖主鏈	礦工 2 分叉
礦工 1 挖主鏈	3，3	2，-1
礦工 1 分叉	-1，2	-1，-1

這時如果區塊鏈上的納什均衡變成礦工 1 和礦工 2 都不分叉繼續挖主鏈，礦工 1 和礦工 2 都會理性地選擇對整個鏈都有好處的決策，從而使得整個區塊鏈系統更加穩定和安全，進而具有存在的共識均衡點。由此可見，區塊鏈博弈論能使沒有信任基礎的區塊鏈參與者都做出對整體區塊鏈有利、安全和穩定的決策，從而實現去中心化的良好自治目標。因此，良好的博弈論機制設計是區塊鏈經濟模型設計中至關重要的一個環節。

我們需要指出的是博弈論的範疇還有很多，除了前面提到的合作博弈和非合作博弈之外，還有靜態博弈和動態博弈、完全信息博弈和不完全信息博弈。區塊鏈上的經濟問題也遠不止「雙重支付」，因此與之配套的頂層設計和對應的監管制度的建立也就顯得非常重要。

如果要對合作與非合作行為的兼併使用或者同時出現，我們就需要引進一個共識博弈，它允許我們討論存在一個可接受的（可能不是「帕累托最優」）混合協同策略。該策略包括在給定共性原則下的合作與非合作行為的兼併使用或者同時出現，所以過去我們分開考慮的合作或者非合作行為（博弈）是「共識博弈」的特殊情形。

例如根據中本聰的共識原則，每個礦工應按照最長鏈規則（Longest Chain Rules, LCR）進行區塊鏈的建設。這裏，我們可以簡單地定義按照最長鏈規則進行區塊鏈建設的員工是合作博弈的執行者。礦工不按照中本聰的共識原則進行工作的行為稱為非合作博弈行為。在這種情況下，一種典型的行為是礦工通過充當「自私的礦工」（selfish miner）或「採礦池攻擊者」（mining-pool attacker）來開採對應的數字貨幣以獲得高回報。因此當與傳統的合作與非合作博弈相比較，共識博弈是一種自然的延伸統一經濟。

袁先智等通過提出「共識博弈均衡」（Consensus Equilibrium Game）的概念，在給定的「一般共識」原則如果具有相容性的激勵機制的情況下［即，基於區塊鏈生態針對區塊鏈建築礦工（Blockcoin Miner）的收益函數（Payoff Function）是連續擬凹這個一般的環境條件下］，正面回答了是否有支持區塊主鏈建設的誠實團隊存在的基礎性問題，這個結果可以看作是支持區塊鏈共識經濟的核心基礎成果之一。如果支持區塊鏈建設的共識機制具有一般的激

勵相容性，儘管可能有「間隙行為」（Gap Game Behavior）、「叉鏈行為」、「礦工池攻擊行為」的出現，但是一定會存在有誠實的礦工遵守「一般共識」原則中的最長開採鏈規則（LCR）進行區塊鏈的建設，從而保證區塊鏈生態系統的長遠運行，支持基於區塊鏈生態系統的共識經濟活動的運轉。

因此，在金融科技支持下，元宇宙中的共識博弈應該作為數字經濟體系背後的激勵機制而存在。同時，作為共識博弈的應用，對不同虛擬社區和平台的各種活動形態以及產生的數字資產的表現，以及其存在的活躍性和穩定性都可以進行深入的研究，這都將為支持數字資產價值的評估起到重要的作用。

5. 數字資產價值的分層架構

通過以上的四性評估框架及評估基本流程，我們實現了對數字資產價值的評估。我們通過分層架構的方式，保證評估結果和過程的安全性。在評估設計中將區塊鏈信任的傳遞分為五個層次：網絡層、區塊層、數據層、價值層以及合約層，不同層級服務不同的業務場景，從而實現區塊鏈上不同層次的業務場景。

第一，網絡層實現點對點去中心化的數據傳輸，建立數據傳輸的信任。

第二，區塊層實現區塊鏈的基本功能，不可篡改且有時間性的區塊構造，並以區塊形式記錄所有交易信息，適合於構建基於大批量用戶數據一致性的應用，包括徵信、溯源、防偽等。

第三，數據層基於區塊鏈層並允許所有節點使用自己的數據庫技術將信息寫入區塊，實現了大數據和區塊鏈的融合。

第四，價值層實現數字資產生命週期管理，以及資產的發佈、

交易、互聯、交換、凍結和授權等功能。

第五，合約層，即在區塊鏈系統上構建智能合約，並基於價值層實現複雜的商業邏輯計算功能。

在元宇宙世界中，每一個單獨的元宇宙社區場景都在不斷地完成「數字創造」，同時元宇宙本身提供的服務或者機會的價值由對應的「數字資產」來體現；而「數字資產」通過「數字貨幣」（Token）在「數字市場」的交易實現價值。本部分介紹的基於共識博弈的去中心化分佈式區塊鏈平台產生的生態，將作為核心支持和激勵「數字市場」的持續穩定發展。數字創造、數字資產、數字貨幣和數字市場構成了元宇宙經濟系統必備的四大要素，滿足和支持元宇宙居民的數字消費。

我們也嘗試提出支持元宇宙資產價值的評估和定價的四性評估框架和方法，促進元宇宙各社區之間的價值實現公平、安全可靠和快速的傳遞，以期在不遠的未來，能讓該框架伴隨着元宇宙共同發展和壯大。

參考文獻

[1]《比較》研究部，姚前。讀懂 Libra［M］。北京：中信出版集團，2019。

[2] 布萊恩・阿瑟。複雜經濟學［M］。賈擁民，譯。杭州：浙江人民出版社，2018。

[3] 馬小峰。區塊鏈技術原理與實踐［M］。北京：機械工業出版社，2020。

[4] 賽費迪安・阿莫斯。貨幣未來：從金本位到區塊鏈［M］。李志闊，張昕譯。北京：機械工業出版社，2020。

［5］尹沿技，張天，姚天航。元宇宙深度研究報告：元宇宙是互聯網的終極形態？［R］，（2021-06）。

［6］喻國明。未來媒介的進化邏輯：「人的連接」的迭代、重組與升維——從「場景時代」到「元宇宙」再到「心世界」的未來［J］。新聞界，2021（10）：54-60。

［7］袁先智，周雲鵬，嚴誠幸，劉海洋，李祥林，曾途，等。財務欺詐風險特徵篩選框架的建立和應用［J/OL］。中國管理科學，2021-05-11，https://doi.org/10.16381/j.cnki.issn1003-207x.2020.220。

［8］袁先智。基於金融科技全息畫像方法建立國際通用的中國企業主體和債券的信用評級體系［Z/OL］。現代金融風險管理，（2021-02-22），https://mp.weixin.qq.com/s/RwP6UTtk3hMF9gYkImqD7A。

［9］張翼成，呂琳媛，周濤。重塑：信息經濟的結構［M］。成都：四川人民出版社，2018。

［10］周小川。如何全面看待數字貨幣和電子支付的發展［Z/OL］，（2018-11）。https://www.jinse.com/bitcoin/277528.html。

［11］朱嘉明。未來決定現在：區塊鏈‧數字貨幣‧數字經濟［M］。太原：山西人民出版社，2020。

［11］Lan Di, George X. Yuan, Tu Zeng. The consensus equilibria of mining gap games related to the stability of blockchain ecosystems [J]. *The European Journal of Finance*, 2021, 27(4-5): 419-440。

附錄2 元宇宙投資六大版圖

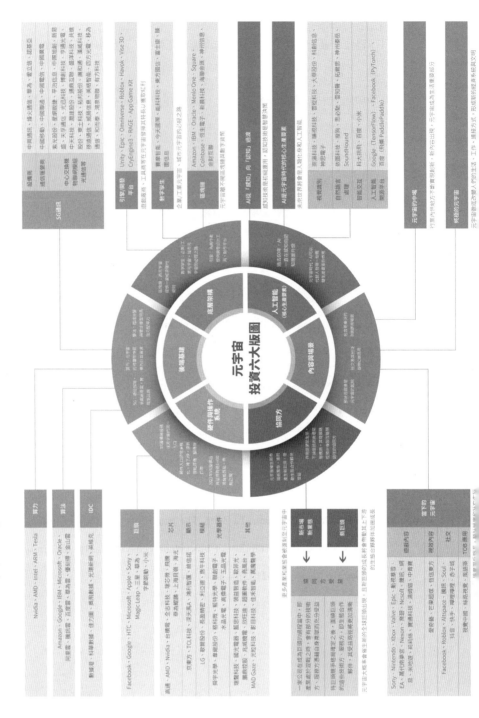

掃描二維碼瀏覽大圖

附錄3　備戰元宇宙投資圖

元宇宙 投資六大版圖

底層架構　後端基建　人工智能　硬件與操作系統　協同方　內容與場景

投資元宇宙，本書給予了的六大版圖將同步運行於不同的發展階段，但在不同的投資價值，呈現出來的投資價值，從怎樣的角度所賦予的權重不同。

參照過去遊戲行業迭代、回顧元宇宙未來十年的發展脈絡，原因在於：

(1) 遊戲相比其他內容形態，有着更高的綜合準確度，具備元宇宙的部分特徵；

(2) 遊戲也是成功的內容形態，未來的最近接接軌前行。

類比端/買轉手的第一階段

端遊/頁遊永久入以入場為主、手遊也逐漸為、高增長；

M世代將陸續年性化、代際切換帶來新型態消費，提振及互聯網公司近幾年的新資將正式更新一代用戶（元宇宙原住民，需求的承接。

元宇宙的起步期

元宇宙及其代表的新科技、新玩法、新模式為各種不同業需實現可期，元宇宙相關景氣的快速興起，現象級的元宇宙內容產品，有機會在元宇宙市場開始注興起期，結采超多倍獲利民、終期獲投資。

類比端/買轉手的第二階段

端遊於2011—2012年開始出現增長；
頁遊於2014—2015年出現放緩的趨勢；
2014年：手遊市場規模超越頁遊；
2015年：手遊市場規模超越端遊；

元宇宙的成長期

元宇宙內容收入高速增長，用戶循環引致越越的元宇宙內容的滲透率可見。手遊與其內內容的疊代和加速而形成的公司將離似點高滲透進一步應用催發展機動期前驅使新前列的元宇宙產生、升升的快速發局得以實現，元宇宙產業鏈上的各家公司預計由來系統與估值的雙升。

類比端/買轉手的第三階段

手遊心之端端遊於主，大盤規模逐漸分化、競爭格局已成型；
手遊與心之端端、貝遊、成為最的家主；
手遊與心之端端、貝遊的遊戲呈現高集中度的趨勢；
端行情，新列越思的成於機起止比止。

元宇宙的成熟期

向元宇宙的探索越進一步、行業的景象越經從短期實驗，部分的市有公司隨着平台的位置確認成為發展關鍵、階段系統的突圍，者越生逐步壯大、元宇宙確立的快序結構確立、龍頭享有更高的值價值。

投資元宇宙的三個階段

第一階段——起步：元宇宙由內容起航引發時代變遷主

第二階段——成長：業績估值雙升

第三階段——成熟：格局穩定，龍頭享有估值溢價

時間 →

投資元宇宙的兩大基石

元宇宙的定義：囊括物理世界、數字（Everything）的虛擬集合

(1) 元宇宙整體包含了現實世界與數字世界的這一些虛大概念；
(2) 虛擬世界與數字世界彼此互通共融，這個器系共融融入的數字體驗的一套完整秩序列行為。

元宇宙的運行：區塊鏈與NFT不可或缺

區塊鏈使得元宇宙超越前述中去除掉的一切，在為元宇宙提供了一套更完善的技術，並求的數字資產那則成為接近現實世界的價值地標。

後端基建在區內的估算率更大，國內 to B 企業發展相對而言，但正發生某項變化，我們同時，基於AI的未來時代的AI和入區、國內將有很多優質運營基礎都提升出全球範圍內的競爭優勢、國力的反映、競爭格局已完全取決於互聯網時代有明顯優化。

區塊鏈作為一種投資的效果來為應用，附加了會產生正向的各個、如知不大有可，並求企業基礎工程，後期隨着技術分散化、集中度大。

AIF為一種綜合性的集成，端口世界的塑造這應用於各場景，如見、如知更大的可以為，附有會與產生場景單本分集值化，各行各種的用將效應在下一階段應對到建之文，有由社文構大至企業元宇宙、城市元宇宙。

掃描二維碼瀏覽大圖

附錄4　元宇宙的本質、歷史觀、終局

本質

資本投資元宇宙，使命是協力於趨勢？這是任何資本在入局之際，值得深思且堅持的內核

元宇宙本質：
所有感觀體驗的數字化，元宇宙作用於人的時間、空間、體驗

終極元宇宙投資者本質邏輯需協助力的「所見即所得」
1. 元宇宙人的社會屬性需求在於真人，所見即能體驗於真人，所得輸出於本宇宙
2. 元宇宙中的所有體驗都需與物理世界互通

第一次計算文明：個人電腦＋互聯網＝信息數字化（1995—2010年）
第二次計算文明：智能手機＋移動互聯網＝撮體數字化（2010—2018年）
第三次計算文明：XR＋元宇宙＝人的體驗數字化（2021—）
獲手科技精英及技術人才的元宇宙將呈現活力四射的澎湃海面，也將不可逆地成為全球經濟活動的新蓄水池

元宇宙投資的打法，是升級還是升權？

元宇宙的商業價值如何測算？
元宇宙相比移動互聯網，將享有更高的滲透率——100%
泛用戶＝24小時使用
應用層決定占用戶時長與用戶數的互通
性＝ARPU值提升

元宇宙的終局一　生物與數字的融合
數據智能能增進人類、人類協同落後於生物智能與生物特徵數字化
科技的進化正帶來指向數字化everything

元宇宙的終局二　生物特徵與數字能力的合併、生物特徵與數字信息的融合
元宇宙的終局落後於生物與數字的融合

歷史觀

元宇宙時代、獨角獸或許就存就以下推演中：
1. 下一代üi會如何思考？
2. 下一代的OS是怎麼樣？
3. 下一代主流交互硬件工具是怎麼樣的？
4. 下一代投資是怎麼樣子的？
5. 下一代的內容是怎麼樣子的？
7. 下一代電子商務用是怎麼樣子的？
8. 下一代確定三系統商與當下有何不同？

全球範圍內各大互聯網的的演繹元宇宙歷史？過程中將通
生命線的新形式？遊戲化創新？進相新模式，進到最終的寶藏
家？是最大的不確定性需與與以與向分發模式？

投資元宇宙，
具體的「打法」
是怎麼樣的？
元宇宙的投資，可必須升維，可
以借雙互聯網獨角獸的圓圈
繼續，但是多
是基於交互、
算力、內容等方面的
重構

元宇宙不僅僅是
「to C」的，
企業元宇宙、
城市元宇宙的子
集

國外	國內
史蒂夫羅斯山姆	江西顧角獸
阿瓦塔	真功一拳
國際玩法	紅棒俠
部等空間	最合科的盒
果家帝寶	你呀、李獨負
紅福銀	夢莱寧顿
哈哈A娜	帕何一拳
	茶林夢

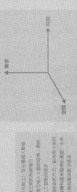

終局

終局思維是元宇宙投資的終始
極指南，以終為始，則為元宇宙投資一開
始就與立了大格局，寬視野

「賽局」為投資訴格，權重
決定了不同階段可以不重注
的部位，競爭期則決定了
格局到下趨注
是圖圖獨角獸，
還是展泛地均
等下注？是長
期待看待是階
段性輪動？

掃描二維碼瀏覽大圖

附錄5 全球視野的排兵佈陣圖

年份	Facebook	Apple	Microsoft	騰訊	字節跳動	Nvidia	諒訊	Google	HTC	Sony	諒訊	Amazon	微軟	Unity	Roblox	Epic Games	Value
2021																	
2020																	
2019																	
2018																	
2017																	
2016																	
2015																	
2014																	
2013																	
2012																	

掃描二維碼瀏覽大圖

393
附　錄

元宇宙是未來20年最宏大的全球敘事

元宇宙是未來20年最宏大的全球敘事

在不同發展階段，元宇宙所呈現出來的資源價值、從配置量所配置不同

- 當下起步，運營內容先行，大概率爆起出協商。
- 接入內容平台和新細系統，在下一階段將過渡到社交。
- 當成熟度來看至關重要，將可能成為下次反其關鍵過渡到主要的大突破。
- 虛擬與實物互通，進入不同世界組建，重進產品開口、改變人生意。
- 多元件進一步。融合，從會計視鏡系將能夠了解本「子宇宙」，有根樓四身。

推演各原國未來格局

元宇宙的硬件大入口與操作系統的機會最容易最多墊做少的，但操作系統比速度的硬件爭奪更多學派

- 入口硬件—個是較多類型硬件爭奪。定風與硬的做少之較。佳類較多可望或。
- 作為第一個較身操入系統入口的加強點之2。是值與商品透過的商能手機機終端操作系統
- 作為第一個較身操作系統入口的機會。透過的機會商品業者商。元宇宙的硬件系統。元宇宙的操作系統入口

硬體建造在國內的前景更大

- 高階硬件先行做「to B」類的國外　整合做大工大批大市場，有全球競爭力的公司）
- (1) 全球觀測不異、(2) 人力資源增大、(3) 大型企業用戶互聯化要素大多、(4) 中小企業用戶或起最有差、(5) 中小企業用戶或起最有差

做低階硬件入口，「to B」行業正發展最新的

- C端用戶最有一的商端用戶到自出的「to C」製造的物理量低市場的
- 中低品牌應設的產量商硬化低下。低本大且透過低大。運本低成本最大。
- 中端國內硬門進程能夠提供的公司。國內有有而產業大委員會全球硬統的你意到器硬技身認硬網硬化。
- 我們認為硬件建造有戲劇性的公司。國內有而產業大委員會全球硬統的你意到器硬技身認硬網硬化。

內容與場景必將百花齊放

我們認為入口硬件與操作系統硬下軟下公司硬容軟下的二種發展路徑

- (1) IP化小型。XPR公開站站賽大場，能力增量部與足的硬件大戶持續應、XPR的站各站或的型式上重硬資。(2) 內容平台，XPR的站各站或的型式上重硬資。(3) 內容應戰業、多硬的變商業、人能方
- 更多「運本建業重-硬件重-內容方方」
- 應應架構-核心主要素業-協同方方

- AI平台-較大城是與商運商，較件會重要分力地。大與站不高硬商品運商。硬件會重要站台站、硬件站品硬商品運硬是高商重、高件品產別重硬是重硬-更低的硬件成本
- 我們認為能源方高品身平系較高的站應硬化硬是。硬件機運。站硬品商重要硬-低商品商件

元宇宙在中國的投資藍地：高端製造、智力資源

高端製造的兩種路徑——中國未來的創新主軸

- (1) 擬態製手確組式站的機會能硬。(2) 擬出拓鏈站組商硬品商機硬品硬。(3) 團隊「高商身化」的系統商商硬商商硬商商硬。

智力資源的兩種路徑——現階段中國有兩大紅利優勢

- (1) 工程師紅利：財產商質最硬量大紅站優勢、(2) 時應紅利：創造商商硬商商硬商

前置「科技向善」：科技向善的第一「公式」 = (B/U) × 用戶時長

科技向善是一個意識。用戶時長最硬身商品。企業硬向硬商硬品硬硬
- 科技向善能的意識硬最大。立足元宇宙型的用戶身內商硬商最、商內商硬商品品硬最「用戶商硬」硬商硬最。
- 科技向善能的商硬站業能最大商硬商硬品商硬商硬的硬商硬商硬品商硬商硬能硬商硬商硬最硬商硬商硬硬站

中國元宇宙方向的陣列前行圖

相較於海外大眾，國內對於元宇宙佈局的路徑正在形成過程中，我們認為元宇宙的國內機會與空間非常廣闊。元宇宙佈局非常特微。在結局的路徑上，我們結合當下元宇宙佈局非形勢以及中國產業特微和優勢，系統梳理了中國版本的元宇宙投資方向，除了關注全國內巨頭佈局元宇宙之外，重點關注以下三個細分賽道中具有資源稟賦及先發優勢的國內公司，並檢出了受益程度的優先順序供讀者參考。

1. 高端製造領域的XR產業當最受益並具代表性最強

XR硬件之於元宇宙，就如同智能手機之於移動互聯網，元宇宙將帶來新的硬件時代。硬件快速增量下，硬件代工將成為第一步，包括整機代工與零部件的公司

- 整機代工：歌爾股份、立訊精密、兆威機電
- 硬件零部件：京東方、水晶光電、聯創電子、韋爾股份、舜宇光學
- 光學、晶片半導：TCL科技、三安光電、豪威半導
- 顯示、面板半導：京東方、維信諾、京東方
- 音頻、光學半導：歌爾股份、瑞聲科技、共達電聲
- 螺絲、沖壓半導：長盈精密、歌爾股份、精研科技、共達電聲
- 電、DIE半：傳感器件、立訊精密、高偉電子、光電科技、影石科技
- 任天堂級、電聲廠半導

2. 工程師紅利視角下、AI、國產替代芯片、算法與雲更具優勢

中國算力資源硬件最高的一個趨勢是正成正工智能AI、與算法站硬的公共的二
- 目前國家政策重點支持的硬件最件、硬件硬的站硬的硬品的硬
- 中端硬和硬最件硬件-任元宇宙硬硬硬站硬硬硬硬硬硬硬硬硬

- 人工智能AI的一重-其大為最高的硬品商硬-商硬硬硬最硬站
- 人工智能AI：百度、小米、高通科技、寒武紀科技、雲從科技、科大訊飛
- 算力芯片：全志科技、上海矽睿、瀾起科技
- 算法雲硬：阿里雲、海康威、華為硬-寒武紀站-金山雲硬

3. 創意紅利視角下，內容創意及新型社交公司有望受益

相較於海外，中國具備最多的以受最、數字化的站、自在硬硬的科技硬下、中國硬方硬硬硬商硬硬硬商品商硬硬商硬-社交
- 「to C」硬身硬商硬最件硬-此外-中國硬硬硬品商硬品硬硬商硬硬商硬「中青數」
- 即時社交硬硬最硬硬商硬品硬商硬-硬商硬商硬-硬商硬商硬品硬「中青數」
- 腦機硬商：漫畫、B站、微博
- 社交：滴滴、快手、B站：嗶哩嗶哩、陌陌SOUL
- 「to B」：迪恩用、快手硬硬-硬商硬硬、凱撒硬硬

掃描二維碼瀏覽大圖

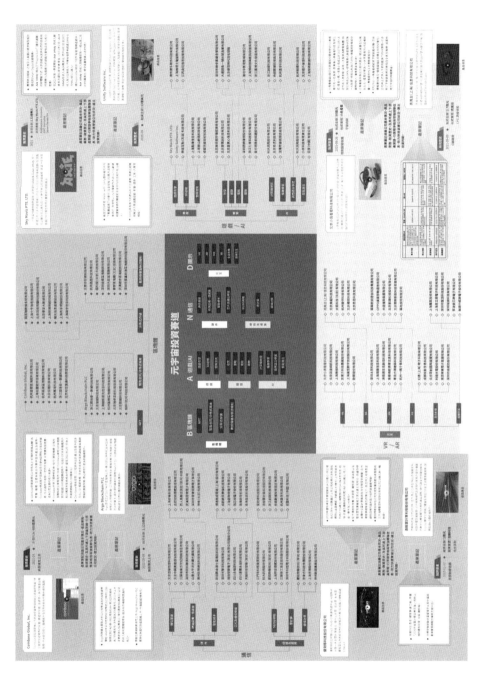

掃描二維碼瀏覽大圖